Führer / Heidemann / Nerreter

Grundgebiete der Elektrotechnik

Band 3: Aufgaben

Grundgebiete der Elektrotechnik

Band 1: Stationäre Vorgänge
Band 2: Zeitabhängige Vorgänge
Band 3: Aufgaben

Arnold Führer † (1940–2010)
Klaus Heidemann
Wolfgang Nerreter

Grundgebiete der Elektrotechnik

Band 3: Aufgaben

4., überarbeitete Auflage

HANSER

Die Autoren:

Arnold Führer † (1940 - 2010)

Klaus Heidemann

Wolfgang Nerreter

Bearbeitung der 4. Auflage:

Prof. Dr.-Ing. Wolfgang Nerreter, Lemgo

MIX
Papier aus verantwortungsvollen Quellen
FSC
www.fsc.org
FSC® C083411

Bibliografische Information der Deutschen Nationalbibliothek:
Die Deutsche Nationalbibliothek verzeichnet diese Publikation in der Deutschen Nationalbibliografie; detaillierte bibliografische Daten sind im Internet über
http://dnb.d-nb.de abrufbar.

Internet: www.hanser-fachbuch.de

Lektorat: Dipl.-Ing. Natalia Silakova-Herzberg
Herstellung: Frauke Schafft
Covergestaltung: Max Kostopoulos
Coverkonzept: Marc Müller-Bremer, www.rebranding.de, München
Titelbild: © shutterstock.com/DD2020
Druck und Bindung: CPI books GmbH, Leck
Printed in Germany

Print-ISBN 978-3-446-47295-2
E-Book-ISBN 978-3-446-47304-1

Die Übung ist in allem
beste Lehrerin der Sterblichen.
EURIPIDES (ca. 480 – 407 v. Chr.): „Andromache“

Vorwort

Was der „alte Grieche“ vor mehr als zwei Jahrtausenden formulierte, gilt unverändert auch für die Sterblichen des 21. Jahrhunderts n. Chr. Deshalb ergänzt dieser Aufgabenband, der nun in der 4. Auflage vorliegt, unser zweibändiges Lehrbuch.

Stellt man Anfängern eine Aufgabe, so suchen sie oft nach einer „passenden Formel“, welche die Lösungsgröße enthält. Sie meinen vielfach, mit einer umfangreichen Formelsammlung könnten sie jede Aufgabe ohne eigene Anstrengung lösen. Dies mag auf triviale Problemstellungen zutreffen, wenn man z. B. aus Querschnitt und Länge eines Drahtes seinen Widerstand berechnen soll; auf so etwas haben wir im Band 3 jedoch verzichtet.

Die hier gebrachten Aufgaben bauen zwar auf den im Lehrbuch erworbenen Kenntnissen auf, haben aber meist einen gehobenen Schwierigkeitsgrad und erfordern eine planmäßige Lösungssuche über mehrere Schritte. Die Aufgabenstellungen und ihre Lösungen sind abschnittsweise voneinander getrennt, weil schon ein kurzer absichtsloser Blick auf die Lösung einen entscheidenden Hinweis geben und so die Selbstständigkeit der Arbeit verhindern kann.

Die Lösungswege sind ausführlicher dargestellt als dies bei den etwa 300 Aufgaben in den Bänden 1 und 2 aus Platzgründen möglich war. Durch Sachworte können die Studierenden Lösungshilfen aus den Bänden 1 und 2 erhalten. Genauere Bezüge haben wir vermieden, weil ein Nachschlagen im Lehrtext den Lernprozess fördert.

Wir haben versucht, Aufgaben zu stellen, die zu problemorientiertem Denken anregen. So oft wie möglich werden dabei Praxisbezüge zu verschiedenen Gebieten der Elektrotechnik hergestellt, z. B. zur Funktion eines Rauchmelders, zum „Elektrosmog“ unter einer Hochspannungsleitung oder zu den Dauermagneten in einem modernen Windkraftgenerator.

Um bestimmte Aufgaben leichter wiederfinden zu können, haben wir darin vorkommende Begriffe in einem kurzen Sachwortverzeichnis zusammengefasst.

Algebraische Umformungen, das Lösen von Gleichungssystemen oder das Differenzieren und Integrieren von Funktionen werden nicht mehr ausführlich erklärt. Die Lösung mathematischer Probleme ist mit einem leistungsfähigen Mathematikprogramm wie z. B. MATLAB möglich. An einigen Stellen wird gezeigt, wie man die Lösung mit MATLAB erhalten kann. Eine kurze Einführung in dieses Programm wird im Band 1, Anhang A3 gegeben.
Da PSpice nicht mehr erhältlich ist, haben wir die BODE-Diagramme der Aufgaben 6.5, 6.6 und 6.7 mit MATLAB berechnet und gezeichnet.

Im Lösungsweg geben wir gerundete Zwischenwerte an, intern wird jedoch 16-stellig gerechnet. Beim Weiterrechnen mit den Zwischenwerten können deswegen geringe Abweichungen von unseren Ergebnissen entstehen.

Der Übungsbetrieb an Hochschulen leidet oft unter zu großer Passivität der Studierenden; die Aufgaben werden deswegen zu schnell vorgerechnet. Es hat sich bewährt, geeignete Aufgaben aus dem vorliegenden Band einer Kleingruppe von optimal drei Studierenden als „Mini-Projekt“ zum Vortrag in der folgenden Übung aufzugeben. Dies führt zu verstärkter Motivation und zu erheblichen Lernfortschritten bei der Gruppe, auch wenn der Lösungsweg nur nachgearbeitet und ausführlicher gestaltet wurde.

Wir wünschen uns, dass diese Aufgabensammlung für Lernende und auch für Lehrende hilfreich sein möge, und sind wie immer dankbar für Anregungen, Kritik und Fehlermeldungen.

Im Internet unter **www.elektrotechnik-buch.de** sind Informationen und Hinweise zu allen drei Bänden unseres Lehrwerks zu finden.

Dem Carl Hanser Verlag danken wir für die vertrauensvolle und erfolgreiche Zusammenarbeit.

Lemgo, 2022 Die Verfasser

Inhaltsverzeichnis

1 Netze mit linearen Eintoren an Gleichspannung

Aufgabe 1.1

1) Berechnen Sie die Spannungen U_1 ... U_4 mit dem Knotenpotenzialverfahren.

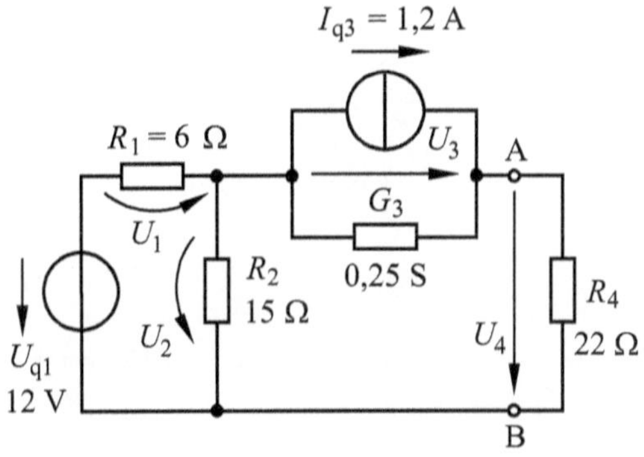

2) Entfernen Sie den Widerstand R_4 und berechnen Sie die Ersatzspannungsquelle sowie die Ersatzstromquelle für die Eintorschaltung zwischen den Klemmen A und B.

Aufgabe 1.2

1) Berechnen Sie die Stromstärken I_1; I_2; I_3 sowie die Spannung U.

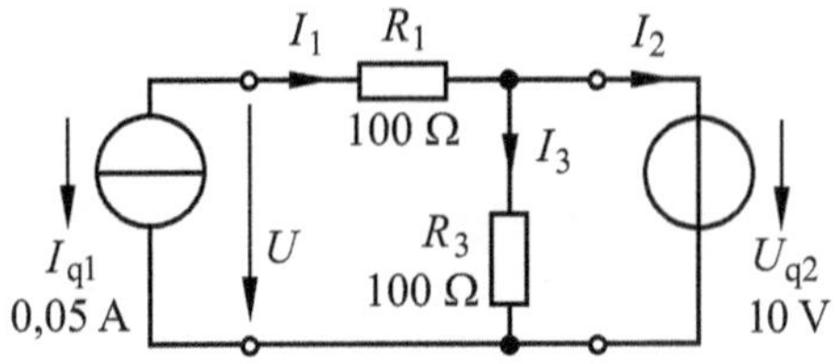

2) Berechnen Sie die Leistungen sämtlicher Eintore und geben Sie an, welche Eintore aktiv und welche passiv wirken.

Aufgabe 1.3

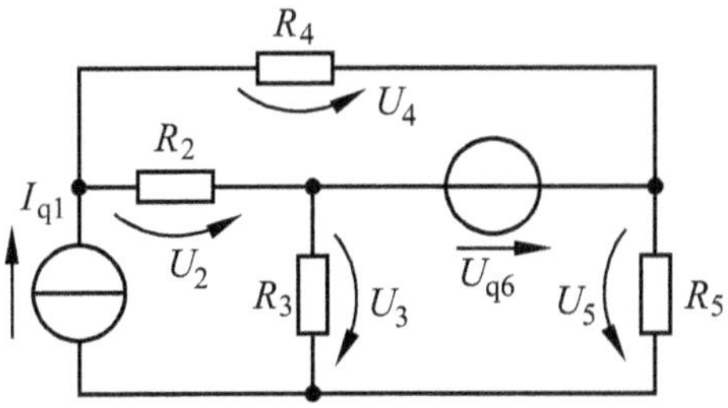

Berechnen Sie die Spannungen U_2 ... U_5 mit dem Knotenpotenzialverfahren.

Gegeben sind: $I_{q1} = 0{,}2$ A; $U_{q6} = 4$ V

$R_2 = 100\ \Omega$; $R_3 = 250\ \Omega$; $R_4 = 150\ \Omega$; $R_5 = 50\ \Omega$

Aufgabe 1.4

Der Widerstand R_x soll so eingestellt werden, dass er gleich dem Widerstand R_{AB} zwischen den Klemmen ist.

Stellen Sie für den Widerstand R_x eine Gleichung in allgemeiner Form auf und berechnen Sie seinen Wert für $R_1 = 1$ kΩ; $R_2 = 2$ kΩ; $R_3 = 3$ kΩ.

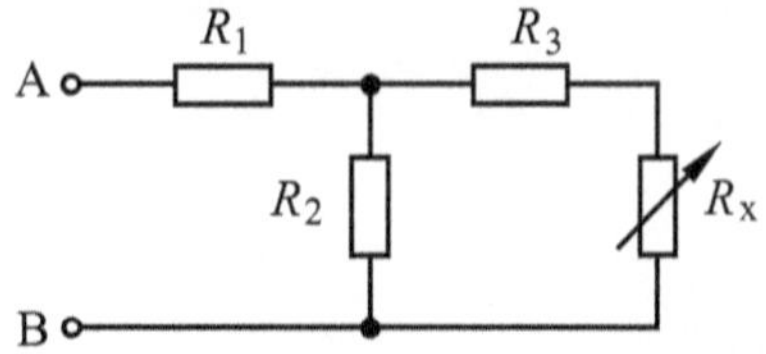

Aufgabe 1.5

1) Wie ist der Leitwert G einzustellen, damit an den Klemmen der linearen Stromquelle die maximale Leistung abgegeben wird? Welche Werte haben dabei die Stromstärke I und die Klemmenspannung U?

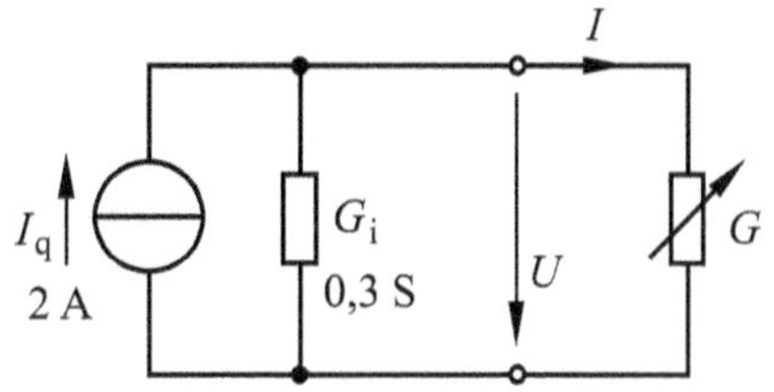

2) Bei welchem Leitwert wird an den Klemmen die Leistung $P = 1$ W abgegeben? Welche Werte haben dabei die Stromstärke I und die Klemmenspannung U?

Aufgabe 1.6

Für die Gleichspannung an den Klemmen einer linearen Quelle erhält man bei der Messung mit zwei verschiedenen Messgeräten folgende Werte:

- Das Messgerät mit dem Widerstand R_{M1} zeigt die Spannung U_1 an.
- Das Messgerät mit dem Widerstand R_{M2} zeigt die Spannung U_2 an.

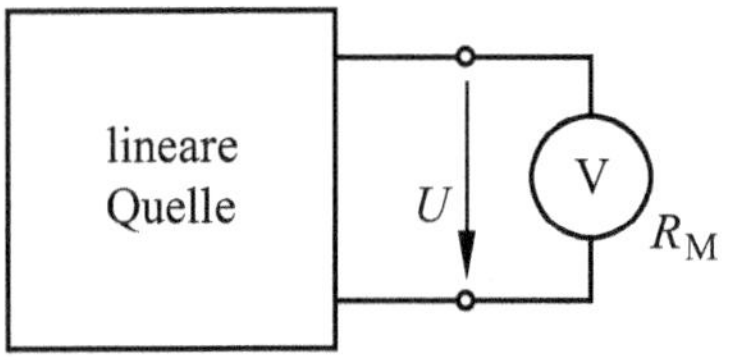

1) Welche Ersatzquellenspannung U_{qe} und welchen Ersatzinnenwiderstand R_{ie} hat die lineare Quelle?

2) Welche Werte haben U_{qe} und R_{ie} für R_{M1} = 10 MΩ, U_1 = 1,185 V, R_{M2} = 500 kΩ und U_2 = 0,711 V ?

Aufgabe 1.7

Der Strom einer linearen Quelle wird mit einem Amperemeter gemessen, das in jedem Messbereich bei Vollausschlag den Spannungsabfall 100 mV hervorruft. Wird das Messgerät in den 10-mA-Bereich geschaltet, so zeigt es 8 mA an; im 100-mA-Bereich zeigt es 26 mA an.

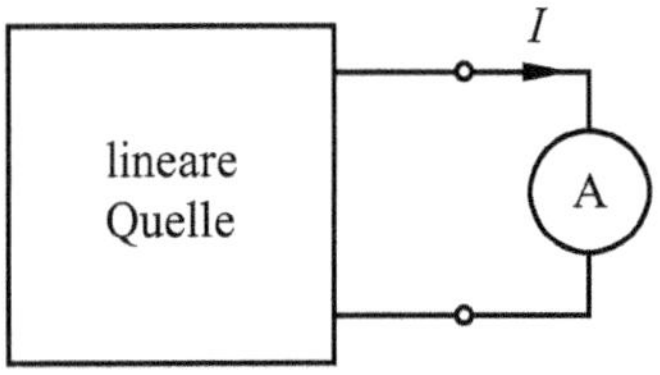

Berechnen Sie den Ersatzquellenstrom I_{qe} und den Ersatzinnenleitwert G_{ie} der linearen Quelle.

Aufgabe 1.8

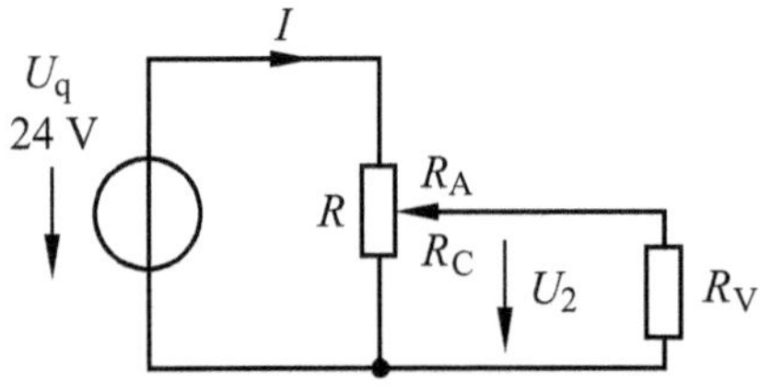

Wie ist der Teilwiderstand R_C des Stellwiderstandes $R = R_A + R_C = 100\ \Omega$ einzustellen, damit sich an dem Verbraucherwiderstand $R_V = 25\ \Omega$ die Spannung $U_2 = 8$ V ergibt?

Aufgabe 1.9

Ein Stellwiderstand $R = R_1 + R_2 = 1\ \text{k}\Omega$ hat die Nennleistung 40 W.

1) An welcher Nennspannung U_N darf der Stellwiderstand bei Schleifer-Endstellung ($R_1 = R$; $R_2 = 0$) betrieben werden? Wie groß ist die Stromstärke I_N des Nennstromes, der dabei fließt?

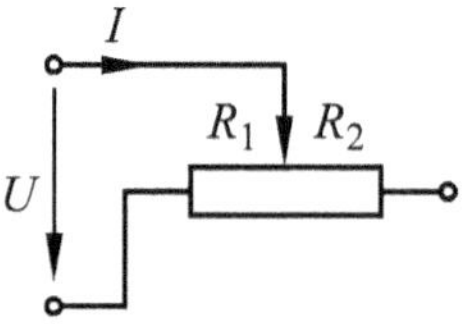

2) Der Widerstand R_1 wird auf den Wert 240 Ω eingestellt, und der Strom I fließt lediglich durch R_1. Welche höchste Spannung U_{max} bzw. welche höchste Stromstärke I_{max} sind dabei zulässig?

3) Die Parallelschaltung von R_1 und R_2 soll den Widerstand 240 Ω aufweisen. Wie sind R_1 und R_2 zu wählen? Welche höchste Spannung bzw. welche höchste Stromstärke sind dabei zulässig?

4) Welchen Stellbereich hat die Parallelschaltung?

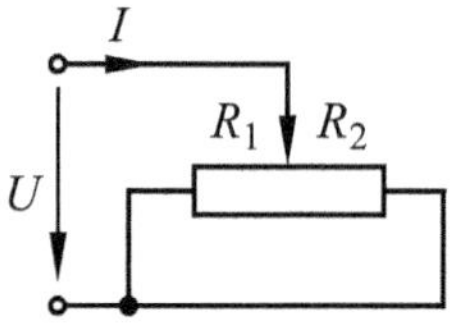

Aufgabe 1.10

Die Widerstände R_{T1} und R_{T4} der Brücke für die Temperaturmessung in einem Wärmeschrank haben den gleichen Wert R_T und den TK $\alpha_{20W} = 4 \cdot 10^{-3}\ \text{K}^{-1}$. Die Widerstände $R_2 = R_3 = 1{,}5\ \text{k}\Omega$ mit dem TK $\alpha_{20B} = 40 \cdot 10^{-6}\ \text{K}^{-1}$ sind außerhalb des Wärmeschrankes angebracht; sie werden auf der konstanten Temperatur 20 °C gehalten.
Die Spannung am Widerstand $R_M = 10\ \text{M}\Omega$ liefert die Messgröße, die – entsprechend umgewandelt – als Temperatur in °C angezeigt wird.

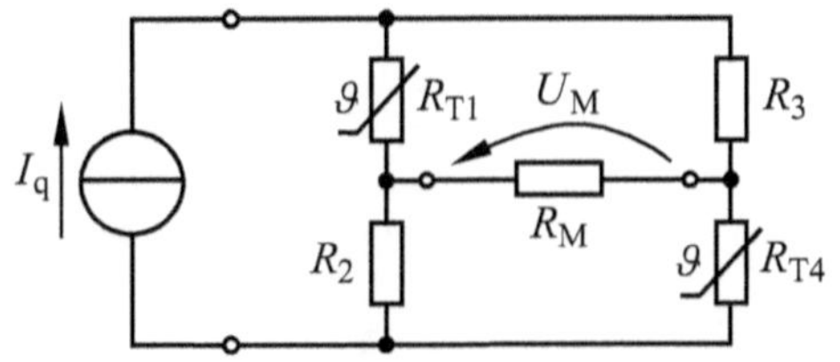

1) Die Brücke soll bei 20 °C abgeglichen sein. Welcher Wert R_T ist hierfür erforderlich?

2) Bestimmen Sie die Ersatzspannungsquelle der Brücke als Funktion der Wärmeschranktemperatur ϑ_W.

Rechnen Sie bei den folgenden Teilaufgaben auf fünf Stellen genau.

3) Bei $\vartheta_W = 100$ °C soll die Spannung am Messgerät den Wert $U_M = 0{,}8$ V haben. Bestimmen Sie den erforderlichen Quellenstrom I_q.

4) Welche Spannung U_M entsteht bei der Temperatur $\vartheta_W = 100$ °C, wenn die Widerstände R_2 und R_3 infolge einer Störung die Temperatur 23 °C (statt 20 °C) aufweisen?

Aufgabe 1.11

In einem Kupferdraht mit dem Querschnitt $A = 1{,}5\ \text{mm}^2$ fließt 2 s lang der Gleichstrom 24 A.
Um welchen Wert $\Delta\vartheta$ steigt, ausgehend von 20 °C, die Temperatur des Drahtes, wenn die Wärmeabgabe an die Umgebung und die Widerstandsänderung unberücksichtigt bleiben?

Materialgrößen von Kupfer:

Leitfähigkeit	$\gamma_{20} = 56\ \dfrac{\text{S m}}{\text{mm}^2}$
Spezifische Wärmekapazität	$c = 390\ \dfrac{\text{J}}{\text{kg} \cdot \text{K}}$
Dichte	$\rho = 9 \cdot 10^3\ \dfrac{\text{kg}}{\text{m}^3}$

Aufgabe 1.12

Der zylindrische Trägerkörper ($D = 7$ mm) eines Drahtwiderstands ist auf der Länge $l = 25{,}9$ mm mit Konstantandraht ($d = 0{,}1$ mm) so bewickelt, dass zwischen zwei Windungen jeweils der Abstand 0,1 mm besteht.

Materialgrößen von Konstantan:

Leitfähigkeit	$\gamma_{20} = 2{,}04\ \dfrac{\text{S m}}{\text{mm}^2}$
Temperaturkoeffizient	$\alpha_{20} = 40 \cdot 10^{-6}\ \text{K}^{-1}$

1) Welchen Wert hat der Widerstand R_{20}?

2) Die höchstzulässige Betriebstemperatur ist $\vartheta_{Bmax} = 170$ °C. Der thermische Widerstand hat den Wert $R_{th} = 60$ K / W. Die maximal zulässige Leistung wird vom Hersteller mit 2 W angegeben. Bestimmen Sie die Lastminderungskurve.

3) Der Widerstand wird bei der Umgebungstemperatur 20 °C mit der zulässigen Leistung betrieben. Welche Temperatur hat der Widerstand dabei? Wie groß ist der Widerstandswert? Welche Spannung liegt am Widerstand und welcher Strom fließt?

Aufgabe 1.13

Für die Spannungsteiler-Schaltung sind die Ausgangsspannungen gegeben.

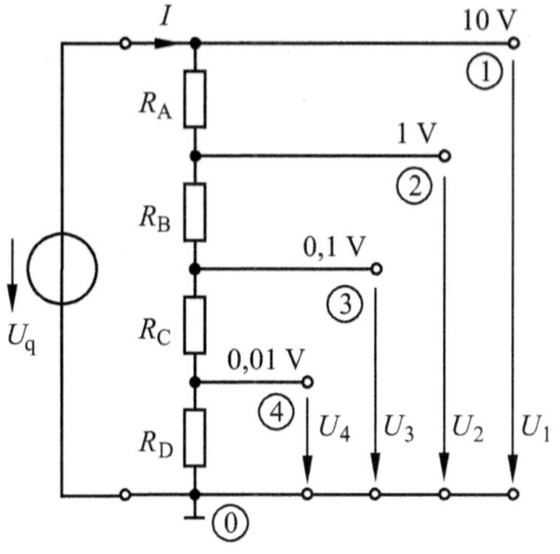

1) Der Widerstand $R_A = 10\ \text{k}\Omega$ ist vorgegeben. Dimensionieren Sie die übrigen Widerstände R_B, R_C und R_D.

2) Mit welchem Widerstand wird die Quelle belastet?

3) Welche Ersatzinnenwiderstände hat die Schaltung an den vier Ausgängen?

Aufgabe 1.14

Die Schaltung lässt sich so dimensionieren, dass jeder Ersatzinnenwiderstand denselben Wert hat.

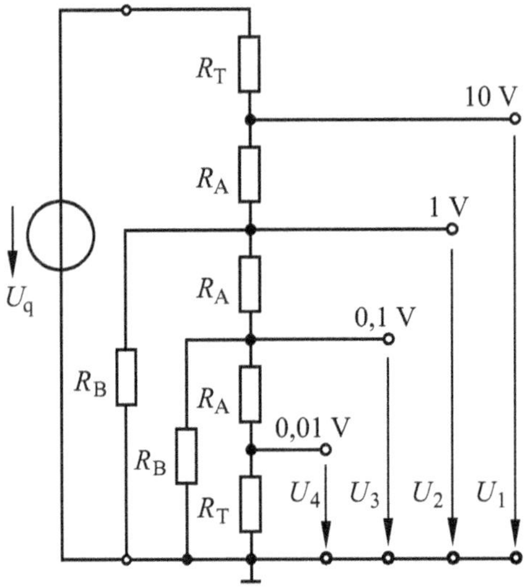

1) Dimensionieren Sie die Widerstände R_A, R_B und R_T so, dass jeder Ersatzinnenwiderstand R_1 ... R_4 den Wert 600 Ω aufweist.

2) Mit welchem Widerstand wird die Quelle belastet?

3) Berechnen Sie die Quellenspannung U_q.

Aufgabe 1.15

Der Digital-Analog-Umsetzer besteht im Prinzip aus n Konstantstromquellen, n Schaltern und dem sog. R-$2R$-Widerstandsnetzwerk. Er liefert eine Ausgangsspannung, die von der Stellung der Schalter abhängig ist, und wird im Leerlauf betrieben.

Ein beliebiger Schalter S_j wird als geschlossen bezeichnet, wenn die zugehörige Stromquelle in das R-$2R$-Netzwerk einspeist; dabei hat die Variable s_j den Wert $s_j = 1$. Ist der Schalter S_j geöffnet und die zugehörige Stromquelle speist nicht in das R-$2R$-Netzwerk ein, so hat die Variable s_j den Wert $s_j = 0$.

1) Welcher Widerstand R_j liegt zwischen einem beliebigen Knoten j und dem Schaltungspunkt mit dem Bezugspotenzial 0 V, der sog. Masse?

2) Welche Ausgangsspannung entsteht, wenn lediglich der Schalter S_j geschlossen ist?

3) Welche Ausgangsspannung entsteht bei beliebiger Stellung jedes Schalters S_j?

4) Die Anzahl der Quellen ist $n = 8$. Der Quellenstrom jeder Quelle beträgt 1 mA; jeder Widerstand R hat den Wert 1,5 kΩ. Welche Ausgangsspannung U_A entsteht, wenn sämtliche Schalter geschlossen sind? Welche kleinste Spannungsänderung ΔU_A ist am Ausgang möglich?

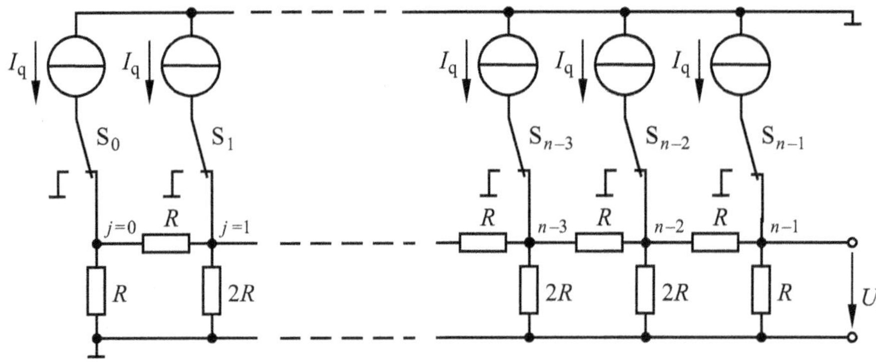

Lösung 1.1

Zunächst wandeln wir die Reihenschaltung von U_{q1} und R_1 in eine lineare Stromquelle ($I_{q1} = 2$ A; $G_1 = 166{,}6$ mS) um. Der Leitwert G_1 ist dem Leitwert G_2 parallel geschaltet.

Den Widerstand R_4 wandeln wir in den Leitwert $G_4 = 45{,}45$ mS um. Wir wählen den Bezugsknoten und nummerieren die Knoten.

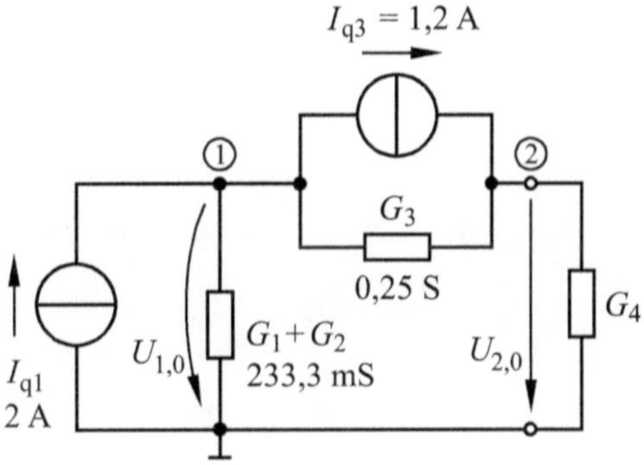

Nun stellen wir das Gleichungssystem des Knotenpotenzialverfahrens auf.

$$\begin{pmatrix} G_1+G_2+G_3 & -G_3 \\ -G_3 & G_3+G_4 \end{pmatrix} \cdot \begin{pmatrix} U_{1,0} \\ U_{2,0} \end{pmatrix} = \begin{pmatrix} I_{q1}-I_{q3} \\ I_{q3} \end{pmatrix}$$

Für die Leitwerte und die Ströme setzen wir die Werte ein.

$$\begin{pmatrix} 483{,}3 & -250 \\ -250 & 295{,}45 \end{pmatrix} \text{mS} \cdot \begin{pmatrix} U_{1,0} \\ U_{2,0} \end{pmatrix} = \begin{pmatrix} 0{,}8 \\ 1{,}2 \end{pmatrix} \text{A}$$

Wir lösen dieses Gleichungssystem mit einem Mathematikprogramm und erhalten:

$U_{1,0} = 6{,}68$ V; $U_{2,0} = 9{,}71$ V

Damit berechnen wir die gesuchten Spannungen:

$U_1 = U_{q1} - U_{1,0} = 5{,}32$ V

$U_2 = U_{1,0} = 6{,}68$ V

$U_3 = U_{1,0} - U_{2,0} = -3{,}03$ V

$U_4 = U_{2,0} = 9{,}71$ V

2) Die unvollständige Schaltung, die den Widerstand R_4 nicht mehr enthält, kann nicht mit dem Knotenpotenzialverfahren berechnet werden.

Dies ist aber auch nicht erforderlich, denn die Leerlaufspannung zwischen den Knoten A und B lässt sich sehr einfach bestimmen: Die Quelle mit der Spannung U_{q1} treibt einen Strom durch die Widerstände R_1 und R_2, der an R_2 den Spannungsfall erzeugt:

$$U_2 = \frac{U_{q1}\, R_2}{R_1 + R_2} = 8{,}57 \text{ V}$$

Die andere Quelle treibt den Strom I_{q3} durch den Widerstand R_3, wodurch der Spannungsfall $-U_3 = R_3 I_{q3} = 4{,}8$ V entsteht. Die Ersatzquellenspannung ist die Leerlaufspannung:

$U_{qe} = U_2 - U_3 = 13{,}37$ V

Wird die Ersatzspannungsquelle mit R_4 belastet, so liegt an ihren Klemmen die Spannung $U_4 = 9{,}71$ V.

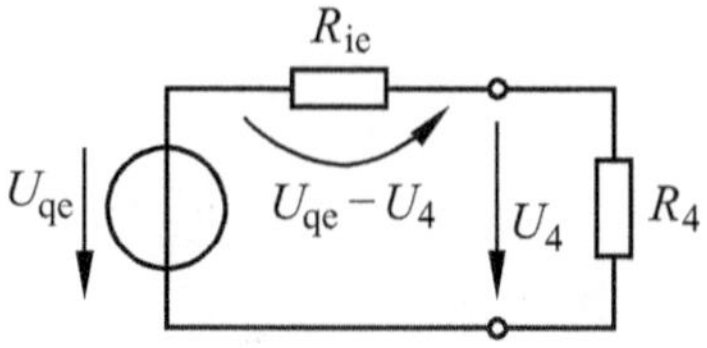

Mithilfe der Spannungsteilerregel berechnen wir:

$$R_{ie} = R_4 \frac{U_{qe} - U_4}{U_4} = 8{,}29\ \Omega$$

Die Umwandlung in die Ersatzstromquelle ergibt:

$G_{ie} = 1 / R_{ie} = 120{,}7$ mS

$I_{qe} = U_{qe} / R_{ie} = 1{,}614$ A

Lösung 1.2

1) Der Widerstand R_3 liegt parallel zur idealen Quelle an der Spannung U_{q2}; somit gilt:

$$I_3 = \frac{U_{q2}}{R_3} = \frac{10 \text{ V}}{100\ \Omega} = 0{,}1 \text{ A}$$

Der Knotensatz liefert die Gleichung:

$I_1 - I_2 - I_3 = 0$

Mit $I_1 = -I_{q1} = -0{,}05$ A berechnen wir:

$$I_2 = I_1 - I_3 = -0{,}05\text{ A} - 0{,}1\text{ A} = -0{,}15\text{ A}$$

Bei einem Umlauf um die äußere Masche erhalten wir nach dem Maschensatz:

$$U - U_{q2} - R_1 I_1 = 0$$

Damit berechnen wir:

$$U = 10\text{ V} - 100\ \Omega \cdot 0{,}05\text{ A} = 5\text{ V}$$

2) An den OHMschen Widerständen entstehen die Leistungen:

$$P_1 = R_1 I_1^2 = 0{,}25\text{ W}; \quad P_3 = R_3 I_3^2 = 1\text{ W}$$

OHMsche Widerstände sind passive Eintore und können daher ausschließlich passiv wirken.

Wir wenden das Verbraucherpfeilsystem an. Die Leistung an den Klemmen der Stromquelle beträgt:

$$P_{q1} = I_{q1} U = 0{,}05\text{ A} \cdot 5\text{ V} = 0{,}25\text{ W}$$

Das positive Vorzeichen der Leistung sagt aus, dass diese Quelle passiv wirkt.

Die Leistung an den Klemmen der Spannungsquelle beträgt:

$$P_{q2} = I_2 U_{q2} = -0{,}15\text{ A} \cdot 10\text{ V} = -1{,}5\text{ W}$$

Das negative Vorzeichen der Leistung sagt aus, dass diese Quelle aktiv wirkt. In der Schaltung wird insgesamt die Leistung 1,5 W erzeugt und insgesamt die Leistung 1,5 W verbraucht.

Lösung 1.3

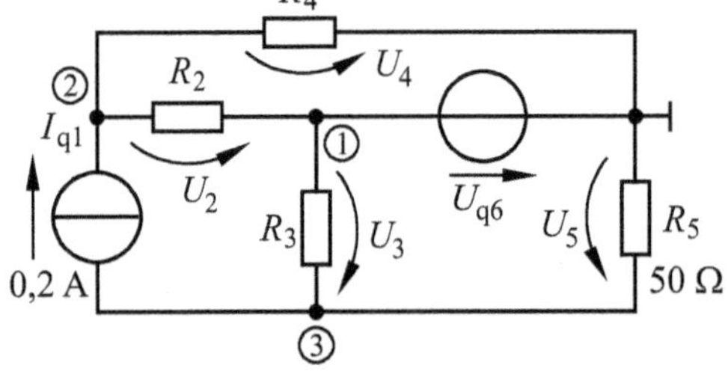

Wir legen zweckmäßig den Bezugsknoten an die ideale Spannungsquelle und nummerieren die übrigen Knoten.

Da die Knotenspannung $U_{1,0} = U_{q6} = 4$ V gegeben und damit bekannt ist, brauchen wir nur ein Gleichungssystem für die beiden Knotenspannungen $U_{2,0}$ und $U_{3,0}$ aufzustellen.

$$\begin{pmatrix} -G_2 & G_2 + G_4 & 0 \\ -G_3 & 0 & G_3 + G_5 \end{pmatrix} \cdot \begin{pmatrix} U_{1,0} \\ U_{2,0} \\ U_{3,0} \end{pmatrix} = \begin{pmatrix} I_{q1} \\ -I_{q1} \end{pmatrix}$$

Nun multiplizieren wir die Elemente der Spalte 1 mit $U_{1,0} = U_{q6}$ und bringen die Ergebnisse auf die rechte Seite des Gleichungssystems:

$$\begin{pmatrix} G_2 + G_4 & 0 \\ 0 & G_3 + G_5 \end{pmatrix} \cdot \begin{pmatrix} U_{2,0} \\ U_{3,0} \end{pmatrix} = \begin{pmatrix} G_2 U_{q6} + I_{q1} \\ G_3 U_{q6} - I_{q1} \end{pmatrix}$$

Hierbei handelt es sich um zwei einzelne Gleichungen, mit denen wir die Knotenspannungen berechnen:

$$U_{2,0} = \frac{G_2 U_{q6} + I_{q1}}{G_2 + G_4} = 14{,}4\text{ V}$$

$$U_{3,0} = \frac{G_3 U_{q6} - I_{q1}}{G_3 + G_5} = -7{,}667\text{ V}$$

Damit berechnen wir die gesuchten Spannungen:

$$U_2 = U_{2,0} - U_{1,0} = 10{,}4\text{ V}$$

$$U_3 = U_{1,0} - U_{3,0} = 11{,}667\text{ V}$$

$$U_4 = U_{2,0} = 14{,}4\text{ V}$$

$$U_5 = -U_{3,0} = 7{,}667\text{ V}$$

Lösung 1.4

Der Widerstand R_2 liegt parallel zur Reihenschaltung aus R_3 und R_x; zu dieser Gruppe ist noch R_1 in Reihe geschaltet. Die Schaltung zwischen den Klemmen A und B hat den Widerstand:

$$R_{AB} = R_1 + \frac{1}{\frac{1}{R_2} + \frac{1}{R_3 + R_x}}$$

Wir setzen den Ausdruck mit R_x gleich:

$$R_x = R_1 + \frac{1}{\frac{1}{R_2} + \frac{1}{R_3 + R_x}}$$

Diese Gleichung lösen wir nach R_x auf und erhalten die quadratische Gleichung:

$$R_x^2 + (R_3 - R_1)\,R_x - (R_1 R_2 + R_2 R_3 + R_1 R_3) = 0$$

Für die gegebenen Zahlenwerte hat sie die Lösungen:

$$R_{x1} = 2{,}46\ \text{k}\Omega$$

$$R_{x2} = -\,4{,}46\ \text{k}\Omega$$

Da OHMsche Widerstände nur für $R > 0$ definiert sind, schließen wir die zweite Lösung aus.

Lösung 1.5

1) Die maximale Leistung wird bei Anpassung abgegeben; dabei ist der angeschlossene Leitwert G_{anp} gleich dem Innenleitwert G_i der Quelle:

$$G_{anp} = G_i = 0{,}3\ \text{S}$$

Bei Anpassung fließt die Hälfte des Quellenstromes I_q durch den Leitwert G_{anp}:

$$I_{anp} = \frac{I_q}{2} = 1{,}0\ \text{A}$$

Die Spannung ist das Produkt aus Widerstand und Strom bzw. der Quotient aus Strom und Leitwert:

$$U_{anp} = \frac{I_{anp}}{G_{anp}} = 3{,}33\ \text{V}$$

Schließlich berechnen wir die maximale Leistung als Produkt von Spannung und Strom:

$$P_{max} = U_{anp}\, I_{anp} = 3{,}33\ \text{W}$$

2) Nach der Stromteilerregel gilt:

$$I = \frac{I_q\, G}{G + G_i}$$

Diesen Ausdruck setzen wir in die Gleichung für die Leistung $P = I^2/G$ ein und erhalten:

$$P = \frac{I_q^2\, G^2}{G\,(G + G_i)^2}$$

Nun lösen wir nach G auf:

$$G^2 + \left(2\,G_i - \frac{I_q^2}{P}\right) G + G_i^2 = 0$$

Diese quadratische Gleichung hat die Lösungen:

$$G_1 = 3{,}37\ \text{S}; \quad G_2 = 26{,}7\ \text{mS}$$

Wie oben berechnen wir hierzu die Werte:

$U_1 = 0{,}545$ V; $I_1 = 1{,}837$ A (Unteranpassung)

$U_2 = 6{,}12$ V ; $I_2 = 163{,}34$ mA (Überanpassung)

Lösung 1.6

1) Wir ersetzen die lineare Quelle durch ihre Ersatzspannungsquelle.

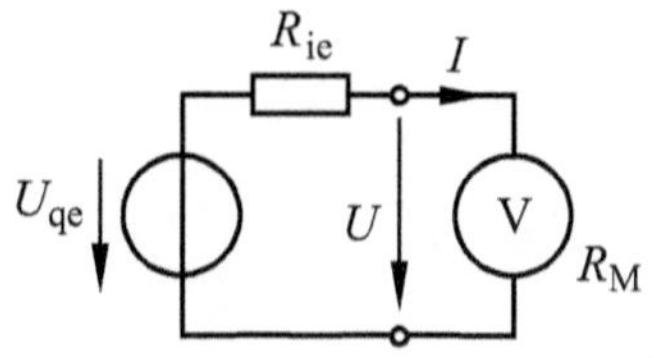

Die Maschengleichung lautet:

$$-U_{qe} + R_{ie}\, I + U = 0$$

Wir setzen in diese Gleichung die nach dem Strom aufgelöste Eintorgleichung $I = U/R_M$ ein und formen die entstehende Gleichung so um, dass die beiden Unbekannten U_{qe} und R_{ie} auf der linken Seite stehen:

$$R_M\, U_{qe} - U\, R_{ie} = U\, R_M$$

Nun berücksichtigen wir, dass zwei Messungen durchgeführt wurden, und setzen hierfür entsprechend an:

$$R_{M1}\, U_{qe} - U_1\, R_{ie} = U_1\, R_{M1}$$

$$R_{M2}\, U_{qe} - U_2\, R_{ie} = U_2\, R_{M2}$$

Das lineare Gleichungssystem hat die Lösungen:

$$U_{qe} = \frac{U_1 U_2 (R_{M2} - R_{M1})}{U_1 R_{M2} - U_2 R_{M1}}$$

$$R_{ie} = \frac{(U_2 - U_1) R_{M1} R_{M2}}{U_1 R_{M2} - U_2 R_{M1}}$$

2) In diese Gleichungen setzen wir die gegebenen Werte ein und erhalten:

$$U_{qe} = 1{,}228 \text{ V}$$

$$R_{ie} = 364 \text{ k}\Omega$$

Lösung 1.7
Wir ersetzen die lineare Quelle durch ihre Ersatzstromquelle.

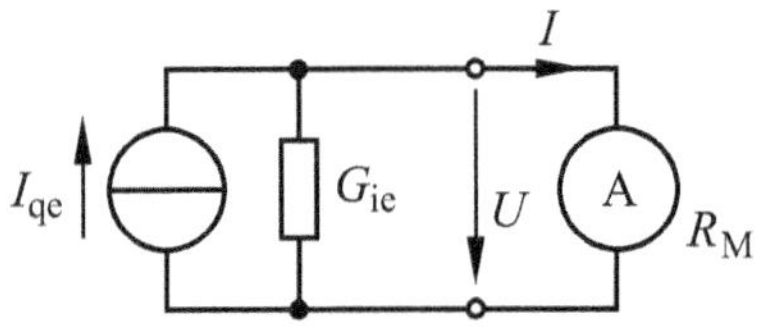

Bei der Messung im 10-mA-Bereich hat der Widerstand des Messgeräts den Wert:

$$R_{M1} = \frac{100 \text{ mV}}{10 \text{ mA}} = 10 \ \Omega$$

Bei der Messung im 100-mA-Bereich hat der Widerstand des Messgeräts den Wert:

$$R_{M2} = 1 \ \Omega$$

Die Knotengleichung lautet:

$$I_{qe} - U G_{ie} - I = 0$$

Wir setzen die Eintorgleichung $U = R_M I$ in die Knotengleichung ein und formen die entstehende Gleichung so um, dass die beiden Unbekannten I_{qe} und G_{ie} auf der linken Seite stehen:

$$I_{qe} - I R_M \cdot G_{ie} = I$$

Nun setzen wir die bekannten Werte in die Knotengleichung ein:

$$I_{qe} - 0{,}080 \text{ V} \cdot G_{ie} = 0{,}008 \text{ A}$$

$$I_{qe} - 0{,}026 \text{ V} \cdot G_{ie} = 0{,}026 \text{ A}$$

Das lineare Gleichungssystem hat die Lösungen:

$$I_{qe} = 34{,}7 \text{ mA}$$

$$G_{ie} = 333 \text{ mS}$$

Wenn ein Amperemeter in verschiedenen Messbereichen unterschiedliche Werte anzeigt, so ist dies kein Hinweis darauf, dass das Messgerät defekt ist: Die Abweichungen der Messergebnisse entstehen vielmehr dadurch, dass das Messgerät das Messobjekt unterschiedlich beeinflusst.

Lösung 1.8
Durch einen Maschenumlauf außen um die Schaltung erhalten wir die Gleichung:

$$U_q - U_2 - R_A I = 0$$

Eine zweite Gleichung liefert uns der Knotensatz:

$$I = \frac{U_2}{R_C} + \frac{U_2}{R_V}$$

Wir fassen diese Gleichungen zusammen, ersetzen R_A durch $R - R_C$ und erhalten die quadratische Gleichung:

$$U_2 R_C^2 + (R_V U_q - R U_2) R_C - R_V R U_2 = 0$$

Die Lösungen dieser Gleichung berechnen wir mit dem Programm MATLAB:

$$R_{C,1} = 64{,}04 \ \Omega$$

$$R_{C,2} = -39{,}04 \ \Omega$$

Da ein Widerstand $R < 0$ nicht definiert ist, schließen wir die negative Lösung aus:

$$R_A = R - R_C = (100 - 64{,}04) \ \Omega$$

Damit erhalten wir das Ergebnis:

$$R_A = 35{,}96 \ \Omega$$

Lösung 1.9

1) Wir lösen die Gleichung $P_N = U_N^2/R$ nach U auf und berechnen:

$$U_N = 200\ \text{V};\ I_N = U_N/R = 0{,}2\ \text{A}$$

2) Der maximale Strom $I_{max} = I_N = 0{,}2$ A ist der Nennstrom, der bei der Spannung U_{max} fließt:

$$U_{max} = R_1 \cdot I_{max} = 48\ \text{V}$$

3) Bei der Parallelschaltung ist die Summe der Einzelleitwerte gleich dem Gesamtleitwert:

$$\frac{1}{R_1} + \frac{1}{R_2} = \frac{1}{240\ \Omega} \qquad (1)$$

Wir lösen die Gleichung $R = R_1 + R_2$ für die Summe der Widerstände nach R_2 auf und setzen sie in die Gl. (1) ein:

$$\frac{1}{R_1} + \frac{1}{R - R_1} = \frac{1}{240\ \Omega}$$

Diese Gleichung erweitern wir mit dem Produkt $R_1\,(R - R_1)$ und erhalten dadurch die quadratische Gleichung

$$R_1^2 - 1000\ \Omega \cdot R_1 + 240 \cdot 10^3\ \Omega^2 = 0$$

mit den Lösungen:

$$R_{1,1} = 400\ \Omega;\ R_{1,2} = 600\ \Omega$$

Die Spannung muss so gewählt werden, dass durch den kleineren Widerstand $R_1 = 400\ \Omega$ der Nennstrom $I_N = 0{,}2$ A fließt, weil dann beim größeren Widerstand $R_2 = 600\ \Omega$, der an derselben Spannung liegt, die Stromstärke $I < I_N$ ist. Mit

$$U_{max} = 0{,}2\ \text{A} \cdot 400\ \Omega = 80\ \text{V}$$

ergibt sich:

$$I_{max} = \frac{U_{max}}{240\ \Omega} = 0{,}333\ \text{A}$$

Bei der Parallelschaltung von R_1 und R_2 kann der Stellwiderstand an höherer Spannung bzw. mit höherer Stromstärke betrieben werden als der Widerstand R_1 allein.

4) Der Stellbereich der Parallelschaltung von R_1 und R_2 beträgt 0 ... 250 Ω, er ist kleiner als der von R_1 allein (0 ... 1000 Ω).

Lösung 1.10

1) Bei der Temperatur 20 °C ist die Brücke für $R_{T20} = 1{,}5\ \text{k}\Omega$ abgeglichen.

2) Die Ersatzquellenspannung U_{qe} ist die Spannung U_M für $R_M \to \infty$.

Durch R_{T1} und R_2 sowie durch R_3 und R_{T4} fließt der Strom $I_q / 2$. Mit der Maschengleichung

$$\frac{I_q}{2} R_{T1} - U_M - \frac{I_q}{2} R_3 = 0$$

berechnen wir die Ersatzquellenspannung:

$$U_{qe} = U_M = \frac{I_q}{2}\,(R_{T1} - R_3) \qquad (1)$$

Mit den Gleichungen $R_{T1} = R_{T20}\,(1 + \alpha_{20W}\,\Delta T)$ und $R_3 = R_{T20}$ lautet der Ansatz für die Ersatzquellenspannung mit $\Delta T = \vartheta_W - 20\ °\text{C}$:

$$U_{qe} = \frac{I_q\,R_{T20}\,\alpha_{20W}}{2}\,(\vartheta_W - 20\ °\text{C}) \qquad (2)$$

Zur Bestimmung des Ersatzinnenwiderstandes ersetzen wir die ideale Stromquelle durch eine Unterbrechung. Vom Mittelzweig aus gesehen sind die Reihenschaltungen $R_{T1} + R_3$ und $R_2 + R_{T4}$ einander parallel geschaltet. Wegen

$$R_{T1} + R_3 = R_2 + R_{T4}$$

gilt für den Ersatzinnenwiderstand:

$$R_{ie} = \frac{R_{T1} + R_3}{2} \qquad (3)$$

Mit $R_{T1} = R_{T20}\,(1 + \alpha_{20W}\,\Delta T)$ und $R_3 = R_{T20}$ ergibt sich für $\Delta T = \vartheta_W - 20\ °\text{C}$:

$$R_{ie} = R_{T20} + \frac{R_{T20}\,\alpha_{20W}}{2}\,(\vartheta_W - 20\ °\text{C}) \qquad (4)$$

3) Für $\vartheta_W = 100\ °\text{C}$ berechnen wir mit der Gl. (4) den Ersatzinnenwiderstand $R_{ie} = 1740\ \Omega$. Damit ergibt sich die Ersatzquellenspannung:

$$U_{qe} = U_M \frac{R_{ie} + R_M}{R_M} = 0{,}80014 \text{ V}$$

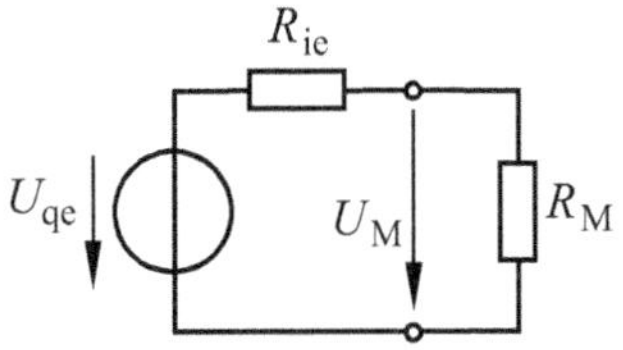

Dies setzen wir in die Gl. (2) ein und berechnen den erforderlichen Quellenstrom:

$$I_q = 3{,}3339 \text{ mA}$$

4) Zunächst berechnen wir die Widerstände:

$$R_{T1} = R_{T20}\,(1 + \alpha_{20W} \cdot 80 \text{ K}) = 1980\ \Omega$$

$$R_3 = R_{T20}\,(1 + \alpha_{20B} \cdot 3 \text{ K}) = 1500{,}2\ \Omega$$

Mit der Gl. (1) ergibt sich hierfür die Ersatzquellenspannung U_{qe} = 0,79984 V; mit Gl. (3) ergibt sich der Ersatzinnenwiderstand R_{ie} = 1740,1 Ω. Damit berechnen wir:

$$U_M = U_{qe} \frac{R_M}{R_{ie} + R_M} = 0{,}79970 \text{ V}$$

Die durch die Störung verursachte Messabweichung beträgt −0,0375 %.

Lösung 1.11

In der Zeit Δt = 2 s wird dem Draht die Energie $\Delta W = U\,I\,\Delta t$ zugeführt.

Die Spannung U ist nicht gegeben; sie kann aber mithilfe des Widerstandes

$$R = \frac{l}{\gamma \cdot A}$$

und des Stromes I ausgedrückt werden. Damit ergibt sich die Energie:

$$\Delta W = \frac{l\,I^2 \cdot \Delta t}{\gamma \cdot A} \quad (1)$$

Da die Länge l des Drahtes nicht gegeben ist, kann die Energie ΔW nicht berechnet werden. Dies ist aber auch nicht erforderlich, denn gesucht ist vielmehr die Temperaturerhöhung $\Delta\vartheta$, die in der Gleichung für die spezifische Wärmekapazität enthalten ist:

$$c = \frac{\Delta W}{m \cdot \Delta\vartheta}$$

Wir setzen in diese Gleichung die Masse des Drahtes $m = \rho\, l\, A$ ein. Dann lösen wir die Gleichung nach ΔW auf und setzen sie in die Gl. (1) ein:

$$c\,\rho\, l\, A \cdot \Delta\vartheta = \frac{l\,I^2 \cdot \Delta t}{\gamma_{20} \cdot A}$$

Es zeigt sich, dass wir die unbekannte Länge l aus der Gleichung herauskürzen können. Danach erhalten wir folgende Gleichung für die Temperaturerhöhung:

$$\Delta\vartheta = \frac{I^2 \cdot \Delta t}{\gamma_{20} \cdot A^2 \rho\, c}$$

Wir setzen die Leitfähigkeit in S / m sowie die Fläche in m² ein und führen, bevor wir den Zahlenwert berechnen, zweckmäßig eine Einheitenbetrachtung durch:

$$[\Delta\vartheta] = 1 \frac{\text{A}^2 \cdot \text{s}}{\frac{\text{S}}{\text{m}} \cdot \text{m}^4 \cdot \frac{\text{kg}}{\text{m}^3} \cdot \frac{\text{J}}{\text{kg} \cdot \text{K}}}$$

Mit 1 J = 1 Ws = 1 VAs und 1 S = 1 A/V erhalten wir die Temperaturerhöhung in der Einheit 1 K. Mit den gegebenen Zahlenwerten berechnen wir:

$$\Delta\vartheta = 2{,}6 \text{ K}$$

In der Aufgabe 8.10 wird die Wärmeabgabe an die Umgebung berücksichtigt.

Lösung 1.12

1) Zunächst berechnen wir die Drahtlänge l_D; sie ist das Produkt aus der Windungszahl N und der Windungslänge l_W, die sich als Länge einer Schraubenlinie mit dem Durchmesser $D + d$ und der Höhe $2\,d$ ergibt. Die Höhe ist jedoch so klein, dass ihr Einfluss auf die Länge vernachlässigt werden kann. Wir setzen zunächst an:

$$N = \frac{l + 0{,}1\ \text{mm}}{2\,d} = 130$$

$$l_W \approx \pi\,(D + d) = 22{,}3\ \text{mm}$$

Damit erhalten wir die Drahtlänge:

$$l_D = N \cdot l_W = 2{,}9\ \text{m}$$

Mit dem Drahtquerschnitt $A = 7{,}85 \cdot 10^{-3}\ \text{mm}^2$ berechnen wir den Widerstand des Drahtes:

$$R_{20} = \frac{l_D}{\gamma_{20} \cdot A} = 181\ \Omega$$

2) Mit dem thermischen Widerstand R_{th} und der zulässigen Leistung P_{zul} berechnen wir:

$$\vartheta_{Bmax} - \vartheta_U = P_{zul} \cdot R_{th} = 120\ \text{K} \qquad (1)$$

Für $\vartheta_{Bmax} = 170\ °\text{C}$ ist $\vartheta_U = 50\ °\text{C}$. Die Lastminderungskurve fällt zwischen diesen beiden Temperaturen linear.

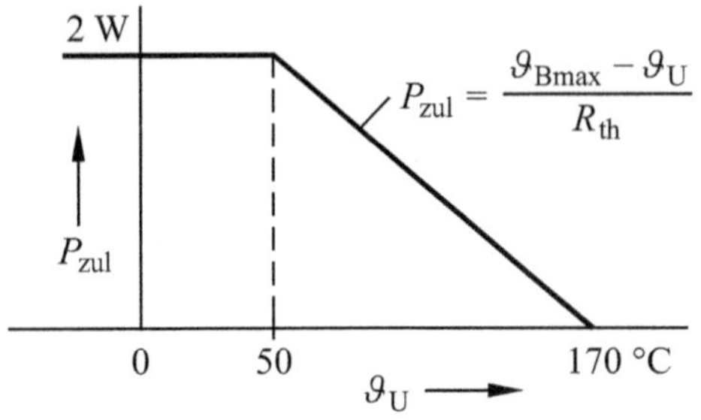

3) Mit $P = 2$ W und $R_{th} = 60$ K/W sowie $\vartheta_U = 20\,°\text{C}$ ergibt sich:

$$\vartheta_B = P\,R_{th} + \vartheta_U = 140\ °\text{C}$$

Mit $\Delta\vartheta = 120\ °\text{C}$ berechnen wir den Widerstand:

$$R_{140} = R_{20} \cdot [\,1 + \alpha_{20}\,\Delta\vartheta\,] = 181{,}85\ \Omega$$

Mit der Gleichung $P = U^2/R$ berechnen wir:

$$U = \sqrt{P\,R_{140}} = 19{,}07\ \text{V}$$

Bei dieser Spannung fließt der Strom:

$$I = U\,/\,R_{140} = 104{,}9\ \text{mA}$$

Lösung 1.13

1) Da die Spannungsteiler-Schaltung unbelastet ist, fließt durch den Widerstand R_A der Strom:

$$I = \frac{U_1 - U_2}{R_A} = \frac{9\ \text{V}}{10\ \text{k}\Omega} = 0{,}9\ \text{mA}$$

Mit diesem Strom und den Spannungsabfällen an den übrigen Widerständen berechnen wir die Widerstände:

$$R_B = \frac{U_2 - U_3}{I} = \frac{0{,}9\ \text{V}}{0{,}9\ \text{mA}} = 1{,}0\ \text{k}\Omega$$

$$R_C = \frac{U_3 - U_4}{I} = \frac{0{,}09\ \text{V}}{0{,}9\ \text{mA}} = 100\ \Omega$$

$$R_D = \frac{U_4}{I} = \frac{0{,}01\ \text{V}}{0{,}9\ \text{mA}} = 11{,}11\ \Omega$$

2) Der Lastwiderstand R_L ist die Reihenschaltung der Widerstände $R_A \ldots R_D$:

$$R_L = R_A + R_B + R_C + R_D = 11{,}11\ \text{k}\Omega$$

3) Bei der Ermittlung der Ersatzinnenwiderstände ersetzen wir jeweils die ideale Spannungsquelle durch einen Kurzschluss.

Zunächst betrachten wir das Klemmenpaar zwischen den Knoten 1 und 0; hierfür erhalten wir den Widerstand:

$$R_1 = 0$$

Nun betrachten wir das Klemmenpaar zwischen den Knoten 2 und 0.

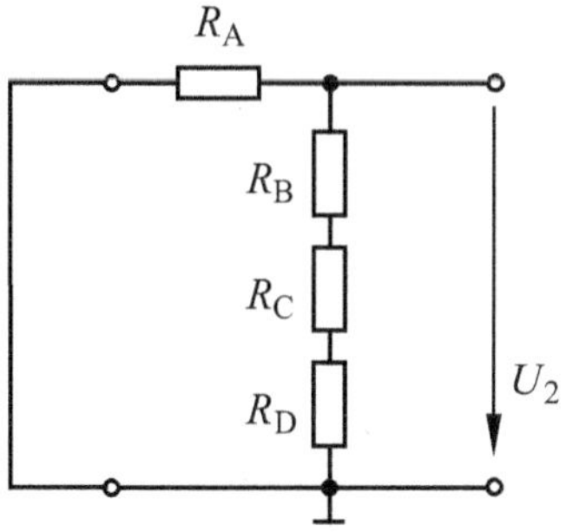

Der Widerstand R_2 ist die Parallelschaltung des Widerstandes R_A und der Reihenschaltung der Widerstände R_B, R_C und R_D:

$$\frac{1}{R_2} = \frac{1}{10\ \text{k}\Omega} + \frac{1}{1111\ \Omega} = 1{,}0\ \text{mS}$$

Dies ergibt den Widerstand:

$$R_2 = 1{,}0\ \text{k}\Omega$$

Durch entsprechendes Vorgehen erhalten wir die übrigen Ersatzinnenwiderstände:

$$R_3 = 110\ \Omega$$

$$R_4 = 11{,}1\ \Omega$$

Lösung 1.14

1) Die Spannung $U_4 = 0{,}01$ V fällt an R_T ab, die Spannung $U_3 = 0{,}1$ V fällt an der Reihenschaltung von R_A und R_T ab. Wir setzen an:

$$\frac{U_3}{U_4} = 10 = \frac{R_A + R_T}{R_T} = \frac{R_A}{R_T} + 1$$

Daraus ergibt sich:

$$R_A = 9\ R_T \tag{1}$$

Entsprechend wollen wir das Verhältnis der Spannungen U_3 und U_2 ansetzen.

Wir fassen zunächst die in Reihe geschalteten Widerstände R_A und R_T zum Ersatzwiderstand

$$R_{AT} = R_A + R_T = 9\ R_T + R_T = 10\ R_T$$

und anschließend die Parallelschaltung aus R_{AT} und R_B zum Ersatzleitwert $G_P = 1/R_P$ zusammen:

$$G_P = \frac{1}{R_P} = \frac{1}{R_B} + \frac{1}{R_{AT}} = \frac{1}{R_B} + \frac{1}{10\ R_T} \tag{2}$$

Damit setzen wir den Quotienten aus den Spannungen U_2 und U_3 an:

$$\frac{U_2}{U_3} = 10 = \frac{R_A + R_P}{R_P} = R_A\, G_P + 1$$

In diese Gleichung setzen wir $R_A = 9\ R_T$ und den Leitwert G_P ein:

$$\frac{9\ R_T}{R_B} + \frac{9\ R_T}{10\ R_T} + 1 = 10$$

Daraus ergibt sich:

$$R_B = \frac{R_T}{0{,}9} \tag{3}$$

Dies setzen wir in die Gl. (2) ein:

$$\frac{1}{R_P} = \frac{1}{R_B} + \frac{1}{10\ R_T} = \frac{0{,}9}{R_T} + \frac{0{,}1}{R_T} = \frac{1}{R_T} \tag{4}$$

Wegen $R_P = R_T$ lässt sich also die Parallelschaltung aus R_B und $R_A + R_T$ durch einen Widerstand R_T ersetzen. Mit diesem Zusammenhang berechnen wir den Ersatzinnenwiderstand R_3, wobei wir die ideale Spannungsquelle am Tor 1 durch einen Kurzschluss ersetzen.

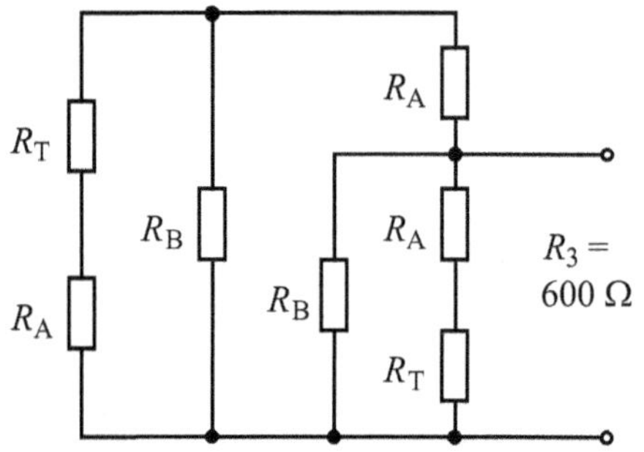

Nun ersetzen wir jede Parallelschaltung aus R_B und $R_A + R_T$ durch einen Widerstand R_T:

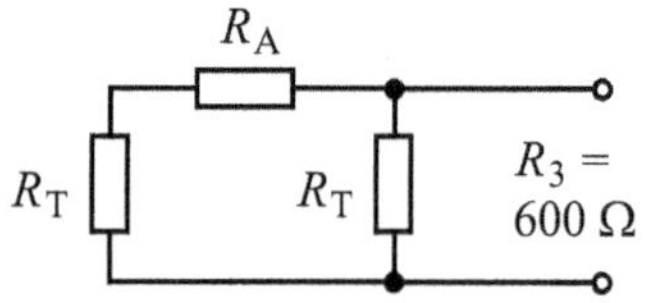

Wir setzen an:

$$R_3 = 600\ \Omega = \frac{1}{\dfrac{1}{R_T} + \dfrac{1}{R_T + R_A}}$$

Mit der Gl. (1) ergibt sich:

$R_T = 660\ \Omega$

Nun berechnen wir mit den Gln. (1 und 3):

$R_A = 9\ R_T = 5940\ \Omega$

$R_B = R_T\ /\ 0{,}9 = 733\ \Omega$

2) Zur Berechnung des Lastwiderstandes R_L ersetzen wir zweimal die Parallelschaltung aus R_B und $R_A + R_T$ durch einen Widerstand R_T.

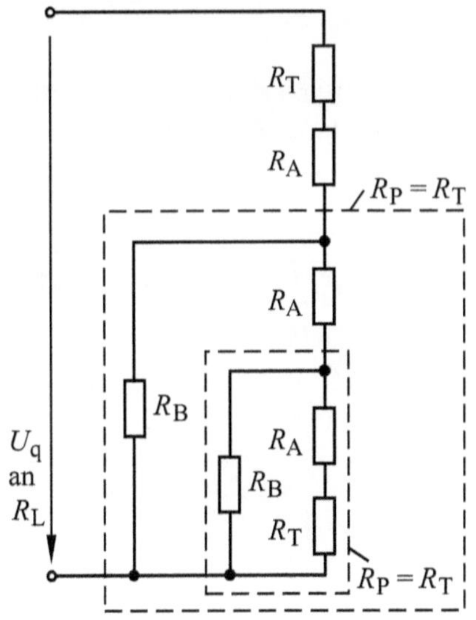

Der Lastwiderstand ist:

$R_L = R_T + R_A + R_T = 7{,}26\ \mathrm{k}\Omega$

3) Durch den obersten Widerstand R_A, der an der Spannung $U_1 - U_2 = 9{,}0$ V liegt, fließt der Strom:

$$I_A = \frac{9{,}0\ \mathrm{V}}{5940\ \Omega} = 1{,}515\ \mathrm{mA}$$

Dieser Strom erzeugt am obersten Widerstand R_T den Spannungsabfall:

$U_T = 660\ \Omega \cdot I_A = 1{,}0$ V

Damit berechnen wir:

$U_q = U_1 + U_T = 11{,}0$ V

Lösung 1.15

1) Zur Berechnung des Widerstandes ersetzen wir jede Stromquelle durch eine Unterbrechung. Damit ist unerheblich, ob ein Schalter geöffnet oder geschlossen ist: Die Schalterstellungen und damit die Stromquellen haben keinen Einfluss auf die Widerstände R_j.

Wir wollen zunächst den Widerstand R_0 ermitteln, der zwischen dem Knoten $j = 0$ und Masse liegt. Dem Widerstand R zwischen dem Knoten und Masse ist ein Netzwerk von Widerständen parallel geschaltet, das wir von rechts nach links Schritt für Schritt vereinfachen können. So ist z. B. auf der rechten Seite des Widerstandes $2\,R$ zwischen dem Knoten $n-2$ und Masse die Reihenschaltung von zwei Widerständen R angeordnet: Diese drei Widerstände fassen wir zu einem einzigen Widerstand R zusammen.

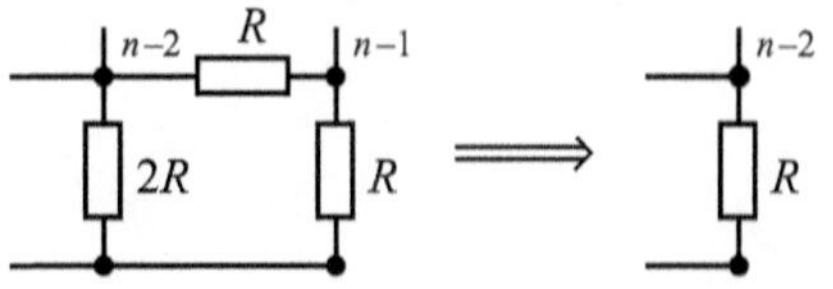

Diesen Vorgang setzen wir bis zum Knoten $j = 1$ fort; es zeigt sich, dass dem Widerstand R, der zwischen dem Knoten $j = 0$ und Masse liegt, eine Reihenschaltung von zwei Widerständen R parallel geschaltet ist.

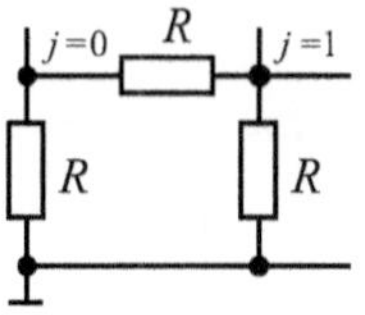

Damit erhalten wir:

$$R_0 = \frac{2\,R}{3}$$

Das gleiche Ergebnis erhalten wir durch entsprechendes Vorgehen für den Widerstand R_{n-1}.

Bei einem beliebigen Knoten $0 < j < n-1$ gehen wir entsprechend vor und fassen Widerstände so zusammen, dass die folgende Schaltung übrig bleibt:

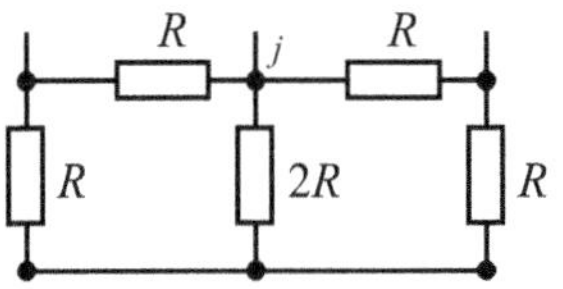

Hieraus ergibt sich:

$$R_j = \frac{2R}{3}$$

2) Ist lediglich der Schalter S_j geschlossen, so ist die Spannung U_j zwischen dem Knoten j und Masse:

$$U_j = U = \frac{2R}{3} I_q$$

Ein von j abhängiger Teil dieser Spannung U liegt am Ausgang.
Ist lediglich der Schalter S_{n-1} geschlossen, so entsteht die Ausgangsspannung:

$$U_A = U_{A,n-1} = U$$

Ist lediglich der Schalter S_{n-2} geschlossen, so wird die Spannung $U_{n-2} = U$ an den beiden rechts vom Knoten liegenden Widerständen aufgeteilt und es entsteht die Ausgangsspannung:

$$U_{A,n-2} = \frac{U}{2}$$

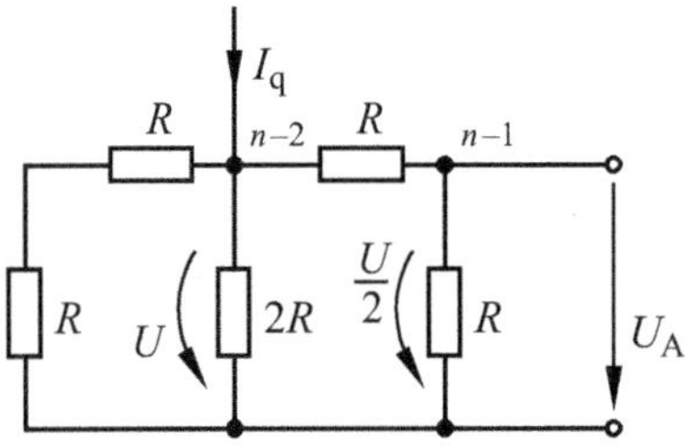

Ist lediglich der Schalter S_{n-3} geschlossen, so wird die Spannung $U_{n-3} = U$ zweimal geteilt. Am Knoten $n-2$ liegt $U/2$ und am Ausgang liegt die Spannung:

$$U_{A,n-3} = \frac{U}{4}$$

Die Spannung am ersten Knoten rechts vom Knoten j ist $U/2$, am zweiten Knoten rechts von diesem ist sie $U/4$, am dritten Knoten rechts von diesem ist sie $U/8$ usw. Damit gilt allgemein, wenn jeweils nur der Schalter S_j geschlossen ist:

$$U_{A,j} = \frac{U}{2^{n-1-j}}$$

3) Wir wenden den Überlagerungssatz an und erhalten:

$$U_A = U \cdot \sum_{j=0}^{n-1} \frac{s_j}{2^{n-1-j}}$$

4) Wir setzen sämtliche $s_j = 1$ und berechnen die Summe für $n = 8$:

$$\sum_{j=0}^{7} \frac{1}{2^{n-1-j}} = 2^{-7} + 2^{-6} + \ldots + 2^{0} = 1{,}992$$

Für $U = 1$ V ist die Ausgangsspannung:

$$U_A = 1{,}992 \text{ V}$$

Die kleinste Änderung der Ausgangsspannung beträgt:

$$\Delta U_A = U \cdot 2^{-7} = 7{,}81 \text{ mV}$$

2 Netze mit nichtlinearen Eintoren an Gleichspannung

Aufgabe 2.1
In der Schaltung befindet sich ein nichtlineares Eintor.

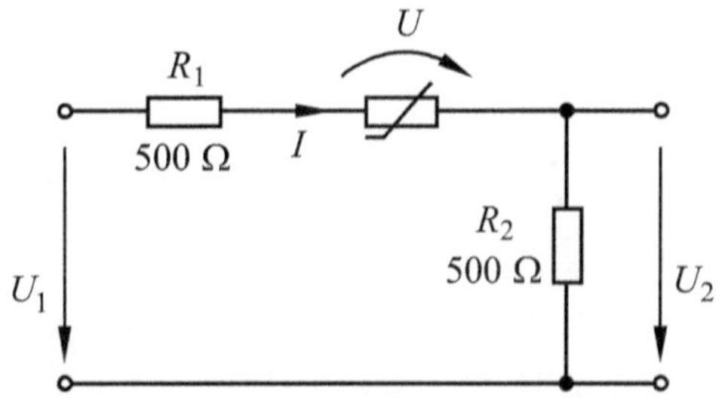

Die *I*-*U*-Kennlinie des nichtlinearen Eintors wird durch zwei Geraden angenähert.

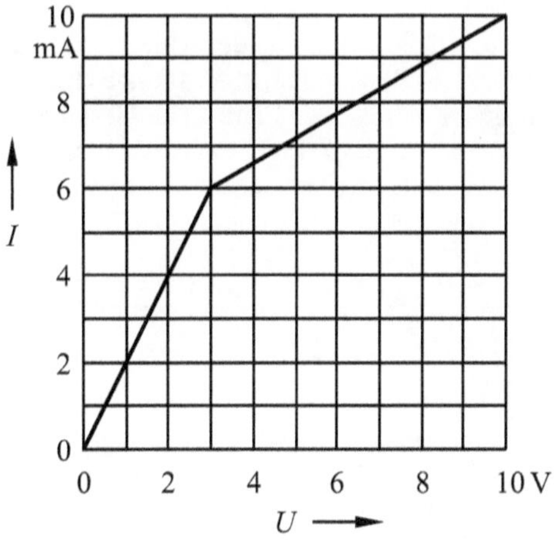

1) Welchen Wert hat die Ausgangsspannung U_2 bei der Eingangsspannung $U_1 = 5$ V?

2) Zeichnen Sie die Übertragungskennlinie $U_2 = f(U_1)$ des Netzwerks für $0 \le U_1 \le 12$ V.

3) Bestimmen Sie für die beiden linearen Teilbereiche der Kennlinie $I = f(U)$ jeweils ein lineares Ersatzeintor und zeichnen Sie dieses in die Schaltung ein.

Aufgabe 2.2
Die Ein- und Ausgänge von integrierten CMOS-Schaltungen werden durch Dioden vor Überspannungen geschützt. Das Bild zeigt die Ersatzschaltung eines Ausgangs (U_q; R_P; R_N) mit den Dioden. Die *I*-*U*-Kennlinie jeder Diode wird durch zwei Geradenabschnitte angenähert, und zwar durch einen mit $I_D = 0$ für $U_D \le 0{,}6$ V und einen anschließenden, linear ansteigenden durch den Punkt $I_D = 10$ mA bei $U_D = 0{,}75$ V.

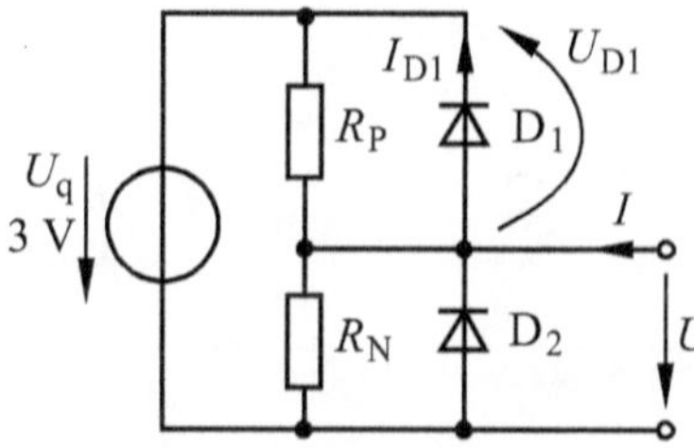

1) Bestimmen Sie die *I*-*U*-Kennlinie des Eintors für die Ausgabe des Signalwerts HIGH ($R_P = 1$ kΩ; $R_N \to \infty$).

2) Bestimmen Sie die *I*-*U*-Kennlinie des Eintors für die Ausgabe des Signalwerts LOW ($R_P \to \infty$; $R_N = 1$ kΩ).

3) Durch einen Schaltungsfehler wird der CMOS-Ausgang mit einer linearen Gleichspannungsquelle ($U_{q1} = 6$ V; $R_{i1} = 215$ Ω) in Gegenreihenschaltung verbunden. Untersuchen Sie, ob dabei der maximal zulässige Diodenstrom 10 mA überschritten wird.

Aufgabe 2.3
Zum Widerstand R_3 ist eine Diode 1N4007 in Reihe geschaltet.

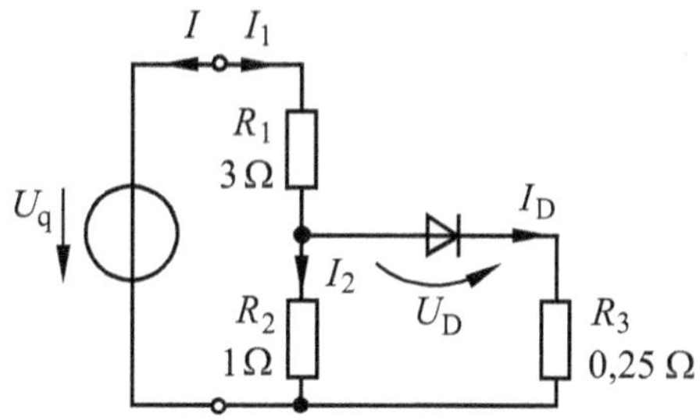

1) Ermitteln Sie für $U_q = 3{,}6$ V den Arbeitspunkt der Diode.

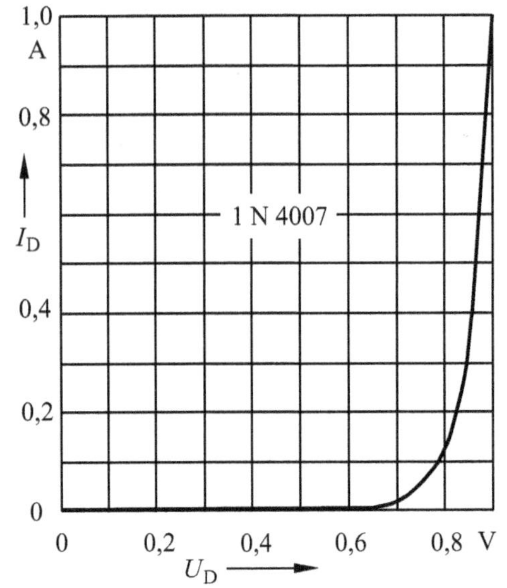

2) Berechnen Sie die Leistungen sämtlicher Bauelemente.

3) Die Quellenspannung ändert sich im Bereich $5{,}2\ \text{V} \le U_q \le 6{,}8\ \text{V}$. Bestimmen Sie die Daten der linearen Ersatzquelle, durch welche die Diode im Durchlassbereich annähernd ersetzt werden kann. Berechnen Sie mithilfe dieser Ersatzschaltung die Werte von I_D und U_D für die Quellenspannung $U_q = 6$ V.

Aufgabe 2.4

In integrierten Schaltungen wird statt einer Diode ein MOS-Transistor verwendet, dessen Gate mit Drain verbunden ist.

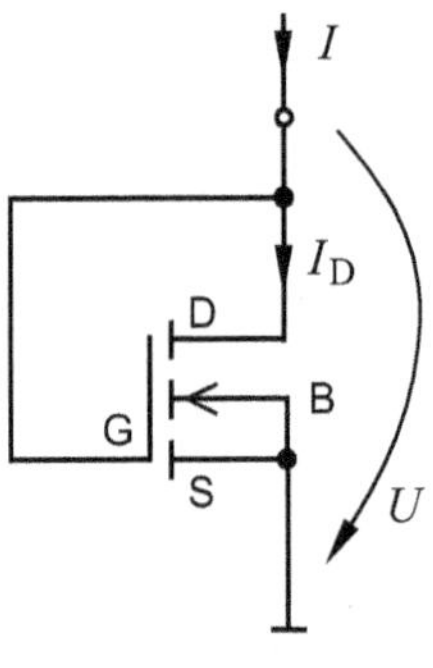

1) Bestimmen Sie die *I-U*-Kennlinie des nichtlinearen Eintors für $U \ge 0$.

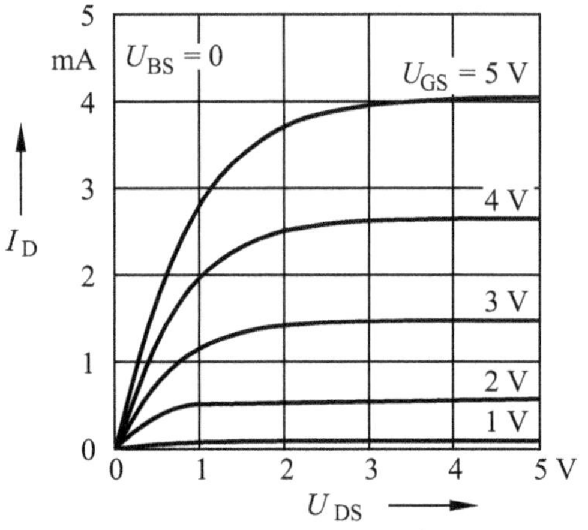

2) Sperrt die Schaltung bei negativen Spannungswerten, wie das bei einer Diode der Fall ist?

Aufgabe 2.5

Ein **Ionisations-Rauchmelder** enthält zwei Kammern, die mit Luft gefüllt sind. In jeder Kammer ionisiert ein radioaktives Präparat die Gasmoleküle und erzeugt dadurch Elektronen und Ionen; die Kammer wird deshalb als Ionisationskammer bezeichnet.

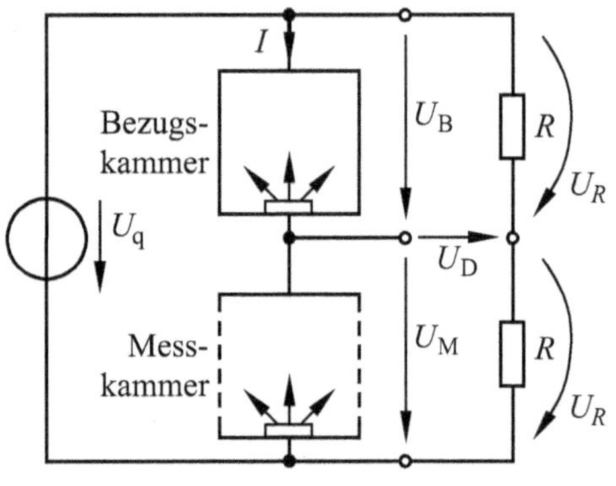

Wird an eine derartige Kammer eine Spannung gelegt, so entsteht eine Gasentladung und es fließt ein Strom.

Die *I-U*-Kennlinie der Ionisationskammer ist nichtlinear: Der Strom strebt mit steigender Spannung einem Sättigungswert zu, weil die Zahl der Ladungen begrenzt ist, die in einer Zeitspanne vom radioaktiven Präparat erzeugt werden.

Im Normalbetrieb (also ohne Raucheinfluss) hat die Kammer die Kennlinie $I_N = f(U)$. Gelangen Rauchpartikel in die Kammer, so verschiebt sich die Kennlinie zu kleineren Stromstärken, was z. B. schon durch Zigarettenrauch geschehen kann. Sinkt die Kennlinie auf den kritischen Verlauf $I_{krit} = f(U)$, so ist die Rauchentwicklung so stark, dass ein Brand angenommen werden kann.

Im Rauchmelder werden zwei gleiche Ionisationskammern in einer Brückenschaltung an der Gleichspannung $U_q = 100$ V betrieben.
Die eine Kammer ist gegen die Umgebungsluft abgeschlossen; sie hat als Bezugskammer stets die Kennlinie $I_N = f(U)$. Die andere steht als Messkammer mit der Luft des zu überwachenden Raumes in Verbindung; im Normalfall hat auch sie die Kennlinie $I_N = f(U)$. Tritt jedoch so viel Rauch ein, dass die Kennlinie $I_{krit} = f(U)$ erreicht wird, so wird ein Alarm ausgelöst. Das Signal hierfür lässt sich z. B. aus der Diagonalspannung U_D gewinnen.

Bestimmen Sie die Diagonalspannung U_D für Leerlauf an den Klemmen sowie zusätzlich den Kammerstrom I und die Spannung U_M an der Messkammer für den Normalfall und für den Alarmfall.

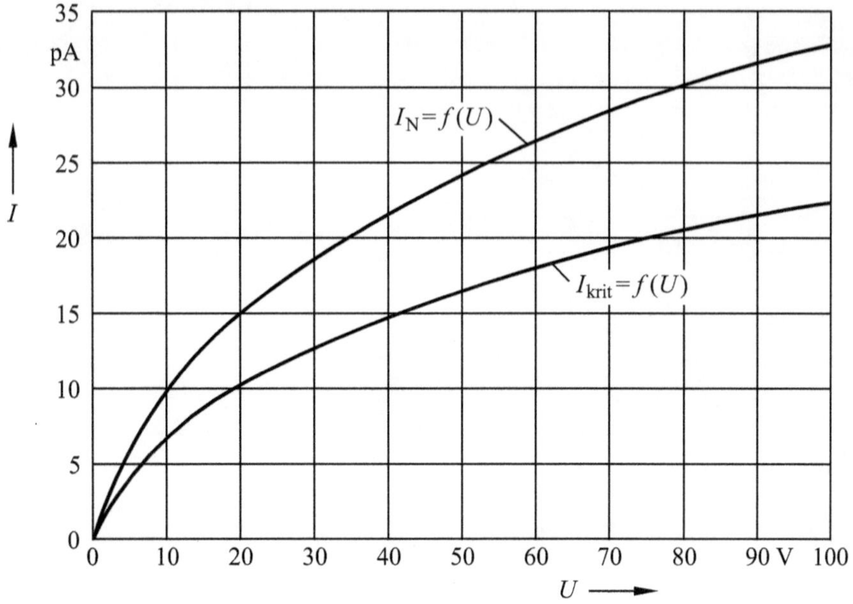

Lösung 2.1

1) Wir fassen die beiden OHMschen Widerstände mit der Eingangsspannung $U_1 = 5$ V zu einer linearen Ersatzspannungsquelle zusammen.

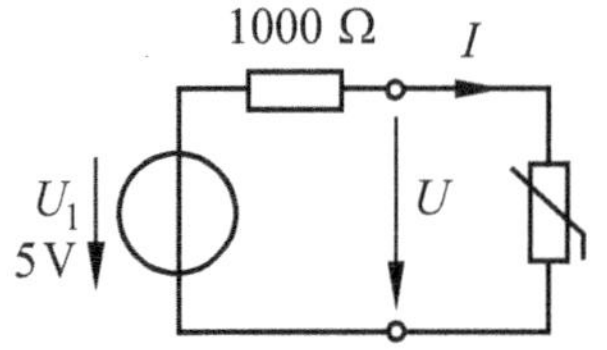

Durch ihre Leerlaufspannung $U_0 = 5$ V und den Kurzschlussstrom $I_k = 5\ \text{V} / 1000\ \Omega = 5$ mA ist ihre Kennlinie gegeben, die wir mit der *I*-*U*-Kennlinie des nichtlinearen Eintors zum Schnitt bringen.

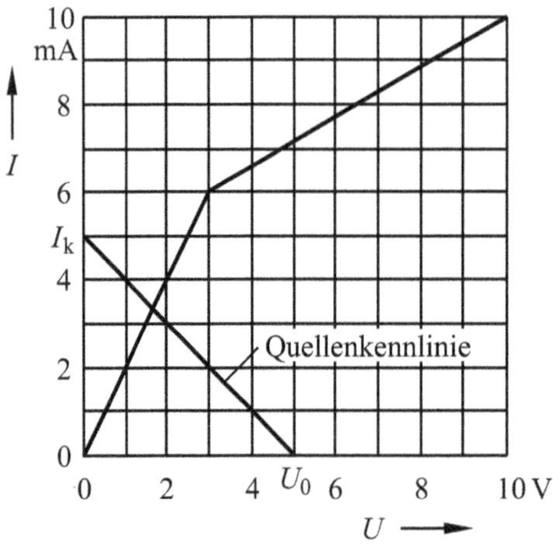

Wir lesen den Strom im Schnittpunkt ab:

$$I\big|_{U_1 = 5\ \text{V}} \approx 3{,}3\ \text{mA}$$

Damit berechnen wir die Ausgangsspannung, die am Widerstand R_2 abfällt:

$$U_2\big|_{U_1 = 5\ \text{V}} = R_2\, I = 1{,}65\ \text{V}$$

2) Die Erhöhung der Eingangsspannung entspricht einer Parallelverschiebung der Ersatzquellenkennlinie in Richtung der *U*-Achse.

Dabei wandert der Arbeitspunkt des nichtlinearen Eintors im ersten linearen Teilbereich bis zum Knickpunkt, der bei $U_1 = 9$ V erreicht wird; dort lesen wir den Strom $I = 6$ mA ab und berechnen:

$$U_2\big|_{U_1 = 9\ \text{V}} = R_2\, I = 3\ \text{V}$$

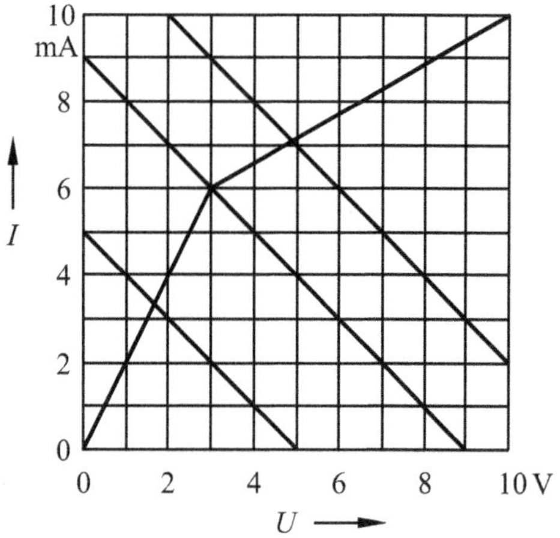

Von diesem Punkt (3 V; 6 mA) an verläuft die Kennlinie flacher. Für die Spannung $U_1 = 12$ V lesen wir den Strom $I \approx 7{,}1$ mA ab und berechnen:

$$U_2\big|_{U_1 = 12\ \text{V}} = R_2\, I = 3{,}55\ \text{V}$$

Mit diesen berechneten Werten zeichnen wir die Übertragungskennlinie.

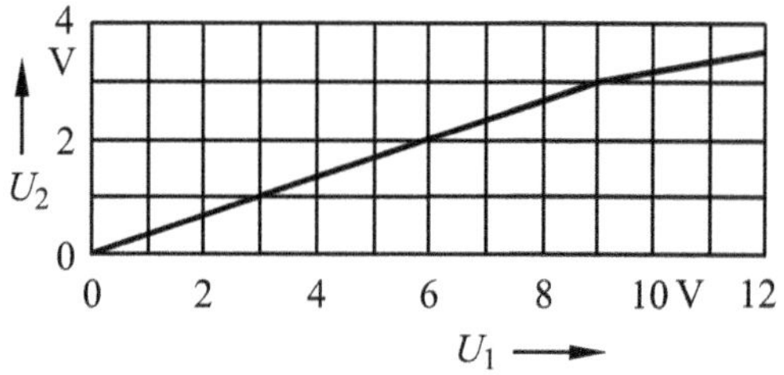

3) Die *I*-*U*-Kennlinie des nichtlinearen Eintors entspricht im ersten Teilbereich ($0 \le U \le 3$ V) der linearen Kennlinie eines OHMschen Widerstandes:

$$R_{e1} = \frac{3\ \text{V}}{6\ \text{mA}} = 500\ \Omega$$

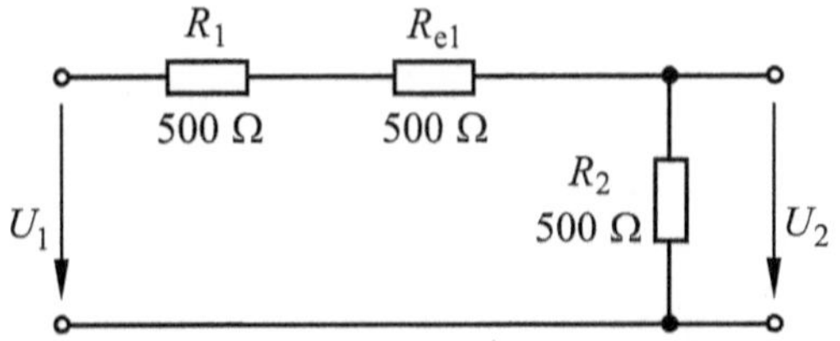

Der zweite Teilbereich entspricht der Kennlinie einer linearen Quelle, die wir als Stromquelle ansehen. Ihr Innenleitwert ergibt sich aus der Steigung der Kennlinie:

$$G_{e1} = \frac{\Delta I}{\Delta U} = \frac{4\text{ mA}}{7\text{ V}} = 0{,}571\text{ mS}$$

Wir verlängern die Kennlinie bis zur I-Achse und lesen dort den Quellenstrom ab:

$I_{qe} \approx 4{,}3$ mA

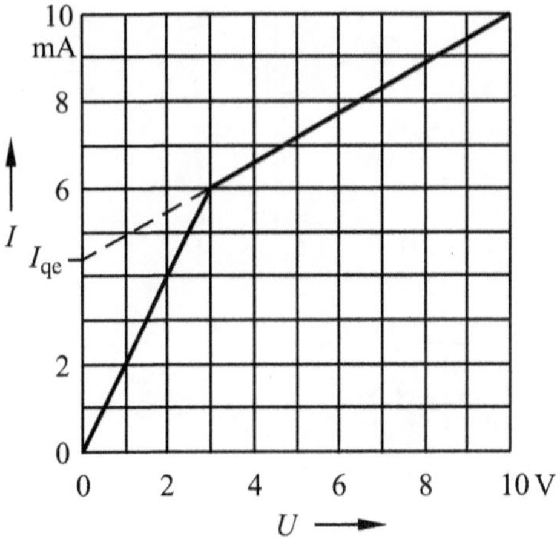

Damit erhalten wir die Ersatzschaltung für den zweiten Teilbereich, bei dem die Spannung Werte $U \geq 3$ V annimmt.

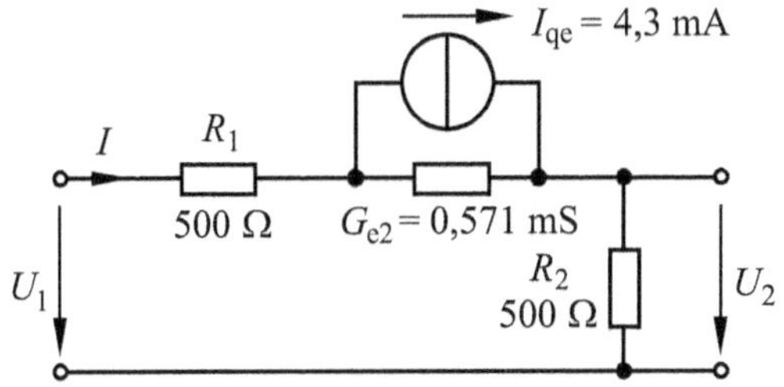

Lösung 2.2

1) Zunächst fassen wir die Diode D_1 und den Widerstand R_P zum Eintor A zusammen.

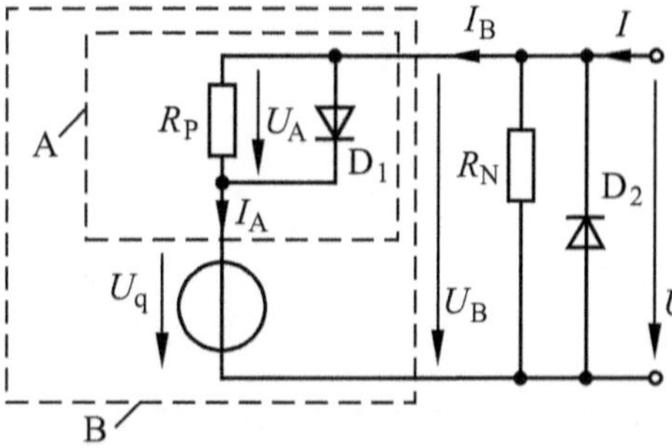

Danach bestimmen wir grafisch die Kennlinie $I_A = f(U_A)$.

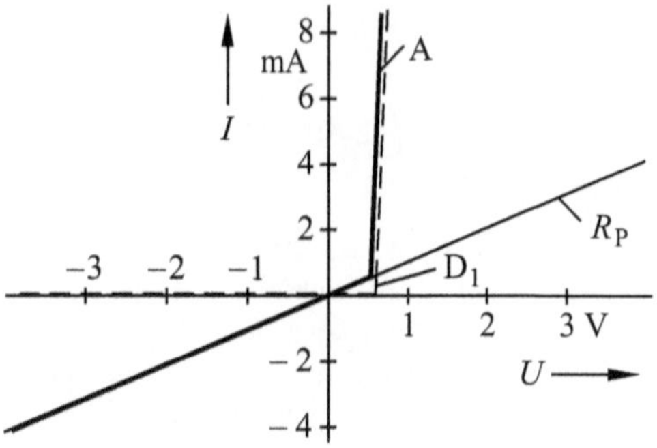

Anschließend fassen wir die ideale Quelle und das Eintor A zum Eintor B zusammen. Die Kennlinie $I_B = f(U_B)$ ist gegen die Kennlinie $I_A = f(U_A)$ um $U_q = 3$ V verschoben.

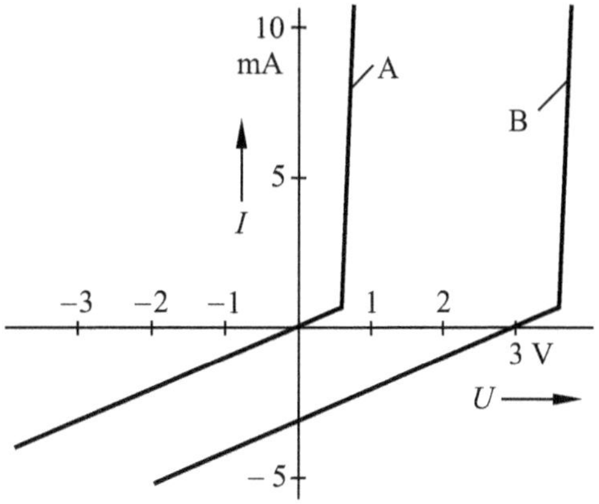

Dem Eintor B ist die Diode D_2 parallel geschaltet; der Widerstand R_N hat keinen Einfluss. Wir bestimmen hierfür die Strom-Spannungs-Kennlinie $I = f(U)$.

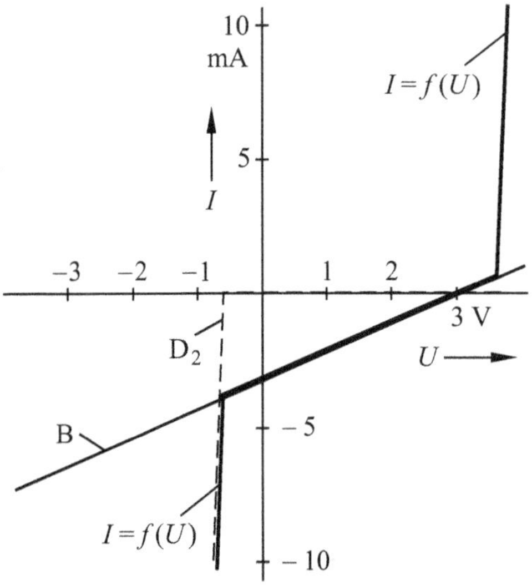

2) Da der Widerstand R_P keinen Einfluss hat, ist die *I*-*U*-Kennlinie des Eintors B die um $U_q = 3\,\text{V}$ verschobene Kennlinie der Diode D_1. Dem Zweipol B sind die Diode D_2 und der Widerstand R_N parallel geschaltet. Wir bestimmen die Kennlinie $I = f(U)$ wie bei der Teilaufgabe 1.

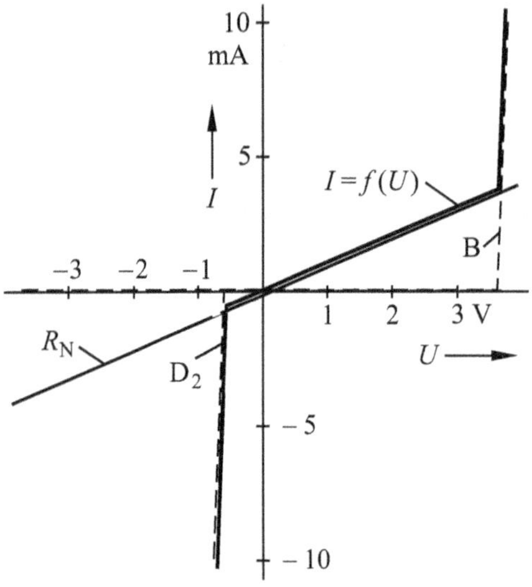

3) Die beiden Eintore sind in Gegen-Reihenschaltung miteinander verbunden.

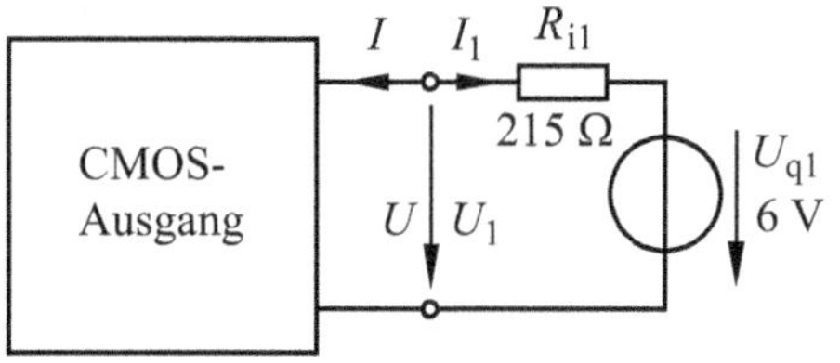

Da der Kurzschlussstrom $U_{q1} / R_{i1} = 27{,}9\,\text{mA}$ der Quelle größer ist als der maximal zulässige Strom der Diode, ist eine Gefährdung der Diode nicht ausgeschlossen. Wir bestimmen deshalb den Diodenstrom.

Von den beiden Betriebsarten des Ausgangs ist die mit dem Signalwert HIGH ungünstiger, weil die Stromstärke I_{D1} höher ist. Wir tragen deshalb die *I*-*U*-Kennlinie der Quelle in das unter 1) bestimmte Diagramm ein.

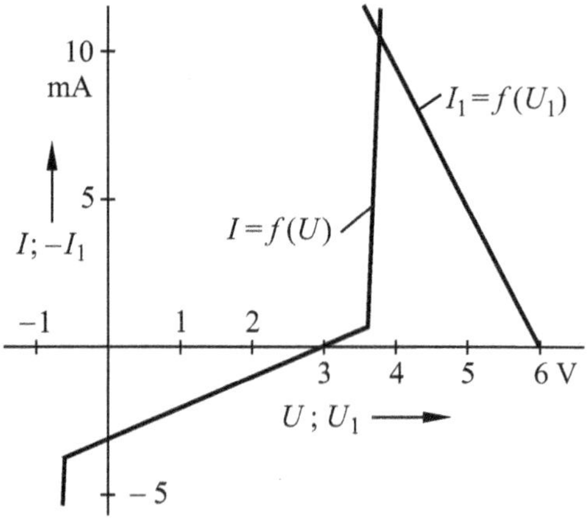

Im Arbeitspunkt sind $U \approx 3{,}75\,\text{V}$ und $I \approx 10{,}5\,\text{mA}$. Der Strom im Widerstand R_P ist $(U - U_q) / R_P = 0{,}75\,\text{mA}$, und durch die Diode fließen 9,75 mA; dieser Strom ist zulässig.

Lösung 2.3

1) Wir schneiden zunächst in Gedanken die Diode aus der Schaltung heraus und ermitteln die Daten der linearen Ersatzspannungsquelle außerhalb der Schnittstelle:

$$R_{ie} = R_3 + \frac{1}{G_1 + G_2} = 1{,}0\,\Omega$$

$$U_{qe} = \frac{U_q \ R_2}{R_1 + R_2} = 0{,}9 \text{ V} \qquad (1)$$

Der Kurzschlussstrom der Ersatzspannungsquelle ist $I_{ke} = 0{,}9 \text{ V} / 1 \ \Omega = 0{,}9 \text{ A}$. Wir zeichnen die Kennlinie K1 der Ersatzspannungsquelle in das Kennlinienfeld der Diode ein und bestimmen den Arbeitspunkt A als Schnittpunkt mit der Diodenkennlinie; dort lesen wir ab:

$U_D \approx 0{,}79 \text{ V}; \ I_D \approx 0{,}11 \text{ A}$

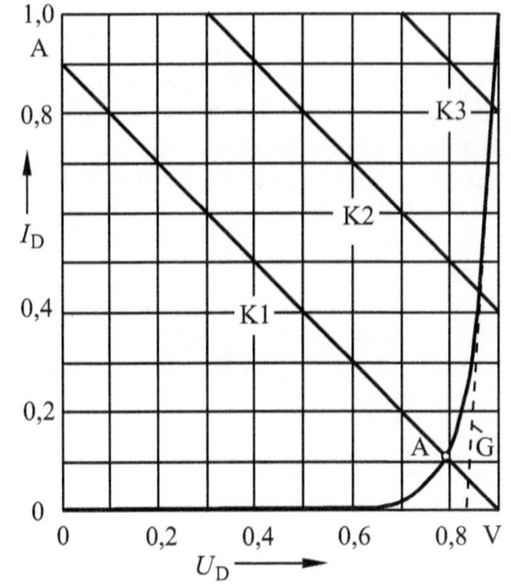

2) Die Verlustleistung der Diode ist:

$P_D = U_D \, I_D = 86{,}9 \text{ mW}$

Zur Bestimmung der Leistungen der übrigen Bauelemente berechnen wir:

$U_2 = U_D + I_D \, R_3 = 0{,}818 \text{ V}$

$I_2 = U_2 / R_2 = 0{,}818 \text{ A} \, ; \, I_1 = I_2 + I_D = 0{,}928 \text{ A}$

Die Leistungen der Widerstände betragen:

$P_1 = R_1 \, I_1^2 = 2{,}58 \text{ W}; \, P_2 = 0{,}668 \text{ W}; \, P_3 = 3 \text{ mW}$

Die Leistung der Quelle ist:

$P_q = U_q \, I = U_q \cdot (-I_1) = -3{,}34 \text{ W}$

Wie das Vorzeichen zeigt, wirkt die Quelle aktiv.

3) Durch die Änderung der Quellenspannung wird die Kennlinie der Ersatzquelle parallel verschoben, da sämtliche Widerstände unverändert bleiben.

Nach Gl. (1) ist $U_{qe} = U_q / 4$; die Spannung der Ersatzquelle ändert sich also im Bereich $1{,}3 \text{ V} \le U_{qe} \le 1{,}7 \text{ V}$. Dies entspricht einer Verschiebung der Kennlinie um jeweils 4 Teilstriche; wir erhalten so die Kennlinien K2 und K3.

Die Diodenkennlinie kann zwischen K2 und K3 durch die Gerade G (s. Bild) angenähert werden. Diese lässt sich als Kennlinie einer im passiven Bereich mit $U > U_0$ betriebenen linearen Spannungsquelle auffassen.

Die Gerade G schneidet die U-Achse bei der Dioden-Ersatzquellenspannung $U_{qe,D} \approx 0{,}83 \text{ V}$. Der Ersatzinnenwiderstand ist:

$R_{ie,D} = \Delta U / \Delta I = 0{,}07 \text{ V} / 1{,}0 \text{ A} = 70 \text{ m}\Omega$

Bei $U_q = 6 \text{ V}$ beträgt die Ersatzquellenspannung $U_{qe} = 6 \text{ V} / 4 = 1{,}5 \text{ V}$. Die Ersatzquelle liegt in Gegen-Reihenschaltung zur Dioden-Ersatzquelle.

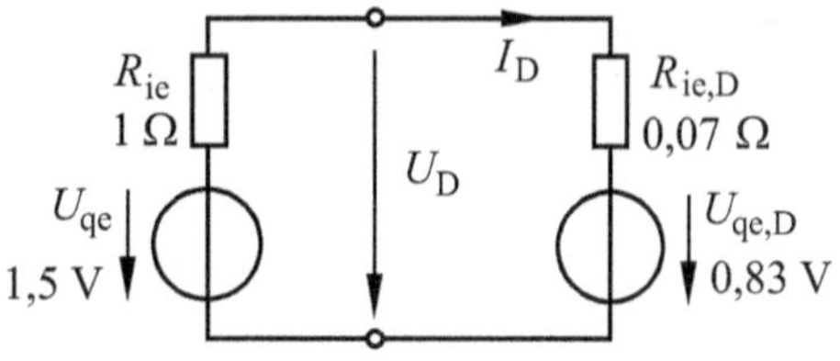

Mit dem Strom

$$I_D = \frac{U_{qe} - U_{qe,D}}{R_{ie} + R_{ie,D}} = 0{,}626 \text{ A}$$

berechnen wir die Spannung an der Diode:

$U_D = U_{qe,D} + I_D \, R_{ie,D} = 0{,}874 \text{ V}$

Lösung 2.4

1) Der Strom I ist der Drainstrom I_D, da der Gatestrom null ist. Die gesuchte Spannung U ist gleich der Gate-Source-Spannung des Transistors und gleich der Drain-Source-Spannung $U = U_{GS} = U_{DS}$.

Zur Konstruktion der Kennlinie markieren wir auf den Ausgangskennlinien diejenigen Punkte, bei denen $U_{GS} = U_{DS}$ ist, und verbinden diese Punkte.

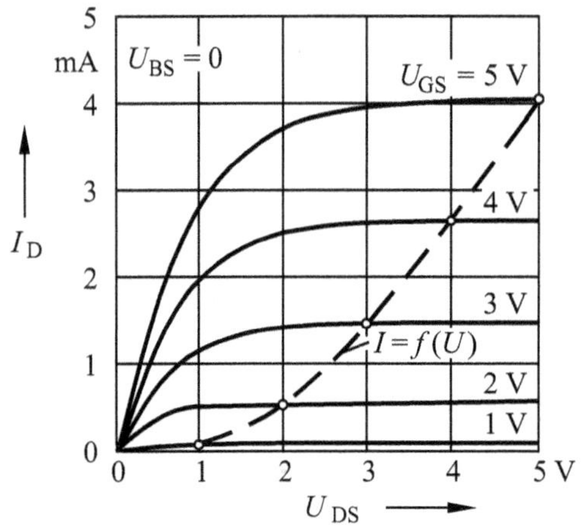

2) Die Drain-und Source-Inseln des N-Kanal-Transistors bilden mit der P-Wanne einen PN-Übergang. Diese Wanne ist mit dem Bulk-Anschluss verbunden. Bei einer negativen Spannung $U < 0$ wird der PN-Übergang leitend und der Strom fließt von Masse über Bulk nach Drain.

Die *I-U*-Kennlinie entspricht zwar für $U \geq 0$ der Durchlasskennlinie einer Diode, aber das Eintor sperrt nicht bei einer negativen Spannung.

Lösung 2.5

An jedem der Widerstände R fällt die Spannung $U_R = U_q / 2 = 50$ V ab.

Die beiden Ionisationskammern sind in Reihe geschaltet und werden vom gleichen Strom I durchflossen. Im Normalfall haben beide Kammern gleiche Kennlinien und es ist $U_B = U_M = 50$ V. Dabei fließt durch die Ionisationskammern der Strom $I = 24$ pA. Die Maschengleichung

$$-U_M + U_D + U_R = 0 \qquad (1)$$

ergibt die Diagonalspannung $U_D = 0$ V.

Im Alarmfall sind die *I-U*-Kennlinien ungleich. Zur Ermittlung des Stromes bestimmen wir zunächst die *I-U*-Kennlinie des Ersatzeintors ET_e. Wir addieren dazu punktweise die bei gleichem Strom an den Ionsiationskammern auftretenden Spannungen.

Bei der Spannung $U = U_q = 100$ V lesen wir an der Kennlinie von ET_e die Stromstärke $I = 19$ pA ab. Die zugehörige Spannung an der Messkammer ist $U_M = 68$ V. Mit der Gl. (1) berechnen wir die Diagonalspannung $U_D = 18$ V.

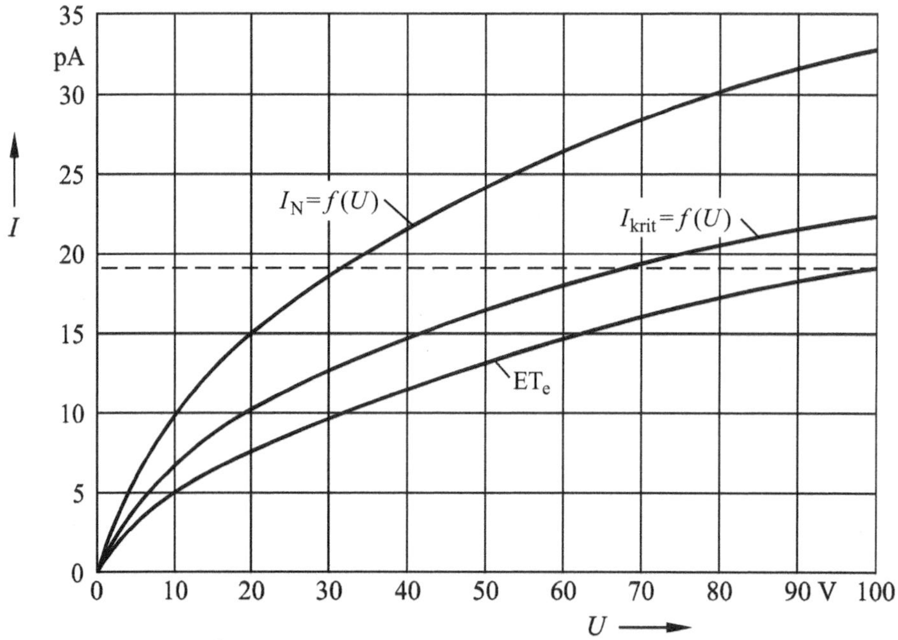

3 Netze mit linearen Zweitoren an Gleichspannung

Aufgabe 3.1

Berechnen Sie die Z-Parameter der T-Schaltung sowohl allgemein als auch mit Zahlenwerten und ermitteln Sie damit die Ströme in den drei Zweigen.

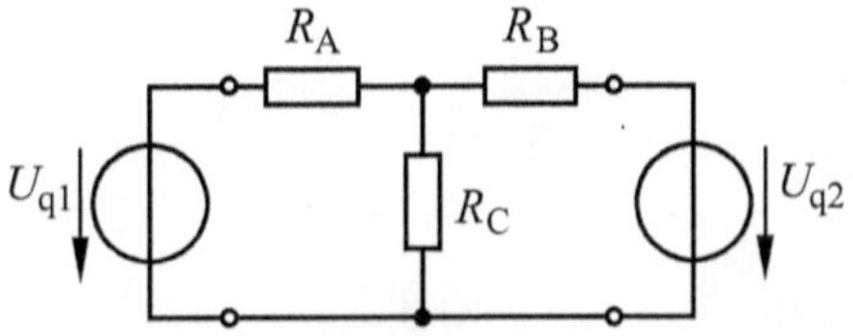

Gegeben sind: $U_{q1} = 15\text{ V}$; $U_{q2} = 18\text{ V}$
$R_A = 100\,\Omega$; $R_B = 150\,\Omega$; $R_C = 600\,\Omega$

Aufgabe 3.2

Die Spannungsteilerschaltung enthält eine stromgesteuerte Spannungsquelle mit dem Steuerfaktor $z = 600\,\Omega$.

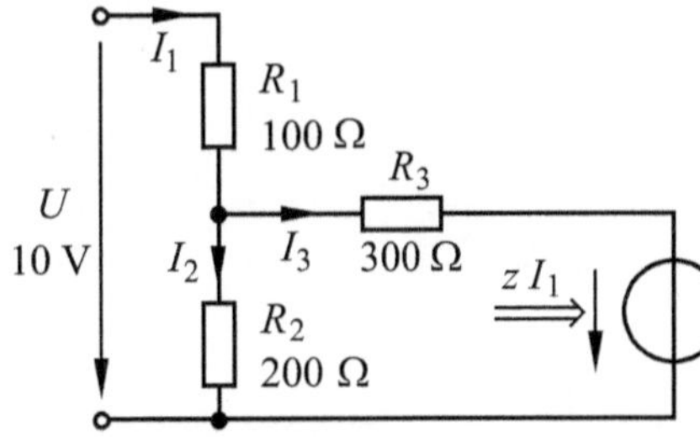

1) Berechnen Sie die Stromstärken I_1, I_2 und I_3.

2) Berechnen sie die Leistung an den Klemmen der Schaltung sowie die Leistungen sämtlicher Bauelemente.

Aufgabe 3.3

1) Ermitteln Sie allgemein (d. h. mit Formelzeichen) die Größen der Ersatzspannungsquelle als Funktion von R_1, R_2, I_q und y.

2) Wie muss der Steuerfaktor y der gesteuerten Quelle gewählt werden, damit sich die Schaltung wie eine ideale Spannungsquelle verhält? Welche Quellenspannung weist die Schaltung in diesem Fall auf?

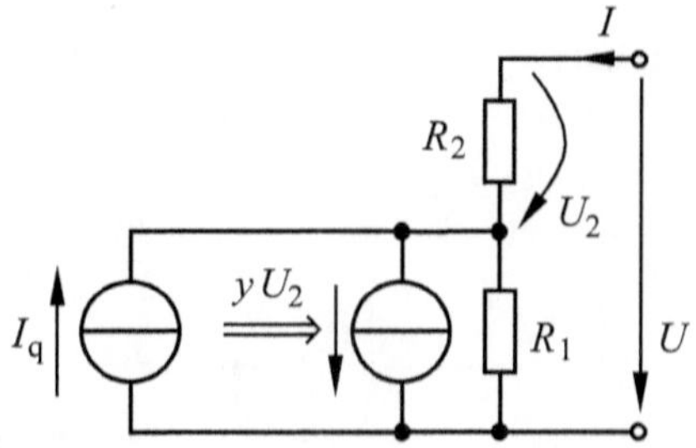

Aufgabe 3.4

Ein Zweitor, das durch seine H-Matrix beschrieben wird, ist am Eingang mit einer linearen Spannungsquelle beschaltet. Bestimmen Sie die Ersatzspannungsquelle.

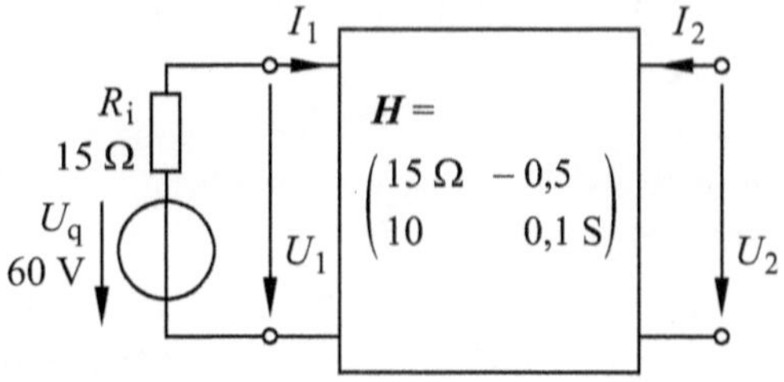

Aufgabe 3.5

Drei Zweitore bilden eine Kettenschaltung.

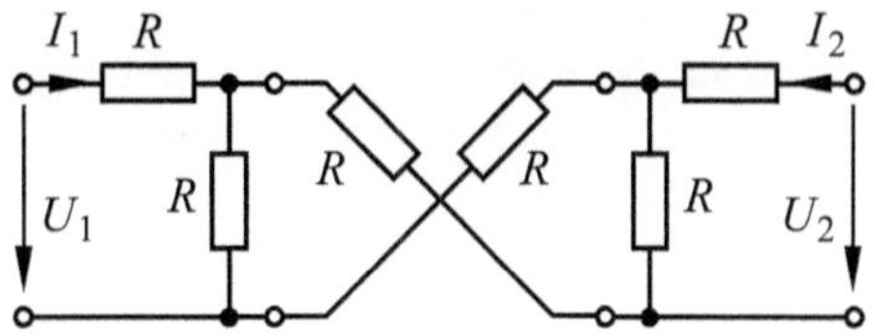

1) Wie lauten die Gleichungen für die Bestimmung der A-Parameter eines Zweitors?

2) Berechnen Sie die Kettenmatrizen der drei Zweitore.

3) Die A-Matrix einer Kettenschaltung aus zwei Zweitoren ist das Produkt der Einzelmatrizen. Berechnen Sie die Kettenmatrix der gesamten Schaltung.

4) Welche Wellenwiderstände hat die Schaltung?

Aufgabe 3.6

Der Widerstand R_1, die gesteuerte Quelle und der Leitwert G_2 stellen die Ersatzschaltung eines Transistorverstärkers in Emitterschaltung dar. Die Widerstände R_3 und R_4 bestimmen die Eigenschaften der gesamten Verstärkerschaltung.

Gegeben sind: Steilheit $S = 100$ S; $R_1 = 20$ kΩ; $G_2 = 10$ mS; $R_3 = 100$ kΩ; $R_4 = 10$ kΩ.

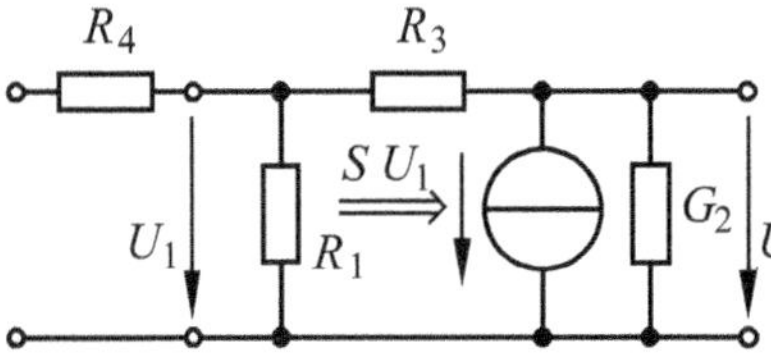

1) Zeichnen Sie die Schaltung so um, dass der Gegenkopplungswiderstand R_3 und der Transistorverstärker durch zwei Zweitore dargestellt werden, die sowohl am Eingang als auch am Ausgang parallel geschaltet sind.

2) Berechnen Sie die Leitwertmatrizen der Zweitore und der Parallelschaltung in allgemeiner Form und mit Zahlenwerten.

3) Die gesamte Verstärkerschaltung wird am Eingang mit einer idealen Spannungsquelle U_q und am Ausgang mit einem Verbraucherwiderstand $R_V = 100\ \Omega$ beschaltet. Bestimmen Sie den Spannungsübertragungsfaktor $T = U_2 / U_q$ in allgemeiner Form und als Zahlenwert.

4) Wie ändert sich der Spannungsübertragungsfaktor, wenn die Steilheit auf ein Zehntel ihres ursprünglichen Wertes zurückgeht?

Aufgabe 3.7

1) Wie lauten allgemein die Gleichungen für die Berechnung der H-Parameter eines Zweitors?

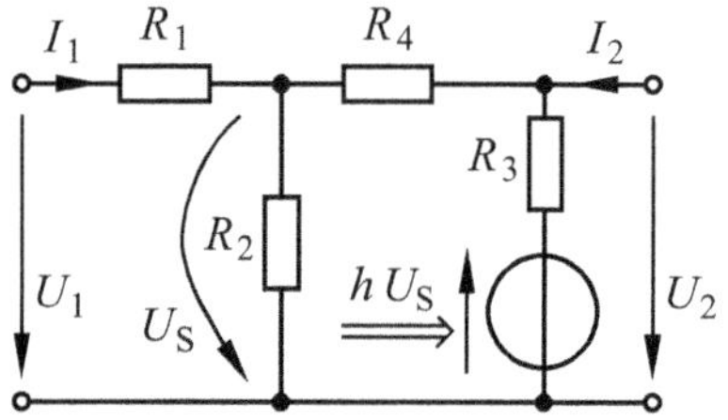

2) Berechnen Sie die H-Parameter des Zweitors für folgende Werte:

$R_1 = 200\ \Omega$; $R_2 = 300\ \Omega$; $R_3 = 12$ kΩ; $R_4 = 1{,}5$ kΩ; Steuerkoeffizient $h = 3 \cdot 10^4$

Aufgabe 3.8

Das Zweitor a ist die Ersatzschaltung einer Verstärkerstufe in Emitterschaltung, das Zweitor b ist die Ersatzschaltung einer Verstärkerstufe in Basisschaltung. Diese Kettenschaltung wird als **Kaskodeschaltung** bezeichnet.

Gegeben sind: $R_i = 1$ kΩ; $R_1 = 2{,}5$ kΩ; $G_2 = 100$ µS; $R_3 = 100$ kΩ; $R_4 = 2{,}5$ kΩ; $G_5 = 100$ µS; $R_V = 500\ \Omega$. Der Steuerkoeffizient jeder der gesteuerten Quellen ist $h = 200$.

1) Bestimmen Sie die Kettenmatrizen (s. Aufgabe 3.5) der Zweitore.

2) Bestimmen Sie die Kettenmatrix der Verstärkerschaltung.

3) Berechnen Sie den Spannungsübertragungsfaktor $T = U_V / U_q$ der Schaltung.

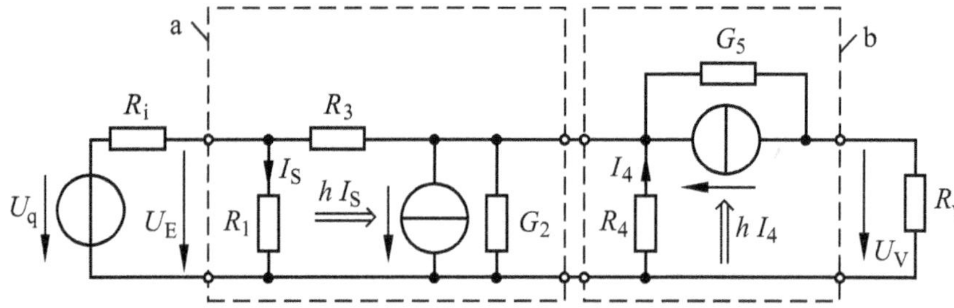

Aufgabe 3.9

Ein Verstärker ist am Eingang mit einer linearen Quelle (U_q; $R_i = 1{,}5\ \text{k}\Omega$) und am Ausgang mit dem Lastwiderstand $R_2 = 2{,}5\ \text{k}\Omega$ beschaltet.

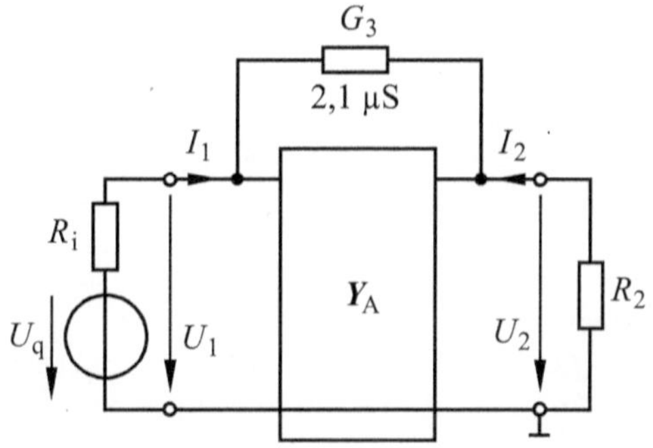

Vom Zweitor A sind die Leitwertparameter bekannt:

$$Y_A = \begin{pmatrix} 370 & -56 \cdot 10^{-3} \\ 81500 & 406 \end{pmatrix} \mu\text{S}$$

1) Der Leitwert G_3 stellt mit der durchgehenden Verbindung auf Massepotenzial ein Zweitor dar. Ermitteln Sie die Leitwertmatrix Y_B dieses Zweitors.

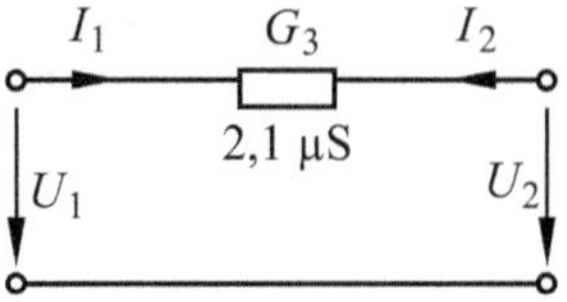

2) Fassen Sie die Zweitore A und B zu einem Ersatzzweitor zusammen und geben Sie dessen Leitwertmatrix Y an.

3) Berechnen Sie den Spannungsübertragungsfaktor T der gesamten Schaltung.

Aufgabe 3.10

Die Leitwertmatrix des Zweitors soll bestimmt werden.

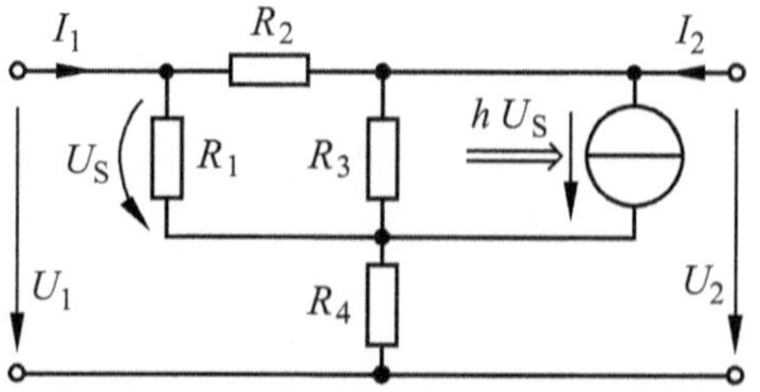

1) Beschalten Sie Eingang und Ausgang mit je einer idealen Stromquelle und geben Sie das Gleichungssystem des Knotenpotenzialverfahrens an.

2) Berechnen Sie die Leitwertmatrix des Zweitors für $R_1 = 2{,}5\ \text{k}\Omega$; $R_2 = 100\ \text{k}\Omega$; $R_3 = 50\ \text{k}\Omega$; $R_4 = 2\ \text{k}\Omega$; $h = 80\ \text{mS}$

Aufgabe 3.11

Ein Operationsverstärker ist mit zwei Widerständen beschaltet.

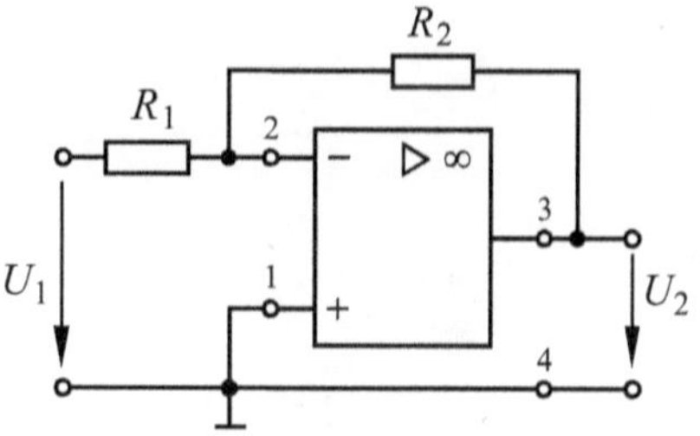

Der Operationsverstärker soll durch eine spannungsgesteuerte Spannungsquelle ersetzt werden.

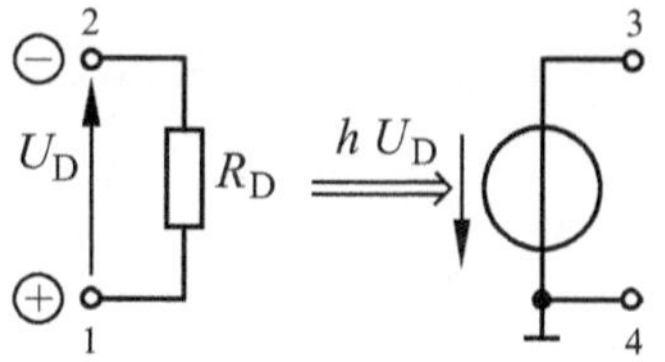

1) Geben Sie den Spannungsübertragungsfaktor $T = U_2 / U_1$ in allgemeiner Form an.

2) Berechnen Sie den Spannungsübertragungsfaktor T für $R_1 = 10\ \text{k}\Omega$; $R_2 = 100\ \text{k}\Omega$; $R_D = 2\ \text{M}\Omega$ und $h = 10^5$.

3) Ein Operationsverstärker, bei dem $R_D \to \infty$ und $h \to \infty$ gesetzt werden, wird **idealisierter Operationsverstärker** genannt. Welche Gleichung ergibt sich dabei für den Spannungsübertragungsfaktor T?

4) Berechnen Sie den Spannungsübertragungsfaktor T für $R_1 = 10\ \text{k}\Omega$; $R_2 = 100\ \text{k}\Omega$; $R_D \to \infty$ und $h \to \infty$. Welche Abweichung ergibt sich von dem unter 2) berechneten Wert?

Aufgabe 3.12

Der mit zwei Widerständen beschaltete Operationsverstärker soll wie in der Aufgabe 3.11 durch eine spannungsgesteuerte Spannungsquelle ersetzt werden.

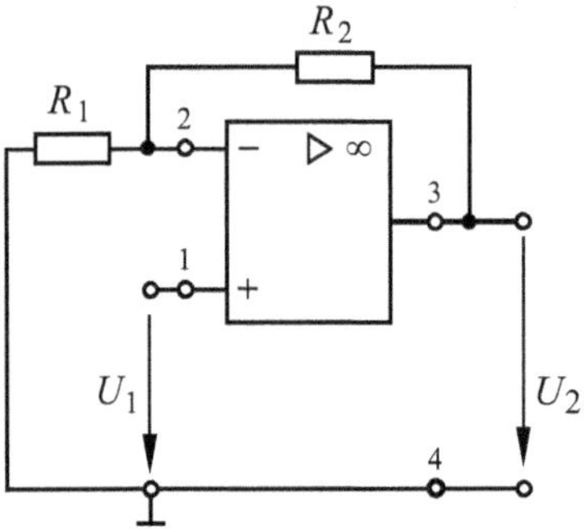

1) Geben Sie den Spannungsübertragungsfaktor $T = U_2 / U_1$ in allgemeiner Form an.

2) Berechnen Sie den Spannungsübertragungsfaktor T für $R_1 = 10\ \text{k}\Omega$; $R_2 = 100\ \text{k}\Omega$; $R_D = 2\ \text{M}\Omega$ und $h = 10^5$.

3) Ein Operationsverstärker, bei dem $R_D \to \infty$ und $h \to \infty$ gesetzt werden, wird **idealisierter Operationsverstärker** genannt. Welche Gleichung ergibt sich dabei für den Spannungsübertragungsfaktor T?

4) Berechnen Sie den Spannungsübertragungsfaktor T für $R_1 = 10\ \text{k}\Omega$; $R_2 = 100\ \text{k}\Omega$; $R_D \to \infty$ und $h \to \infty$. Welche Abweichung ergibt sich von dem unter 2) berechneten Wert?

Aufgabe 3.13

Werden die Schaltungen von Aufgabe 3.11 bzw. 3.12 eingangsseitig kurzgeschlossen ($U_1 = 0$), so ergibt sich durch Unvollkommenheiten des Operationsverstärkers im Allg. eine Ausgangsspannung $U_2 \neq 0$, die als **Ausgangs-Offsetspannung** bezeichnet wird.

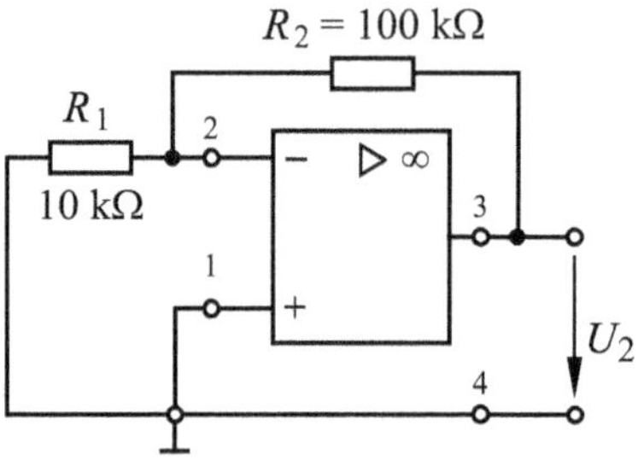

In der Ersatzschaltung werden die Unvollkommenheiten des Operationsverstärkers durch die Spannungsquelle U_O und die Stromquellen I_P und I_N berücksichtigt; letztere stellen die Eingangsruheströme dar, die im Allg. $\gg |U_D/R_D|$ sind.

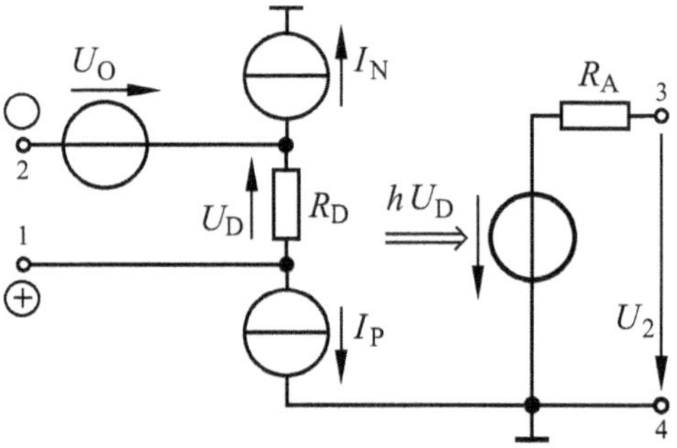

1) Bestimmen Sie die Spannung U_2 in allgemeiner Form (d. h. mit Formelzeichen).

2.) Typische Werte eines Operationsverstärkers sind:

$R_D = 30\ \text{M}\Omega$; $R_A = 100\ \Omega$; $h = 10^5$

Berechnen Sie damit die Spannung U_2 als Funktion der Quellengrößen U_O und I_N.

3) Im Datenblatt des Operationsverstärkers LM 112 sind für die Temperatur 25 °C folgende Werte für die Quellen angegeben:

$$|U_O| \leq 2\ \text{mV}\,;\ I_P = I_N \leq 2\ \text{nA}$$

Berechnen Sie hiermit den Betrag der Ausgangsspannung für den ungünstigsten Fall.

Lösung 3.1

Mit den Z-Parametern werden die Ströme und Spannungen am Zweitor durch folgende Gleichungen beschrieben:

$$U_1 = Z_{11}\,I_1 + Z_{12}\,I_2$$

$$U_2 = Z_{21}\,I_1 + Z_{22}\,I_2$$

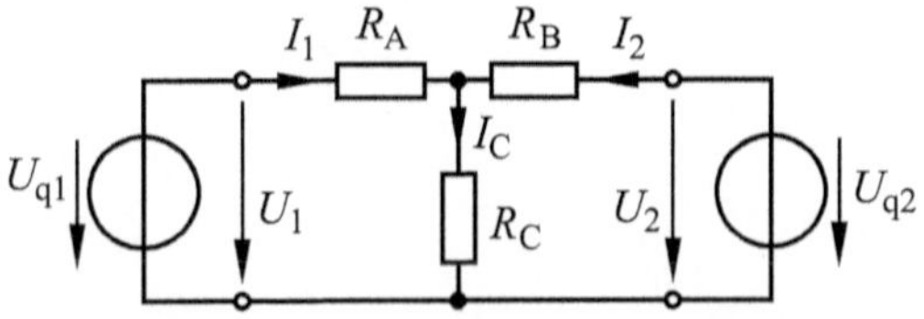

Da es sich um ein lineares System handelt, können wir die Zweitorparameter mit dem Überlagerungssatz bestimmen. Zunächst entfernen wir die Quelle mit der Spannung $U_{q2} = U_2$ und setzen für $I_2 = 0$ an:

$$Z_{11} = \left.\frac{U_1}{I_1}\right|_{I_2=0} = R_A + R_C = 700\ \Omega$$

$$Z_{21} = \left.\frac{U_2}{I_1}\right|_{I_2=0} = R_C = 600\ \Omega$$

Dann legen wir die Quelle mit der Spannung U_{q2} wieder an, entfernen die Quelle mit der Spannung $U_{q1} = U_1$ und setzen für $I_1 = 0$ an:

$$Z_{22} = \left.\frac{U_2}{I_2}\right|_{I_1=0} = R_B + R_C = 750\ \Omega$$

$$Z_{12} = \left.\frac{U_1}{I_2}\right|_{I_1=0} = R_C = 600\ \Omega$$

Die Zweitorgleichungen bilden ein lineares Gleichungssystem, das wir mit einem MATLAB-Programm lösen:

```
Z11 = 700;
Z12 = 600;
Z21 = 600;
Z22 = 750;
Uq1 = 15;
Uq2 = 18;
M = [Z11 Z12; Z21 Z22];
Rs = [Uq1; Uq2];
E = linsolve(M, Rs);
I1 = E(1)
I2 = E(2)
IC = I1 + I2
```

Als Ergebnis erhalten wir die Ströme:

$I_1 = 2{,}73$ mA; $I_2 = 21{,}82$ mA; $I_C = 24{,}545$ mA

Lösung 3.2

1) Für die Berechnung der drei unbekannten Ströme benötigen wir drei linear unabhängige Gleichungen.

Ein Umlauf um die linke Masche ergibt:

$$U - R_2\,I_2 - R_1\,I_1 = 0$$

Der Umlauf um die rechte Masche liefert:

$$z\,I_1 - R_2\,I_2 + R_3\,I_3 = 0$$

Die beiden Maschengleichungen bilden mit der Knotengleichung ein Gleichungssystem:

$$\begin{aligned} R_1\,I_1 &+ R_2\,I_2 &+ 0 &= U \\ z\,I_1 &- R_2\,I_2 &+ R_3\,I_3 &= 0 \\ I_1 &- I_2 &- I_3 &= 0 \end{aligned}$$

Wir lösen dieses Gleichungssystem mit einem MATLAB-Programm:

```
R1 = 100;
R2 = 200;
R3 = 300;
z = 600;
U = 10;
M = [R1 R2 0; z -R2 R3; 1 -1 -1];
Rs = [U; 0; 0];
L = linsolve(M, Rs);
I1 = L(1);
I2 = L(2);
I3 = L(3);
```

Die Lösungen dieses Gleichungssystems sind die Ströme:

$I_1 = 21{,}7$ mA; $I_2 = 39{,}1$ mA; $I_3 = -17{,}39$ mA

2) An den Klemmen entsteht die Leistung:

$$P = U\,I_1 = 217\ \text{mW}$$

Da wir das Verbraucherpfeilsystem anwenden, bedeutet $P > 0$, dass die Schaltung insgesamt passiv, also wie ein Verbraucher wirkt.

Sämtliche OHMschen Widerstände wirken passiv:

$$P_1 = R_1\,I_1^2 = 47{,}3\ \text{mW}$$

$$P_2 = R_2\,I_2^2 = 306\ \text{mW}$$

$$P_3 = R_3\,I_3^2 = 90{,}7\ \text{mW}$$

Die Leistung der gesteuerten Quelle ist:

$$P_q = z\,I_1 \cdot I_3 = -227\ \text{mW}$$

$P_q < 0$ bedeutet, dass diese Quelle aktiv wirkt, sie speist also Leistung in die Schaltung ein.

Lösung 3.3

1) Die Ersatzquellenspannung U_{qe} ist die Leerlaufspannung der Schaltung. Bei Leerlauf ($I = 0$) ist $U_2 = R_2\,I = 0$ und die gesteuerte Quelle liefert keinen Strom. Damit gilt:

$$U_{qe} = R_1\,I_q$$

Für die Ermittlung des Ersatzinnenwiderstandes R_{ie} ersetzen wir die unabhängige Stromquelle mit dem Quellenstrom I_q durch eine Unterbrechung. Die gesteuerte Stromquelle ist eine abhängige Quelle, die im Netzwerk bleibt.

An die Klemmen der Schaltung denken wir uns eine Quelle gelegt, die den Strom I einspeist, und berechnen deren Klemmenspannung:

$$U = U_1 + U_2$$

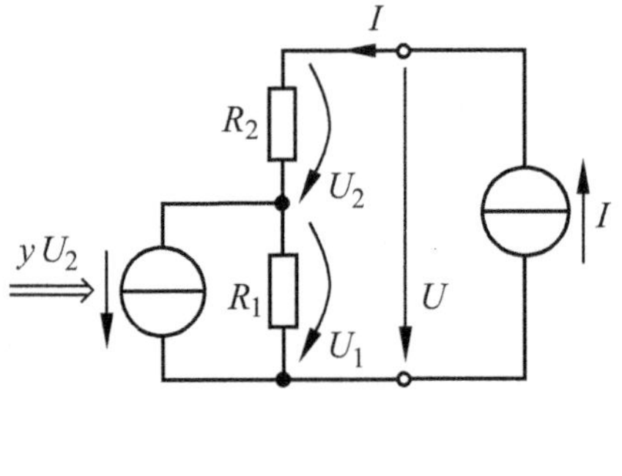

Für die Berechnung des Widerstandes R_{ie} benötigen wir nicht nur die Spannung $U_2 = R_2\,I$, sondern auch die Spannung U_1 als Funktion des Stromes I. Zunächst setzen wir die Spannung $U_2 = R_2 I$ in die Knotengleichung $I = y\,U_2 + G_1\,U_1$ ein und lösen nach U_1 auf:

$$U_1 = R_1\,I\,(1 - y\,R_2)$$

Nun dividieren wir die Spannung

$$U = R_2\,I + R_1\,I\,(1 - y\,R_2)$$

durch den Strom I und erhalten den gesuchten Innenwiderstand:

$$R_{ie} = R_2 + R_1\,(1 - y\,R_2) \qquad (1)$$

2) Die Schaltung verhält sich wie eine ideale Spannungsquelle, wenn $R_{ie} = 0$ ist. Wir setzen diese Bedingung in die Gl. (1) ein und berechnen den gesuchten Steuerfaktor:

$$y = \frac{R_1 + R_2}{R_1 R_2} = G_1 + G_2$$

Die Quellenspannung $U_{qe} = R_1 I_q$ ist nicht vom Steuerfaktor abhängig.

Lösung 3.4

Die Maschengleichung für den Eingang des Zweitors ergibt mit den Zweitorgleichungen ein lineares Gleichungssystem:

$$-U_q + R_i\,I_1 + U_1 = 0$$

$$U_1 = H_{11}\,I_1 + H_{12}\,U_2$$

$$I_2 = H_{21}\,I_1 + H_{22}\,U_2$$

Zunächst setzen wir $I_2 = 0$, lösen das Gleichungssystem und erhalten die Leerlaufspannung $U_2 = U_{qe} = -75$ V. Dann setzen wir $U_q = 0$ und $U_2 = 1$ V, lösen das Gleichungssystem und berechnen den Ersatz-Innenwiderstand $R_{ie} = -U_2 / I_2 = 3{,}75\ \Omega$.

```
H11 = 15;
H12 = -0.5;
H12 = 10;
H22 = 0.1;
Uq = 60;
Ri = 15;
```

```
M = [Ri 1 0; H11 -1 H12; H21 0 H22];
Rs = [Uq; 0; 0];
E = linsolve(M, Rs);
Uqe = E(3)
M = [Ri 0 1; H11 0 -1; H21 -1 0];
Rs = [0; H12; H22];
E = linsolve(M, Rs);
Rie = -1/E(2)
```

Lösung 3.5

1) Die Kettengleichungen eines Zweitors lauten:

$$U_1 = A_{11}\, U_2 + A_{12}\,(-I_2)$$

$$I_1 = A_{21}\, U_2 + A_{22}\,(-I_2)$$

Die Parameter A_{11} und A_{21} bestimmen wir für $I_2 = 0$, also für Leerlauf am Ausgang:

$$A_{11} = \left.\frac{U_1}{U_2}\right|_{I_2=0};\quad A_{21} = \left.\frac{I_1}{U_2}\right|_{I_2=0}$$

Die Parameter A_{12} und A_{22} bestimmen wir für $U_2 = 0$, also für Kurzschluss am Ausgang:

$$A_{12} = \left.\frac{U_1}{-I_2}\right|_{U_2=0};\quad A_{22} = \left.\frac{I_1}{-I_2}\right|_{U_2=0}$$

2) Zunächst berechnen wir die Kettenmatrizen der Zweitore, die wir von links nach rechts mit 1 ... 3 indizieren:

$$\boldsymbol{A}_1 = \begin{pmatrix} 2 & R \\ 1/R & 1 \end{pmatrix}$$

$$\boldsymbol{A}_2 = \begin{pmatrix} -1 & -2R \\ 0 & -1 \end{pmatrix}$$

$$\boldsymbol{A}_3 = \begin{pmatrix} 1 & R \\ 1/R & 2 \end{pmatrix}$$

3) Die A-Matrix der Kettenschaltung ist das Produkt der Einzelmatrizen:

$$\boldsymbol{A} = \boldsymbol{A}_1 \cdot \boldsymbol{A}_2 \cdot \boldsymbol{A}_3 = \begin{pmatrix} -7 & -12R \\ -4/R & -7 \end{pmatrix}$$

Wir schreiben hierfür ein MATLAB-Programm.

```
sym R;
A1 = [2 R; 1/R 1];
A2 = [-1 -2*R; 0 -1];
A3 = [1 R; 1/R 2];
A = A1 * A2 * A3
```

Die gesamte Schaltung ist längssymmetrisch und besteht ausschließlich aus OHMschen Widerständen, daher müssen die Bedingungen für Übertragungssymmetrie und Widerstandssymmetrie erfüllt sein:

$$\det \boldsymbol{A} = 1$$

$$A_{11} = A_{22}$$

Wir überprüfen unser Ergebnis und stellen fest, dass diese Bedingungen erfüllt sind.

4) Wegen $A_{11} = A_{22}$ sind die Wellenwiderstände einander gleich:

$$Z_{w1} = \sqrt{\frac{A_{11} \cdot A_{12}}{A_{21} \cdot A_{22}}} = \sqrt{3}\, R$$

$$Z_{w2} = \sqrt{\frac{A_{22} \cdot A_{12}}{A_{21} \cdot A_{11}}} = \sqrt{3}\, R$$

Lösung 3.6

1) Wir ergänzen den Widerstand R_3 zu einem Zweitor, das an Ein- und Ausgang dem Zweitor des Transistorverstärkers parallel geschaltet ist.

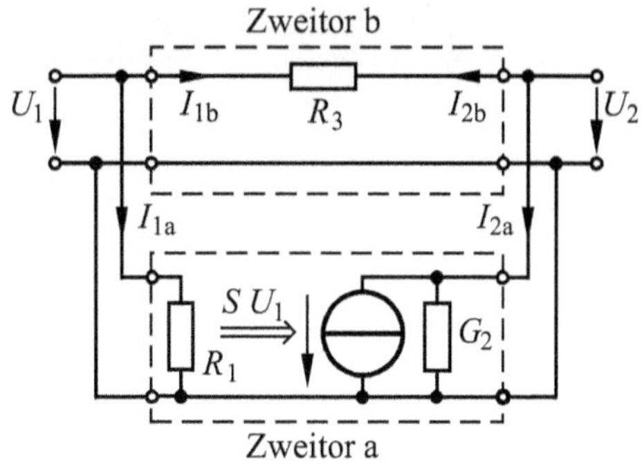

2) Wir beginnen mit dem Zweitor a und bestimmen die Parameter:

$$Y_{11a} = \left.\frac{I_{1a}}{U_1}\right|_{U_2=0} = G_1 = 50\ \mu\text{S}$$

$$Y_{21a} = \left.\frac{I_{2a}}{U_1}\right|_{U_2=0} = S = 100\ \text{S}$$

$$Y_{22a} = \left.\frac{I_{2a}}{U_2}\right|_{U_1=0} = G_2 = 10\ \text{mS}$$

$$Y_{12a} = \left.\frac{I_{1a}}{U_2}\right|_{U_1=0} = 0$$

Die Leitwertmatrix des Zweitors a lautet somit:

$$\boldsymbol{Y}_a = \begin{pmatrix} G_1 & 0 \\ S & G_2 \end{pmatrix} = \begin{pmatrix} 50\ \mu\text{S} & 0 \\ 100\ \text{S} & 10\ \text{mS} \end{pmatrix}$$

Bei der Bestimmung der Y-Matrix des Zweitors b verfahren wir entsprechend und erhalten:

$$\boldsymbol{Y}_b = \begin{pmatrix} G_3 & -G_3 \\ -G_3 & G_3 \end{pmatrix} = \begin{pmatrix} 10\ \mu\text{S} & -10\ \mu\text{S} \\ -10\ \mu\text{S} & 10\ \mu\text{S} \end{pmatrix}$$

Nun addieren wir die Parameter mit jeweils gleichem Index und erhalten dadurch die Leitwertmatrix der Parallelschaltung:

$$\boldsymbol{Y}_{ab} = \boldsymbol{Y}_a + \boldsymbol{Y}_b = \begin{pmatrix} 60\ \mu\text{S} & -10\ \mu\text{S} \\ 100\ \text{S} & 10{,}01\ \text{mS} \end{pmatrix}$$

3) Wir setzen für die Schaltung mit dem Ersatzzweitor die Maschengleichungen

$$-U_q + R_4 I_1 + U_1 = 0 \qquad (1)$$

$$U_2 + R_V I_2 = 0 \qquad (2)$$

und die Zweitorgleichungen an:

$$I_1 = Y_{11} U_1 + Y_{12} U_2 \qquad (3)$$

$$I_2 = Y_{21} U_1 + Y_{22} U_2 \qquad (4)$$

Für den gesuchten Spannungsübertragungsfaktor $T = U_2 / U_q$ benötigen wir eine Gleichung, in der lediglich die Größen U_2 und U_q enthalten sind.

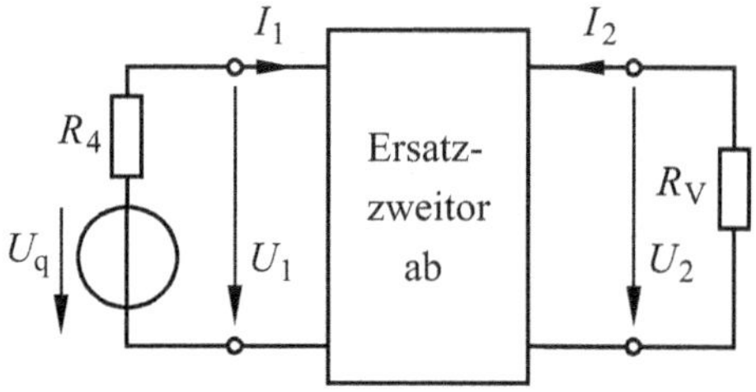

Wir eliminieren daher aus den Gln. (1 ... 4) die Größen U_1, I_1 und I_2 und berechnen anschließend den Spannungsübertragungsfaktor:

$$T = \frac{U_2}{U_q} = \frac{-Y_{21} G_4}{(Y_{11} + G_4)(Y_{22} + G_V) - Y_{12} Y_{21}} \qquad (5)$$

Für $S = 100$ S ergibt sich:

$$T_{100} = -9{,}97$$

4) Mit der Leitwertmatrix des Zweitors a

$$\boldsymbol{Y}_a = \begin{pmatrix} G_1 & 0 \\ S & G_2 \end{pmatrix} = \begin{pmatrix} 50\ \mu\text{S} & 0 \\ 10\ \text{S} & 10\ \text{mS} \end{pmatrix}$$

berechnen wir die Leitwertmatrix des Ersatzzweitors ab:

$$\boldsymbol{Y}_{ab} = \boldsymbol{Y}_a + \boldsymbol{Y}_b = \begin{pmatrix} 60\ \mu\text{S} & -10\ \mu\text{S} \\ 10\ \text{S} & 10{,}01\ \text{mS} \end{pmatrix}$$

Mit der Gl. (5) ergibt sich für $S = 10$ S:

$$T_{10} = -9{,}69$$

Die relative Änderung des Spannungsübertragungsfaktors ist:

$$f_r = \frac{T_{10} - T_{100}}{T_{100}} = -0{,}0279 = -2{,}79\ \%$$

Die Verbindung zwischen dem Ausgang und dem Eingang des Transistorverstärkers durch den Widerstand R_3 bezeichnet man als **Gegenkopplung**; durch sie ergibt sich eine Stabilisierung der Schaltung: Die Übertragungseigenschaften ändern sich nur geringfügig, auch wenn sich die Werte des Verstärkers erheblich ändern.

Lösung 3.7

1) Die Gleichungen für ein Zweitor, das durch die H-Parameter beschrieben wird, lauten:

$$U_1 = H_{11}\, I_1 + H_{12}\, U_2$$

$$I_2 = H_{21}\, I_1 + H_{22}\, U_2$$

Die Parameter H_{11} und H_{21} bestimmen wir für $U_2 = 0$, also für Kurzschluss am Ausgang:

$$H_{11} = \left.\frac{U_1}{I_1}\right|_{U_2=0};\quad H_{21} = \left.\frac{I_2}{I_1}\right|_{U_2=0}$$

Die Parameter H_{12} und H_{22} bestimmen wir für $I_1 = 0$, also für Leerlauf am Eingang:

$$H_{12} = \left.\frac{U_1}{U_2}\right|_{I_1=0};\quad H_{22} = \left.\frac{I_2}{U_2}\right|_{I_1=0}$$

2) Für die Bestimmung der Parameter H_{11} und H_{21} legen wir an den Eingang eine Stromquelle und schließen den Ausgang kurz.

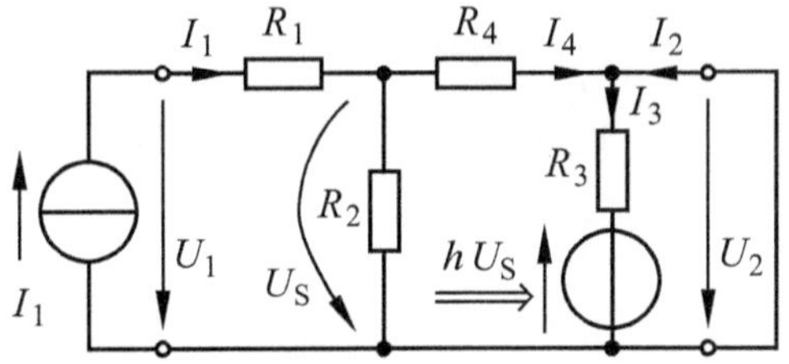

Infolge des Kurzschlusses am Ausgang sind die Widerstände R_2 und R_4 parallel geschaltet. Für die Eingangsspannung gilt:

$$U_1 = R_1 I_1 + \frac{I_1}{G_2 + G_4}$$

Damit ergibt sich:

$$H_{11} = R_1 + \frac{1}{G_2 + G_4} = 450\ \Omega$$

Für die Bestimmung von H_{21} benötigen wir den Zusammenhang zwischen den Strömen I_1 und I_2.

Aus den Knotengleichungen

$$I_2 + I_4 = I_3$$

$$I_1 = G_2\, U_S + I_4$$

und den Maschengleichungen

$$R_3\, I_3 - h\, U_S = 0$$

$$-\,U_S + R_4\, I_4 = 0$$

eliminieren wir die Größen I_3, I_4 und U_S:

$$R_3\, I_2 = (h\, R_4 - R_3)\, \frac{I_1}{G_2\, R_4 + 1}$$

Damit berechnen wir:

$$H_{21} = \frac{h\, G_3 R_4 - 1}{G_2\, R_4 + 1} = 624{,}8$$

Für die Bestimmung der Parameter H_{12} und H_{22} legen wir an den Ausgang eine Spannungsquelle und betreiben den Eingang bei Leerlauf.

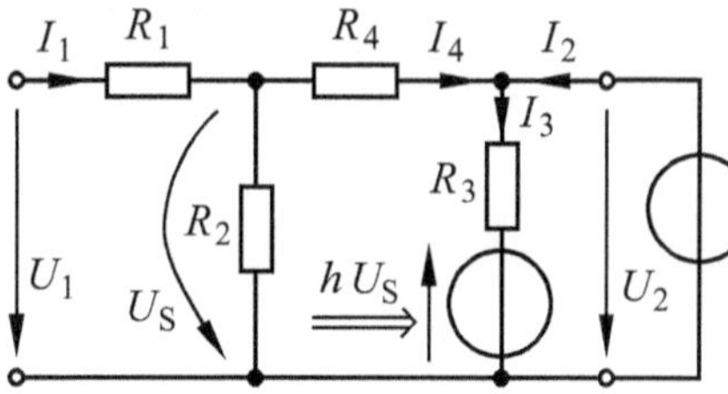

Wegen $I_1 = 0$ ist $U_S = U_1$.
Da der Strom $G_2\, U_S = -I_4$ ist, können wir mithilfe der Spannungsteilerregel ansetzen:

$$\frac{U_1}{U_2} = \frac{U_S}{U_2} = \frac{R_2}{R_2 + R_4}$$

Damit berechnen wir:

$$H_{12} = \frac{R_2}{R_2 + R_4} = 0{,}1667$$

Für die Bestimmung des Parameters H_{22} benötigen wir den Zusammenhang zwischen dem Strom I_2 und der Spannung U_2. Dazu eliminieren wir aus den Maschengleichungen

$$R_3\, I_3 - h\, U_S - U_2 = 0$$

$$-U_S + R_4\, I_4 + U_2 = 0$$

und den Knotengleichungen

$$I_2 + I_4 = I_3$$

$$G_2\, U_S + I_4 = 0$$

die Größen I_3, I_4 und U_S:

$$R_3\, I_2 = U_2 + \frac{h + G_2 R_3}{G_2 R_4 + 1}\, U_2$$

Damit berechnen wir:

$$H_{22} = G_3 + \frac{h\, G_3 + G_2}{G_2 R_4 + 1} = 0{,}417 \text{ S}$$

Lösung 3.8

1) Die Kettenparameter können wie in der Aufgabe 3.5 berechnet werden; sie lassen sich aber auch ohne Betrachtung der Sonderfälle Leerlauf und Kurzschluss am Ausgang bestimmen. Dies soll im Folgenden gezeigt werden.

Wir beginnen mit dem Zweitor a und setzen hierfür die Knoten- und Maschengleichungen an.

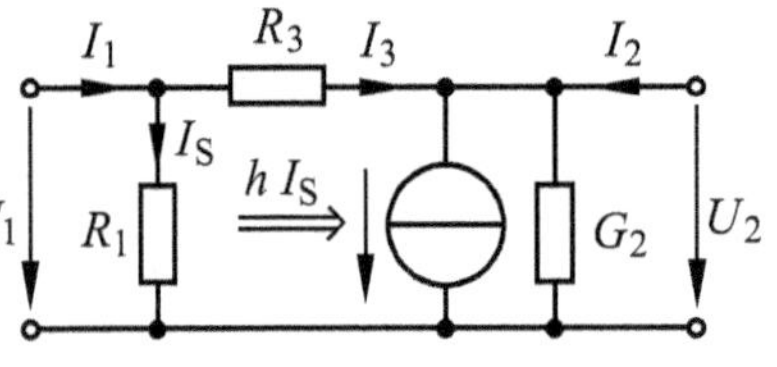

$$I_1 = I_S + I_3 \tag{1}$$

$$I_2 + I_3 = G_2\, U_2 + h\, I_S \tag{2}$$

$$-U_1 + R_1\, I_S = 0 \tag{3}$$

$$-U_1 + R_3\, I_3 + U_2 = 0 \tag{4}$$

Wir wollen zuerst die Parameter A_{11} und A_{12} bestimmen, die in der Zweitorgleichung

$$U_1 = A_{11}\, U_2 + A_{12}\,(-I_2) \tag{5}$$

enthalten sind. Dazu eliminieren wir in der Gl. (4) den Strom I_3 mit den Gln. (2 und 3). Die dadurch entstehende Gleichung lösen wir nach U_1 auf:

$$U_1 = \frac{(G_2 + G_3)\, U_2 - I_2}{G_3 - h\, G_1}$$

Durch einen Koeffizientenvergleich mit der Gl. (5) erhalten wir die Parameter:

$$A_{11} = \frac{G_2 + G_3}{G_3 - h\, G_1} = -1{,}375 \cdot 10^{-3}$$

$$A_{12} = \frac{1}{G_3 - h\, G_1} = -12{,}5\ \Omega$$

Nun wollen wir die Parameter A_{21} und A_{22} bestimmen, die in der Zweitorgleichung

$$I_1 = A_{21}\, U_2 + A_{22}\,(-I_2) \tag{6}$$

enthalten sind. Dazu setzen wir die Gln. (3 ... 5) in die Gl. (1) ein:

$$I_1 = (G_1 + G_3)\,[A_{11}\, U_2 + A_{12}\,(-I_2)] - G_3\, U_2$$

Durch einen Koeffizientenvergleich mit der Gl. (6) erhalten wir die Parameter:

$$A_{21} = (G_1 + G_3)\, A_{11} - G_3 = -10{,}56\ \mu\text{S}$$

$$A_{22} = (G_1 + G_3)\, A_{12} = -5{,}13 \cdot 10^{-3}$$

Die Kettenmatrix des Zweitors a lautet:

$$\boldsymbol{A}_a = \begin{pmatrix} -1{,}375 \cdot 10^{-3} & -12{,}5\ \Omega \\ -10{,}56\ \mu\text{S} & -5{,}13 \cdot 10^{-3} \end{pmatrix}$$

Nun setzen wir für das Zweitor b die Knoten- und Maschengleichungen an.

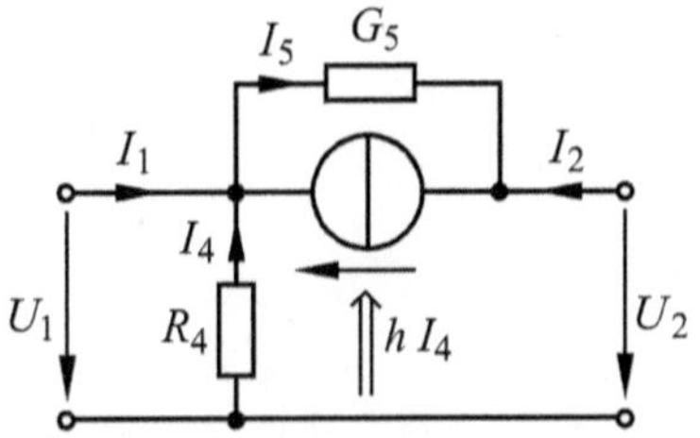

$$I_1 + I_4 + h\,I_4 = I_5 \quad (7)$$

$$I_2 + I_5 = h\,I_4 \quad (8)$$

$$U_1 + R_4\,I_4 = 0 \quad (9)$$

$$-U_1 + R_5\,I_5 + U_2 = 0 \quad (10)$$

Wie beim Zweitor a bestimmen wir die Parameter durch je einen Koeffizientenvergleich mit einer der Gln. (5 bzw. 6).

$$A_{11} = \frac{G_5}{h\,G_4 + G_5} = 1{,}248 \cdot 10^{-3}$$

$$A_{12} = \frac{1}{h\,G_4 + G_5} = 12{,}48\ \Omega$$

$$A_{21} = G_4\,A_{11} = 0{,}499\ \mu\text{S}$$

$$A_{22} = 1 + G_4\,A_{12} = 1{,}005$$

Die Kettenmatrix des Zweitors b lautet:

$$\boldsymbol{A}_\text{b} = \begin{pmatrix} 1{,}248 \cdot 10^{-3} & 12{,}48\ \Omega \\ 0{,}499\ \mu\text{S} & 1{,}005 \end{pmatrix}$$

2) Die Kettenmatrix der Kaskodeschaltung ist das Produkt der Kettenmatrizen der Zweitore a und b (s. Aufgabe 3.5):

$$\boldsymbol{A}_\text{ab} = \boldsymbol{A}_\text{a} \cdot \boldsymbol{A}_\text{b}$$

$$\boldsymbol{A}_\text{ab} = \begin{pmatrix} -7{,}96 \cdot 10^{-6} & -12{,}58\ \Omega \\ -15{,}75\ \text{nS} & -5{,}28 \cdot 10^{-3} \end{pmatrix}$$

3) Die Kaskodeschaltung ist eingangsseitig mit einer linearen Quelle und ausgangsseitig mit dem Widerstand R_V beschaltet.

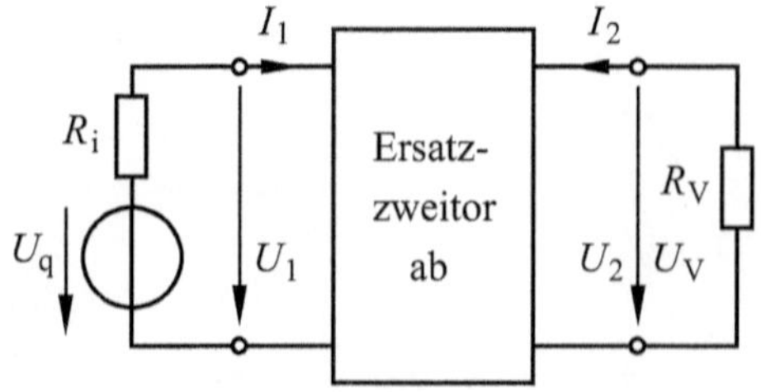

Zur Berechnung des Spannungsübertragungsfaktors

$$T = \frac{U_\text{V}}{U_\text{q}} = \frac{U_2}{U_\text{q}}$$

eliminieren wir aus den Maschengleichungen

$$-U_\text{q} + R_\text{i}\,I_1 + U_1 = 0$$

$$U_2 + R_\text{V}\,I_2 = 0$$

und den Gln. (5 und 6) die Größen U_1, I_1 und I_2. Mit der verbleibenden Gleichung berechnen wir den gesuchten Spannungsübertragungsfaktor:

$$T = \frac{1}{R_\text{i}\,(A_{21} + A_{22}\,G_\text{V}) + A_{11} + A_{12}\,G_\text{V}} = -28$$

Lösung 3.9

1) Mit den Y-Parametern werden die Ströme und Spannungen am Zweitor durch folgende Gleichungen beschrieben:

$$I_1 = Y_{11}\,U_1 + Y_{12}\,U_2$$

$$I_2 = Y_{21}\,U_1 + Y_{22}\,U_2$$

Da es sich um ein lineares System handelt, können wir die Zweitorparameter mit dem Überlagerungssatz bestimmen. Zunächst legen wir an das Tor 1 eine Stromquelle mit dem Strom $I_\text{q} = I_1$ und bringen am Tor 2 einen Kurzschluss an, der die Spannung $U_2 = 0$ bewirkt. Für den Strom am Tor 2 gilt dabei:

$$I_2 = -I_1$$

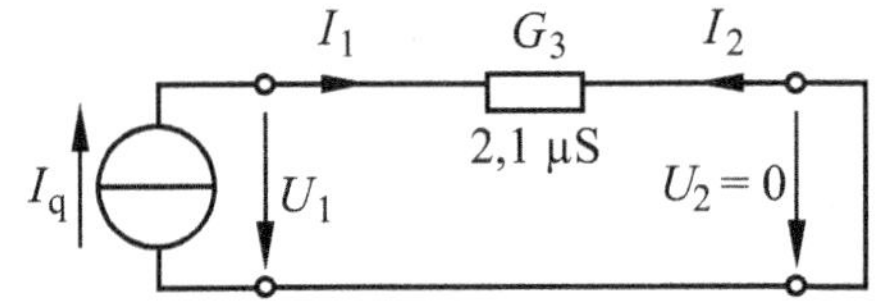

Hierfür setzen wir an:

$$Y_{B11} = \left.\frac{I_1}{U_1}\right|_{U_2=0} = G_3 = 2{,}1\ \mu S$$

$$Y_{B21} = \left.\frac{I_2}{U_1}\right|_{U_2=0} = -G_3 = -2{,}1\ \mu S$$

Nun legen wir an das Tor 2 eine Stromquelle mit dem Strom $I_q = I_2$ und bringen am Tor 1 einen Kurzschluss an, der die Spannung $U_1 = 0$ bewirkt. Für den Strom am Tor 1 gilt dabei:

$$I_1 = -I_2$$

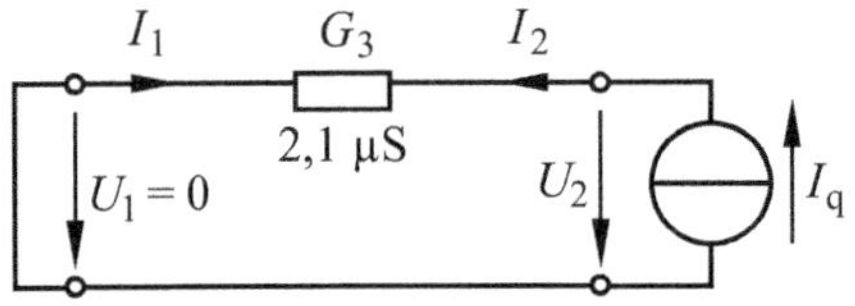

Hierfür setzen wir an:

$$Y_{B22} = \left.\frac{I_2}{U_2}\right|_{U_1=0} = G_3 = 2{,}1\ \mu S$$

$$Y_{B12} = \left.\frac{I_1}{U_2}\right|_{U_1=0} = -G_3 = -2{,}1\ \mu S$$

2) Da wegen der durchgehenden Verbindungen auf Massepotenzial die Strombedingungen erfüllt sind, gilt für die Leitwertmatrix $\boldsymbol{Y}$:

$$\boldsymbol{Y} = \boldsymbol{Y}_A + \boldsymbol{Y}_B = \begin{pmatrix} 372{,}1 & -2{,}156 \\ 81\,497{,}9 & 408{,}1 \end{pmatrix} \mu S$$

3) Zur Berechnung des Spannungsübertragungsfaktors T der gesamten Schaltung setzen wir an:

$$R_i I_1 + U_1 = U_q$$

$$U_2 + R_2 I_2 = 0$$

Diese Maschengleichungen bilden mit den Zweitorgleichungen

$$I_1 = Y_{11}\, U_1 + Y_{12}\, U_2$$

$$I_2 = Y_{21}\, U_1 + Y_{22}\, U_2$$

ein Gleichungssystem für die Variablen I_1, I_2, U_1 und U_2, das wir mit dem Programm MATLAB lösen. Mit dem Ergebnis für die Spannung U_2 berechnen wir:

$$T = \frac{U_2}{U_q} = -53{,}52$$

Lösung 3.10

1) Wir schalten an den Eingang und den Ausgang Stromquellen und wählen den Bezugsknoten so, dass U_1 und U_2 Knotenspannungen sind.

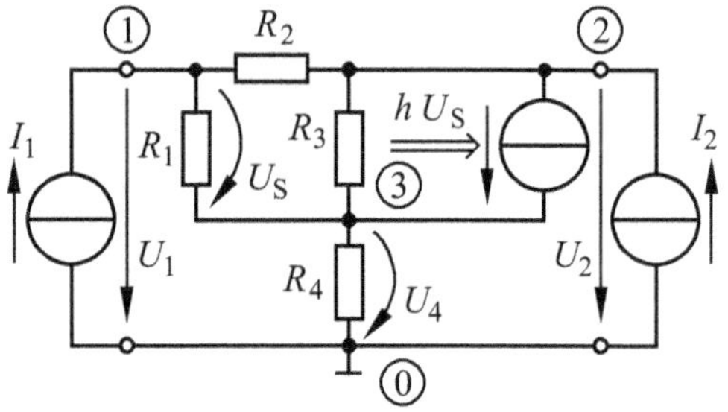

Zunächst stellen wir das Gleichungssystem auf und verwenden die Abkürzung:

$$G_{134} = G_1 + G_3 + G_4$$

$$\begin{pmatrix} G_1 + G_2 & -G_2 & -G_1 \\ -G_2 & G_2 + G_3 & -G_3 \\ -G_1 & -G_3 & G_{134} \end{pmatrix} \cdot \begin{pmatrix} U_1 \\ U_2 \\ U_4 \end{pmatrix} = \begin{pmatrix} I_1 \\ I_2 - h\, U_S \\ h\, U_S \end{pmatrix}$$

Wir bringen die Steuerspannung $U_S = U_1 - U_4$ auf die linke Seite des Gleichungssystems:

$$\begin{pmatrix} G_1 + G_2 & -G_2 & -G_1 \\ h - G_2 & G_2 + G_3 & -h - G_3 \\ -h - G_1 & -G_3 & h + G_{134} \end{pmatrix} \cdot \begin{pmatrix} U_1 \\ U_2 \\ U_4 \end{pmatrix} = \begin{pmatrix} I_1 \\ I_2 \\ 0 \end{pmatrix}$$

2) Zunächst setzen wir Zahlenwerte ein und berechnen die Elemente der Leitwertmatrix:

$$\begin{pmatrix} 410 & -10 & -400 \\ 79990 & 30 & -80020 \\ -80400 & -20 & 80920 \end{pmatrix} \mu\text{S} \cdot \begin{pmatrix} U_1 \\ U_2 \\ U_4 \end{pmatrix} = \begin{pmatrix} I_1 \\ I_2 \\ 0 \end{pmatrix} \qquad (1)$$

Dieses Gleichungssystem enthält eine Gleichung mehr als dasjenige, in dem die gesuchte Leitwertmatrix steht. Wir eliminieren deshalb aus den Gln. (1) die Variable U_4, indem wir die Gleichung

$$-80400\ \mu\text{S} \cdot U_1 - 20\ \mu\text{S} \cdot U_2 + 80920\ \mu\text{S} \cdot U_4 = 0$$

nach U_4 auflösen und diese Spannung in die beiden übrigen Gleichungen einsetzen:

$$\begin{pmatrix} 12{,}57 & -10{,}1 \\ 484 & 10{,}22 \end{pmatrix} \mu\text{S} \cdot \begin{pmatrix} U_1 \\ U_2 \end{pmatrix} = \begin{pmatrix} I_1 \\ I_2 \end{pmatrix}$$

Die quadratische Matrix ist die gesuchte Leitwertmatrix:

$$\boldsymbol{Y} = \begin{pmatrix} 12{,}57 & -10{,}1 \\ 484 & 10{,}22 \end{pmatrix} \mu\text{S}$$

Lösung 3.11

1) Wir fügen die Ersatzschaltung für den Operationsverstärker in die gegebene Schaltung ein.

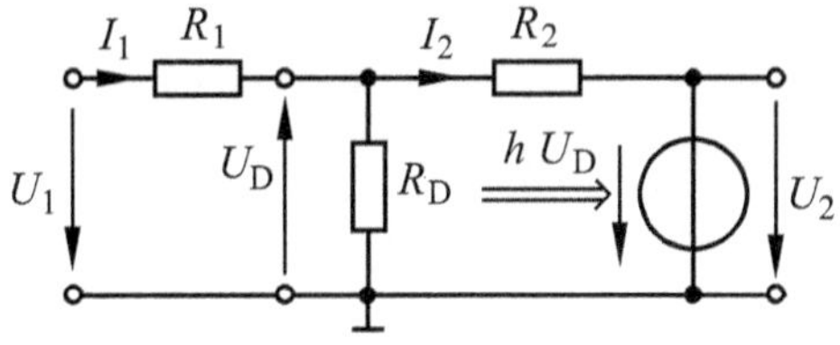

Die Maschengleichungen

$$R_1 I_1 - U_D = U_1$$

$$U_D + R_2 I_2 + h\, U_D = 0$$

und die Knotengleichung

$$I_1 + G_D\, U_D = I_2$$

stellen ein lineares Gleichungsystem dar, das wir für $U_1 = 1$ V z. B. mit dem Mathematikprogramm MATLAB lösen. Das Ergebnis für U_D multiplizieren wir mit dem Steuerfaktor h und berechnen den Spannungs-Übertragungsfaktor:

$$T = \frac{U_2}{U_1} = \frac{h\, U_D}{U_1} = \frac{-h}{R_1 G_2 (1+h) + R_1 G_D + 1} \qquad (1)$$

Wegen des negativen Vorzeichens wird die Verstärkerschaltung auch als **invertierender Verstärker** bezeichnet.

```
syms R1 R2 GD h;
M = [R1 0 -1; 0 R2 h+1; 1 -1 GD];
Rs = [1; 0; 0];
E = sym(M) \ sym(Rs);
T = h*E(3)
```

2) Wir setzen die gegebenen Werte in die Gl. (1) ein und berechnen:

$$T = -9{,}9989$$

3) Wir dividieren Zähler und Nenner der Gl. (1) durch h und setzen $G_D = 0$:

$$T = \frac{-1}{\dfrac{R_1 G_2}{h} + R_1 G_2 + \dfrac{1}{h}}$$

Für einen Steuerfaktor $h \to \infty$ ergibt sich die Gleichung:

$$T = -\frac{R_2}{R_1} \qquad (2)$$

4) Wir setzen die gegebenen Werte in die Gl. (2) ein und erhalten:

$$T = -10$$

Die bezogene Abweichung von dem unter 2) berechneten Wert ist:

$$f_r = \frac{-10 + 9{,}9989}{-9{,}9989} = 1{,}1 \cdot 10^{-4} = 0{,}011\ \%$$

Es zeigt sich, dass die mit dem idealisierten Operationsverstärker ermittelte Ausgangsspannung im Allgemeinen genügend genau ist.

Lösung 3.12

1) Wir fügen die Ersatzschaltung für den Operationsverstärker in die gegebene Schaltung ein.

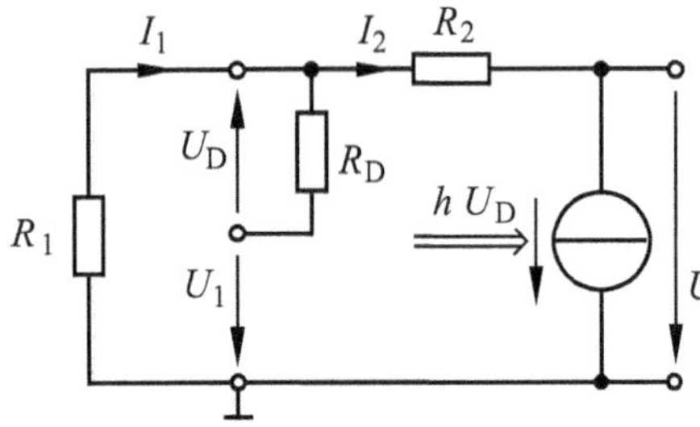

Zur Berechnung des Spannungsübertragungsfaktors $T = U_2 / U_1$ benötigen wir eine Gleichung, in der die Spannungen U_1 und U_2 stehen. Deshalb eliminieren wir aus den Maschengleichungen

$$R_1 I_1 - U_D + U_1 = 0$$

$$-U_1 + U_D + R_2 I_2 + h\,U_D = 0$$

und der Knotengleichung

$$I_1 + G_D U_D = I_2$$

die Ströme I_1 und I_2. Mit der verbleibenden Gleichung berechnen wir:

$$T = \frac{U_2}{U_1} = \frac{h\,U_D}{U_1} = \frac{h(1 + R_2 G_1)}{1 + h + R_2(G_1 + G_D)} \qquad (1)$$

Im Gegensatz zu der Schaltung der Aufgabe 3.11 ist der Spannungsübertragungsfaktor positiv, es ist $T > 0$; deshalb wird diese Verstärkerschaltung als **nicht invertierender Verstärker** bezeichnet.

2) Wir setzen die gegebenen Werte in die Gl. (1) ein und erhalten:

$$T = 10{,}9988$$

3) Wir dividieren Zähler und Nenner der Gl. (1) durch h und setzen $G_D = 0$:

$$T = \frac{1 + R_2 G_1}{\frac{1}{h} + 1 + \frac{R_2 G_1}{h}}$$

Für $h \to \infty$ ergibt sich:

$$T = 1 + R_2 G_1 \qquad (2)$$

4) Wir setzen die gegebenen Werte in die Gl. (2) ein und erhalten $T = 11$.

Die bezogene Abweichung von dem unter 2) berechneten Wert ist:

$$f_r = \frac{11 - 10{,}9988}{10{,}9988} = 1{,}1 \cdot 10^{-4} = 0{,}011\ \%$$

Es zeigt sich, dass die mit dem idealisierten Operationsverstärker ermittelte Ausgangsspannung für die meisten Anwendungsfälle genügend genau ist.

Lösung 3.13

1) Wir fügen die Ersatzschaltung für den Operationsverstärker in die gegebene Schaltung ein.

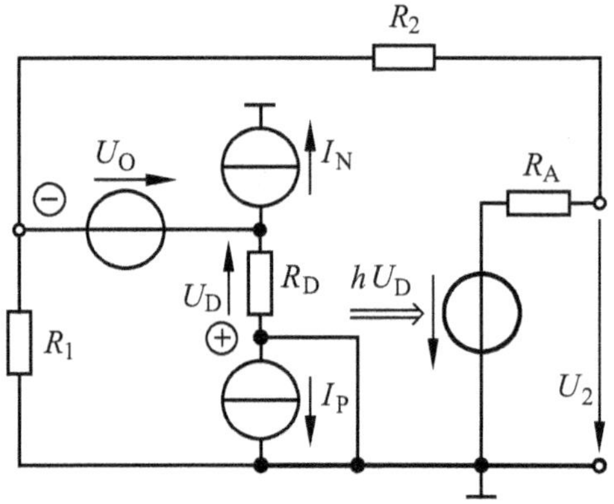

Die Stromquelle I_P ist kurzgeschlossen und daher wirkungslos, weshalb wir sie entfernen.

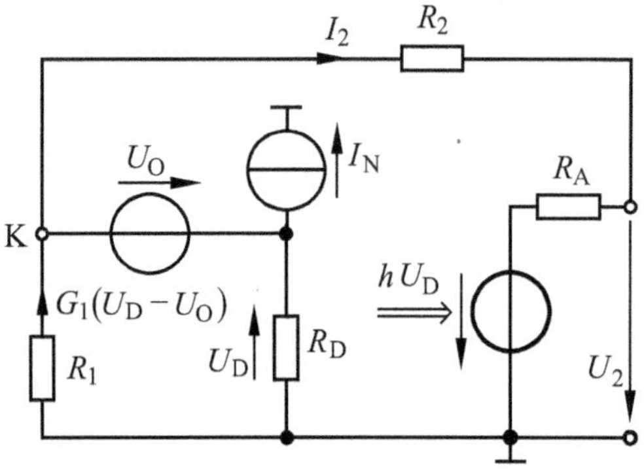

Die Maschengleichungen

$$R_A I_2 + h U_D - U_2 = 0$$

$$U_D - U_O + R_2 I_2 + U_2 = 0$$

und die Knotengleichung für den Knoten K

$$G_1 (U_D - U_O) + G_D U_D = I_2 + I_N$$

stellen ein lineares Gleichungssystem dar, dessen Variablen I_2, U_D und U_2 wir mit einem MATLAB-Programm berechnen.

Wir benötigen aber lediglich die Variable U_2, die als Funktion der Quellengrößen U_O und I_N angegeben werden soll. Dazu setzen wir an:

$$U_2 = a I_N + b U_O$$

Zur Bestimmung der Faktoren a und b wenden wir den Überlagerungssatz an; dies ist möglich, weil es sich um ein lineares System handelt.

Im ersten Schritt setzen wir $U_O = 0$ und auf der rechten Seite des Gleichungssystems lediglich I_N an. Wir lösen das lineare Gleichungssystem und berechnen mit der Lösung U_2 den Faktor:

$$a = \left.\frac{U_2}{I_N}\right|_{U_O=0} = \frac{h R_2 - R_A}{1 + h + (G_D + G_1)(R_2 + R_A)}$$

Im zweiten Schritt setzen wir $I_N = 0$ und auf der rechten Seite des Gleichungssystems lediglich U_O an. Wir lösen das lineare Gleichungssystem und berechnen mit der Lösung U_2 den Faktor:

$$b = \left.\frac{U_2}{U_O}\right|_{I_N=0} = \frac{h(1 + G_1 R_2) + R_A G_D}{1 + h + (G_D + G_1)(R_2 + R_A)}$$

2) Wir setzen die gegebenen Werte ein und berechnen:

$a = 99{,}989\ \mathrm{k\Omega}$; $b = 11$

Ein Vergleich mit den Ergebnissen der Aufgabe 3.12 ergibt, dass dort die Spannung U_1 etwa um denselben Faktor verstärkt wird wie die Spannung U_O in der vorliegenden Aufgabe.

3) Der ungünstigste Fall liegt vor, wenn die Vorzeichen der Quellengrößen I_N und U_O gleich sind, so dass sich ihre Beiträge summieren und beide Quellengrößen ihren Maximalbetrag annehmen. Wir berechnen hierfür die Ausgangsspannung:

$$U_{2,\max} = a I_{N,\max} + b U_{O,\max} = 22{,}2\ \mathrm{mV}$$

```
syms G1 GD RA R2 h IN UO;
M = [R2 1 1; RA h -1; -1 G1+GD 0];
Rs = [0; 0; IN];
E = sym(M) \ sym(Rs);
a = E(3)/IN
M = [R2 1 1; RA h -1; -1 G1+GD 0];
Rs = [UO; 0; G1*UO];
E = sym(M) \ sym(Rs);
b = E(3)/UO
R1 = 10e3;
G1 = 1/R1;
R2 = 100e3;
RD = 30e6;
RA = 100;
h = 1.0e5;
GD = 1/RD;
a = subs(a)
b = subs(b)
UO = 2.0e-3;
IN = 2.0e-9;
U2max = a*IN + b*UO
```

4 Netze mit nichtlinearen Zweitoren an Gleichspannung

Aufgabe 4.1
Die Schaltung wirkt bei nicht zu starker Belastung näherungsweise als Konstantspannungsquelle und die Halbleiterbauelemente können durch lineare Modelle ersetzt werden.

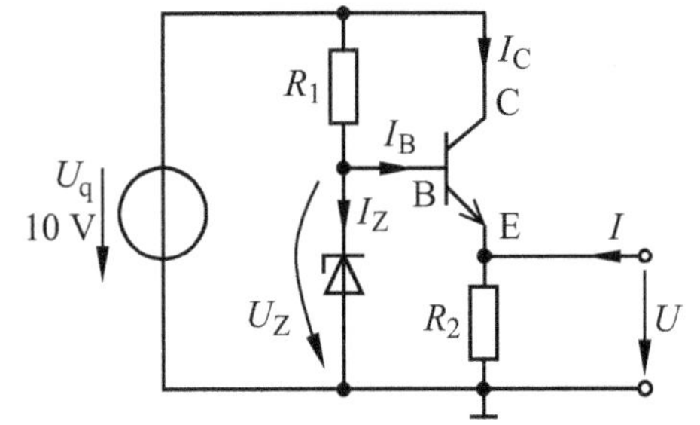

Die Z-Diode wird durch eine lineare Spannungsquelle mit $U_{qZ} = 5{,}1$ V; $R_Z = 4\ \Omega$ angenähert. Der Bipolartransistor wird durch die Ersatzschaltung für den Betrieb im aktiven Bereich mit $U_{qBE} = 0{,}68$ V; $R_{BE} = 400\ \Omega$; $h_{FE} = 290$; $G_{CE} = 50\ \mu$S angenähert.

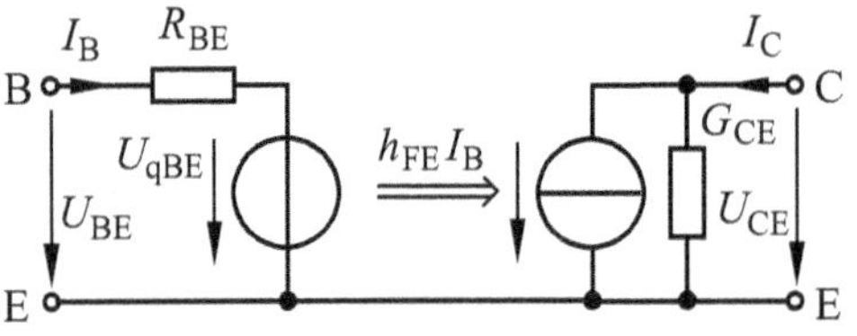

1) Dimensionieren Sie die Widerstände R_1 und R_2 so, dass bei Leerlauf $I_C = 30$ mA und $I_Z = 100\, I_B$ sind. Vernachlässigen Sie dabei den Strom durch den Leitwert G_{CE} des Transistormodells. Ersetzen Sie dann die berechneten Widerstandswerte durch Werte aus der Reihe E12.

2) Bei maximaler Belastung soll der Basisstrom I_B den Wert 300 μA nicht übersteigen. Welcher kleinste Lastwiderstand ist zulässig? Berücksichtigen Sie dabei auch den Leitwert G_{CE}.

3) Bestimmen Sie die Ersatzspannungsquelle der Schaltung.

Aufgabe 4.2
In einer integrierten CMOS-Schaltung wird mit dem P-Kanal-Transistor T_1 und dem N-Kanal-Transistor T_2 ein Spannungsteiler gebildet. Ermitteln Sie seine Ausgangsspannung U.

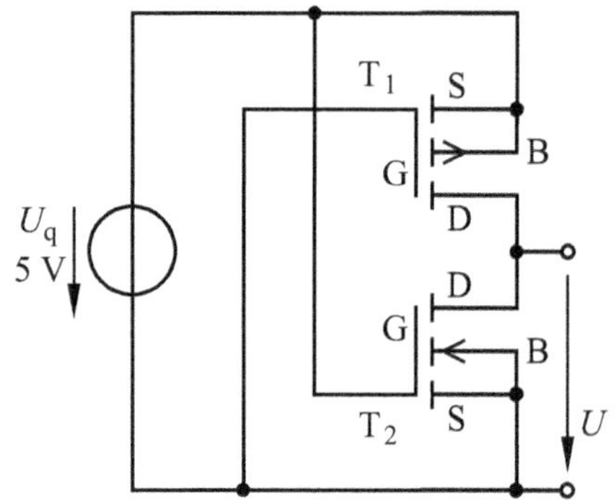

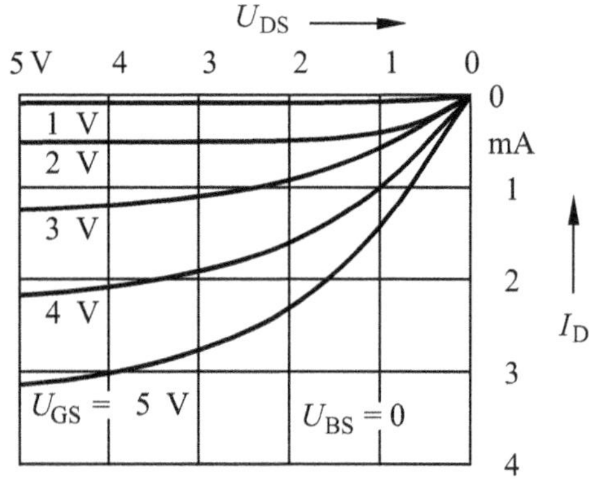

Ausgangskennlinienfeld des P-Kanal-Transistors T_1

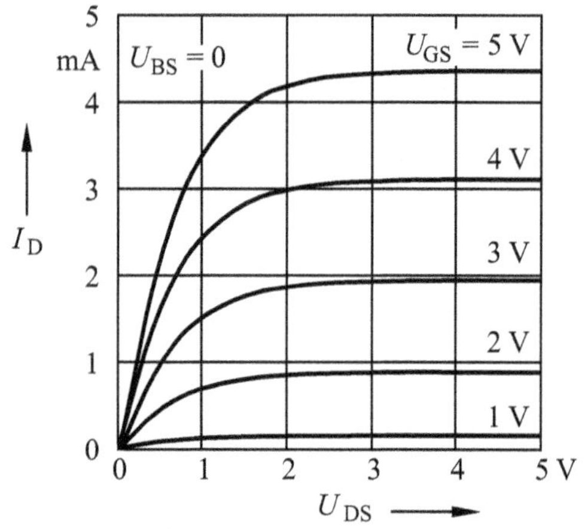

Ausgangskennlinienfeld des N-Kanal-Transistors T_2

Aufgabe 4.3

Der Arbeitspunkt des NPN-Transistors BCY 58 wird mit einer Quelle und zwei Widerständen eingestellt. Die Umgebungstemperatur ist 25°C.

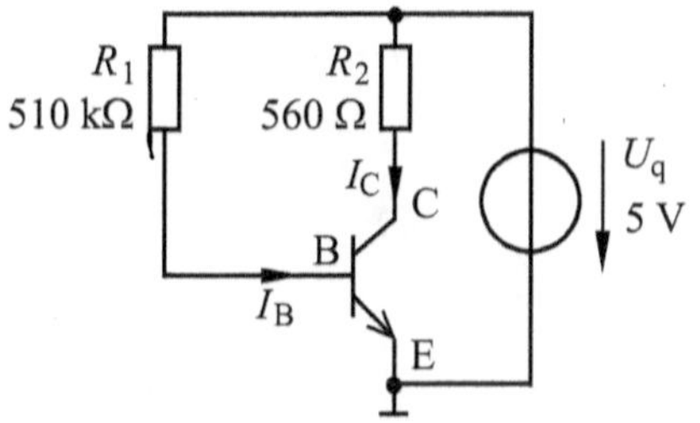

1) Die Kennlinie $I_B = f(U_{BE})$ des Transistors ist gegeben. Bestimmen Sie den eingangsseitigen Arbeitspunkt.

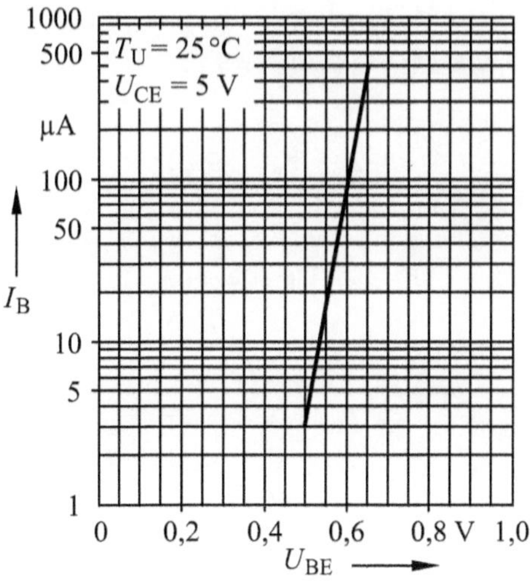

2) Das Kennlinienfeld $I_C = f(U_{CE})$ des Transistors ist gegeben. Bestimmen Sie den ausgangsseitigen Arbeitspunkt.

3) Welche Leistung wird dem Transistor zugeführt?

4) Der Wärmewiderstand zwischen Sperrschicht und Umgebung ist $R_{th} = 450\,K/W$. Welche Sperrschichttemperatur stellt sich bei der Umgebungstemperatur 25 °C ein?

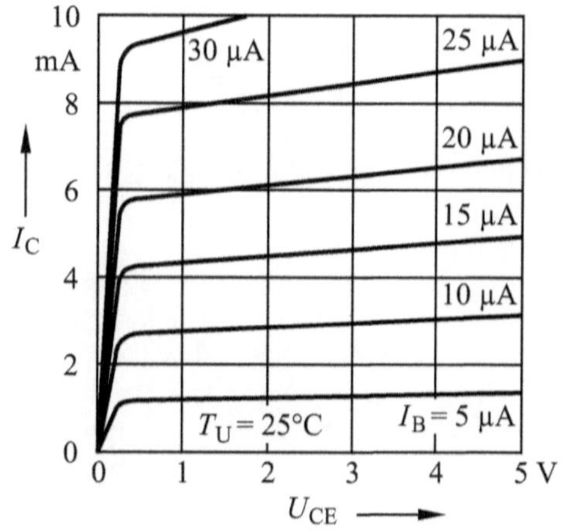

Aufgabe 4.4

1) Geben Sie in allgemeiner Form den Zusammenhang zwischen dem Emitter- und dem Kollektorstrom eines Bipolartransistors als Funktion der Gleichstromverstärkung h_{FE} an (die Bezugspfeile dieser Ströme zeigen jeweils zum Transistor hin).

2) Geben Sie in allgemeiner Form den Zusammenhang zwischen dem Emitter- und dem Basisstrom eines Bipolartransistors als Funktion der Gleichstromverstärkung h_{FE} an.

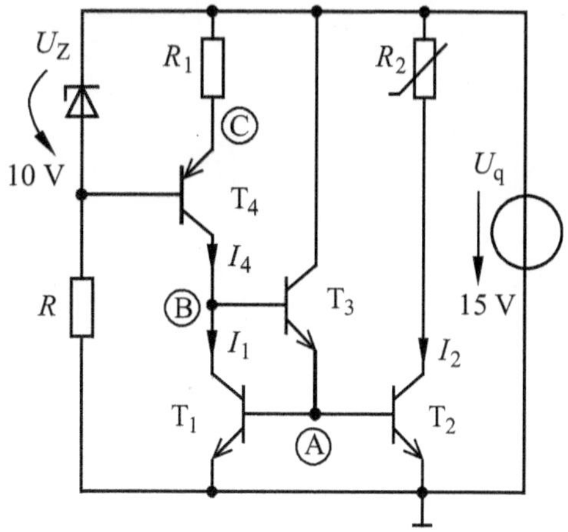

3) Die drei NPN-Transistoren haben gleiche Eigenschaften; ihre Basis-Emitter-Spannung ist jeweils 0,6 V. Die Basis-Emitter-Spannung des PNP-Transistors ist – 0,6 V. Bestimmen Sie die Potenziale der Knoten A, B und C.

4) Der Transistor T_4 bildet mit dem Widerstand R_1, der Z-Diode und der Spannungsquelle eine Konstantstromquelle; berechnen Sie deren Strom I_4 für $h_{FE} = 100$; $R_1 = 470\ \Omega$.

5) Die Transistoren T_1 ... T_3 bilden einen sog. **Stromspiegel** mit dem Eingangsstrom I_4 und dem Ausgangsstrom I_2. Beschreiben Sie das Übersetzungsverhältnis $ü = I_2 / I_4$ dieses Stromspiegels allgemein mithilfe der Stromverstärkung h_{FE}. Der Einfluss der Kollektor-Emitter-Spannung U_{CE} auf den Kollektorstrom soll unberücksichtigt bleiben. Welchen Zahlenwert hat das Übersetzungsverhältnis für $h_{FE} = 100$?

Lösung 4.1

1) Wir ersetzen die Z-Diode und den Transistor durch ihre Ersatzschaltungen, wobei wir den Leitwert G_{CE} und den Widerstand R_V weglassen.

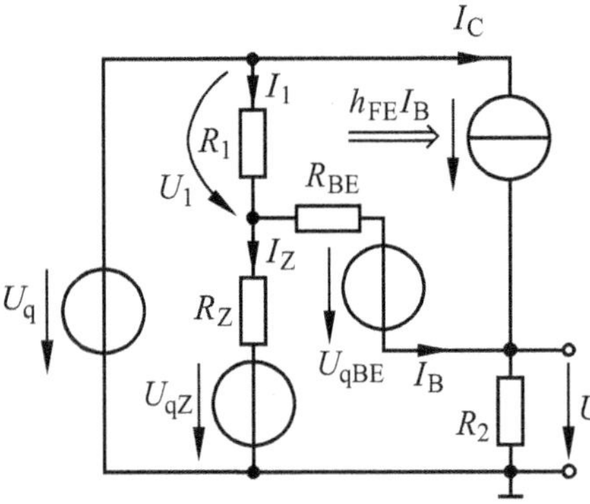

Für die Berechnung des Widerstandes R_1 benötigen wir die Spannung U_1 und den Strom I_1. Zunächst berechnen wir den Basisstrom:

$$I_B = \frac{I_C}{h_{FE}} = 103{,}45\ \mu A$$

Für den Strom der Z-Diode gilt laut Aufgabenstellung:

$$I_Z = 100\ I_B = 10{,}345\ mA$$

Durch den Widerstand R_1 fließt der Strom:

$$I_1 = I_Z + I_B = 10{,}45\ mA \qquad (1)$$

Mit der Maschengleichung

$$-U_q + U_1 + R_Z I_Z + U_{qZ} = 0 \qquad (2)$$

berechnen wir die Spannung am Widerstand R_1:

$$U_1 = U_q - R_Z I_Z - U_{qZ} = 4{,}86\ V$$

Damit berechnen wir den Widerstand

$$R_{1ber} = \frac{U_1}{I_1} = 465\ \Omega$$

und wählen aus der Reihe E12 den Wert:

$$R_1 = 470\ \Omega$$

Nun lösen wir die Maschengleichung

$$-U_{qZ} - R_Z I_Z + R_{BE} I_B + U_{qBE} + U = 0 \qquad (3)$$

nach $U = U_0$ auf und berechnen die Klemmenspannung bei Leerlauf:

$$U_0 = 4{,}42\ V$$

Damit kennen wir die Spannung am Widerstand R_2, durch den bei Leerlauf der Strom $I_B + I_C$ fließt. Wir berechnen den Widerstand

$$R_{2ber} = \frac{U_0}{I_B + I_C} = 146{,}8\ \Omega$$

und wählen aus der Reihe E12 den Wert:

$$R_2 = 150\ \Omega$$

2) Wir berücksichtigen nun auch den Leitwert G_{CE}, der an der Spannung $U_q - U$ liegt, sowie den Widerstand R_V.
Der Basisstrom soll bei maximaler Belastung den Wert 300 µA nicht übersteigen:

$$I_{Bmax} = 300\ \mu A$$

Der zugehörige Kollektorstrom ist:

$$I_{Cmax} = h_{FE}\ I_{Bmax} = 87\ mA$$

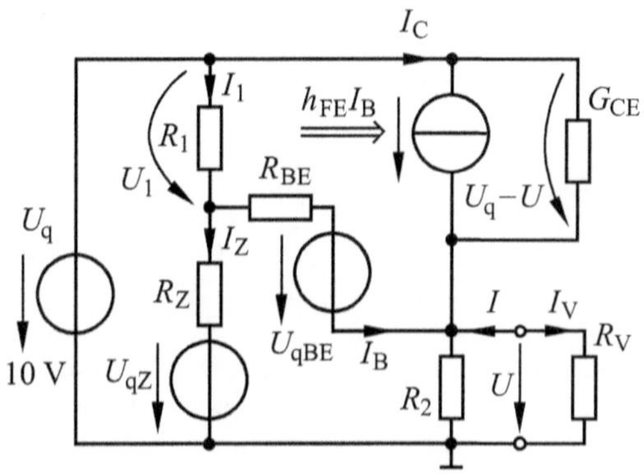

Wir setzen den Spannungsfall

$$U_1 = R_1\,(I_Z + I_{Bmax})$$

in die Gl. (2) ein und berechnen:

$$I_Z = \frac{U_q - U_{qZ} - R_1 I_{Bmax}}{R_1 + R_Z} = 10{,}04\ \text{mA}$$

Nun lösen wir die Gl. (3) nach $U = U_{min}$ auf und berechnen:

$$U_{min} = 4{,}34\ \text{V}$$

Dann lösen wir die Gleichung für den Knoten am Ausgang nach dem Laststrom $I_{Vmax} = -I_{max}$ auf:

$$I_{Vmax} = (h_{FE}+1)\,I_{Bmax} + G_{CE}(U_q - U_{min}) - G_2\,U_{min}$$

Mit dem Ergebnis

$$I_{Vmax} = 58{,}65\ \text{mA}$$

berechnen wir den kleinsten Lastwiderstand, bei dem der Basisstrom $I_{Bmax} = 300\ \mu\text{A}$ nicht überschritten wird:

$$R_{Vmin} = \frac{U_{min}}{I_{Vmax}} = 74\ \Omega$$

3) Zur Berechnung der Spannung U am Ausgang der Schaltung setzen wir die Knotengleichung am Ausgang an:

$$(h_{FE}+1)\,I_B + G_{CE}(U_q - U) = (G_2 + G_V)\,U$$

Eine Maschengleichung erhalten wir dadurch, dass wir den Spannungsfall

$$U_1 = R_1\,(I_Z + I_B)$$

in die Gl. (2) einsetzen:

$$R_1\,(I_Z + I_B) + R_Z\,I_Z + U_{qZ} = U_q$$

Eine weitere Maschengleichung ergibt der Umlauf über U_{qZ}, U_{qBE} und U:

$$-U_{qZ} - R_Z\,I_Z + R_{BE}\,I_B + U_{qBE} + U = 0$$

Die Knotengleichung und die beiden Maschengleichungen stellen ein lineares Gleichungssystem für die Variablen I_B, I_Z und U dar:

$$-(h_{FE}+1)\,I_B + (G_{CE} + G_2 + G_V)\,U = G_{CE}\,U_q$$

$$R_1\,I_B + (R_1 + R_Z)\,I_Z = U_q - U_{qZ}$$

$$R_{BE}\,I_B - R_Z\,I_Z + U = U_{qZ} - U_{qBE}$$

Zunächst setzen wir $G_V = 0$ und berechnen die Leerlaufspannung der unbelasteten Schaltung, die gleich der Ersatzquellenspannung U_{qe} ist:

$$U_{qe} = U_0 = 4{,}42\ \text{V}$$

Dann setzen wir $G_V = 1/R_{Vmin}$; die zugehörige Ausgangsspannung kennen wir bereits:

$$U = U_{min} = 4{,}34\ \text{V}$$

Da wir außer G_V auch U_{qe} kennen, können wir den gesuchten Innenwiderstand R_{ie} der Ersatzschaltung berechnen:

$$R_{ie} = \frac{U_{qe} - U}{G_V\,U} = 1{,}375\ \Omega$$

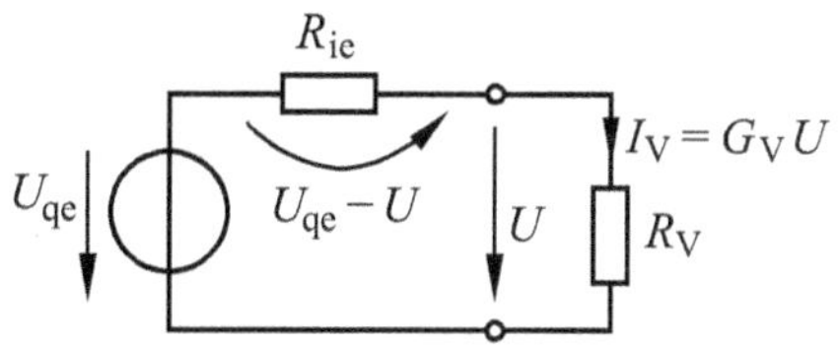

```
Uq=10;
RZ=4;
UqZ=5.1;
UqBE=0.68;
RBE=400;
hFE=290;
GCE=50e-6;
IC=30e-3;
IB=IC/hFE;
IZ=100*IB;
U0=UqZ+RZ*IZ-RBE*IB-UqBE;
R1ber=(Uq-RZ*IZ-UqZ)/(IZ+IB)
R2ber=U0/(IB+IC)
R1=470;
R2=150;
IBmax=300e-6;
IZ=(Uq-UqZ-R1*IBmax)/(R1+RZ);
Umin=UqZ+RZ*IZ-RBE*IBmax-UqBE;
IVmax=(hFE+1)*IBmax+
        GCE*(Uq-Umin)-Umin/R2;
RVmin=Umin/IVmax
M=[R1 R1+RZ 0; -1-hFE 0 GCE+G2;
    RBE -RZ 1];
Rs=[Uq-UqZ; GCE*Uq; UqZ-UqBE];
E=linsolve(M, Rs);
Uqe=E(3)
Rie=RVmin*(Uqe-Umin)/Umin
```

Lösung 4.2

Die ideale Spannungsquelle kann mehrfach in die Schaltung eingefügt werden, ohne dass sich die Spannungen oder Ströme ändern.

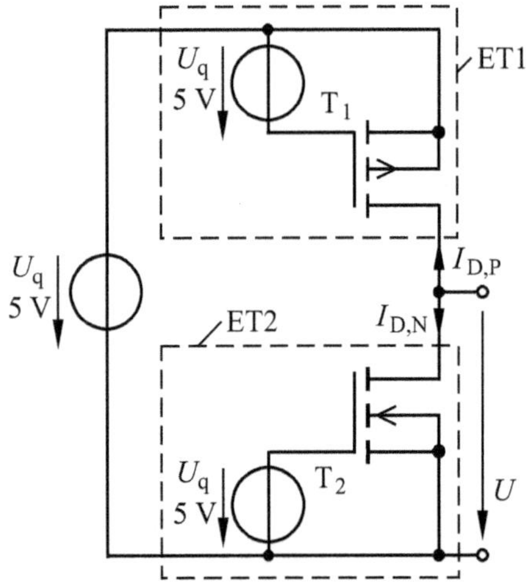

Die Gate-Source-Spannung des P-Kanal-Transistors T_1 ist $U_{GS,P} = -5$ V; er bildet mit der Quelle das nichtlineare Eintor ET1, dessen *I-U*-Kennlinie die -5-V-Ausgangskennlinie ist.

Die Gate-Source-Spannung des N-Kanal-Transistors T_2 ist $U_{GS,N} = 5$ V; er bildet mit der Quelle das nichtlineare Eintor ET2, dessen *I-U*-Kennlinie die 5-V-Ausgangskennlinie ist.

Wir fassen zunächst die Reihenschaltung aus der idealen Spannungsquelle und dem Eintor ET1 zu einer nichtlinearen Quelle zusammen. Der Strom dieser Quelle ist $I_{D,P}$ und ihre Klemmenspannung ist:

$$U = U_{DS,P} + U_q$$

In das Diagramm mit dieser Kennlinie zeichnen wir die Kennlinie $U_{DS,N} = f(I_{D,N})$ des Eintors ET2 ein und beachten, dass im Arbeitspunkt $U_{DS,N} = U$ und $I_{D,N} = -I_{D,P}$ ist. Der Schnittpunkt der beiden Kennlinien ist der Arbeitspunkt. Wir lesen ab:

$$U \approx 0{,}8 \text{ V}$$

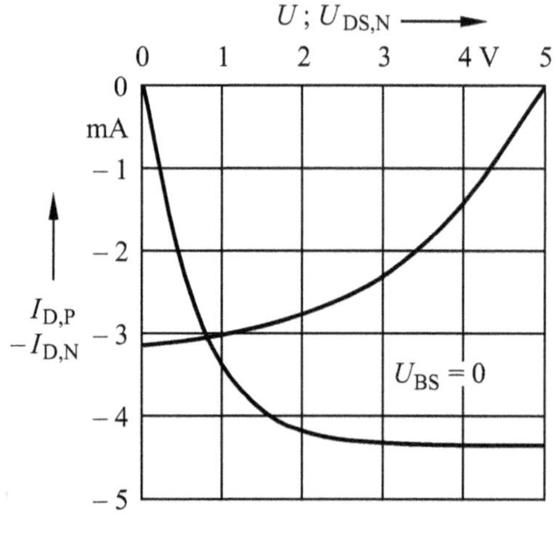

Lösung 4.3

1) Wir fügen in die Schaltung eine weitere Quelle mit der Quellenspannung $U_q = 5$ V ein und entfernen die Verbindung der Widerstände R_1 und R_2. Die Spannungen und Ströme ändern sich dabei nicht. Die so entstandene Schaltung besitzt je eine lineare Spannungsquelle am Eingang und am Ausgang des Transistors.

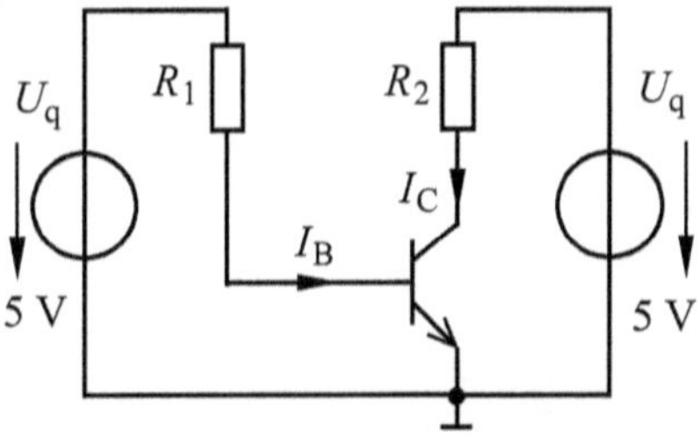

Die Kennlinie der eingangsseitigen Quelle geht durch die Punkte (5 V; 0 A) und (0 V; 9,8 µA). Da wir diese Kennlinie nicht komplett ins Eingangskennlinienfeld eintragen können, bestimmen wir noch den Punkt (1 V; 7,84 µA).

Wegen der halblogarithmischen Darstellung der Eingangskennlinie ist die Quellenkennlinie in diesem Diagramm eine gekrümmte Linie. Die beiden Stromwerte 7,84 µA und 9,8 µA liegen aber so nahe beieinander, dass wir die Kurve zwischen diesen beiden Punkten als Gerade darstellen können.

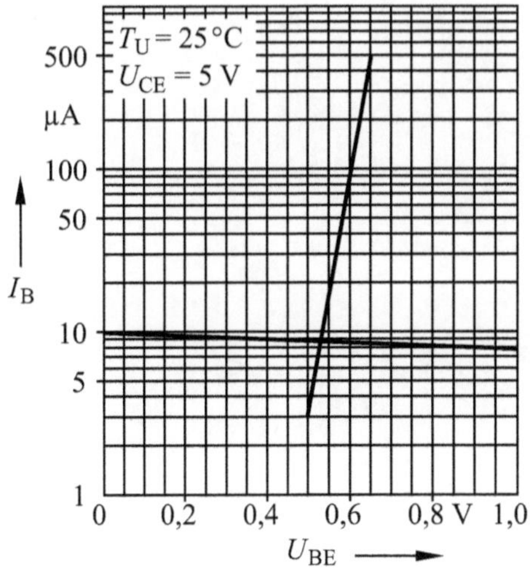

Der Schnittpunkt der beiden Kennlinien ist der eingangsseitige Arbeitspunkt. Wir lesen ab:

$U_{BE} \approx 0{,}53$ V; $I_B \approx 8{,}8$ µA

2) Wir zeichnen nun die Kennlinie der ausgangsseitigen Quelle durch die Punkte (5 V; 0 A) und (0 V; 8,93 mA) ins Ausgangskennlinienfeld ein.

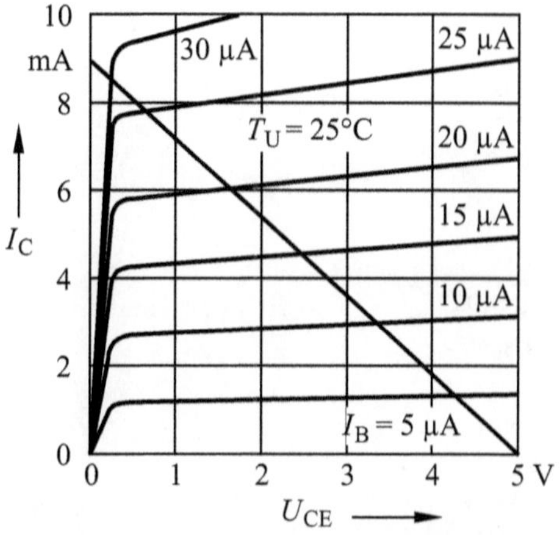

Die Lage des ausgangsseitigen Arbeitspunktes schätzen wir, weil für den Basisstrom 8,8 µA keine Ausgangskennlinie angegeben ist:

$U_{CE} \approx 3{,}5$ V; $I_C \approx 2{,}7$ mA

3) Die Eingangsleistung $U_{BE}\, I_B = 4{,}66$ µW ist gegenüber der Ausgangsleistung vernachlässigbar.

$$P = U_{CE}\, I_C = 9{,}45 \text{ mW}$$

4) Die Gleichung für den thermischen Widerstand

$$R_{th} = \frac{\vartheta_B - \vartheta_U}{P}$$

gilt allgemein für jedes elektronische Bauelement. Die Betriebstemperatur ϑ_B ist hier die Sperrschichttemperatur ϑ_J:

$$\vartheta_J = \vartheta_U + P \cdot R_{th} = 29{,}3\ °\text{C}$$

Lösung 4.4

1) Die Gleichstromverstärkung h_{FE} ist der Quotient aus Kollektorstrom und Basisstrom. Wir setzen den Basisstrom

$$I_B = \frac{I_C}{h_{FE}}$$

in die Knotengleichung

$$I_B + I_C + I_E = 0 \qquad (1)$$

der Hüllfläche um den Transistor ein und lösen nach I_C auf:

$$I_C = -\frac{I_E}{1+\frac{1}{h_{FE}}} \qquad (2)$$

2) Wir setzen den Kollektorstrom $I_C = h_{FE}\, I_B$ in die Gl. (2) ein, die wir nach dem Emitterstrom I_E auflösen:

$$I_E = -I_B\,(1+h_{FE}) \qquad (3)$$

3) Wegen $U_{BE1} = U_{BE2} = 0{,}6$ V ist $\varphi_A = 0{,}6$ V. Mit $U_{BE3} = 0{,}6$ V ergibt sich:

$$\varphi_B = \varphi_A + U_{BE3} = 1{,}2\ \text{V}$$

Zur Berechnung von φ_C setzen wir die Maschengleichung an:

$$U_{C,0} - U_q + U_Z + U_{BE4} = 0$$

Mit $U_{BE4} = -0{,}6$ V ergibt sich:

$$\varphi_C = U_{C,0} = 5{,}6\ \text{V}$$

4) Zunächst berechnen wir den Emitterstrom I_{E4} des Transistors T_4:

$$I_{E4} = \frac{U_q - \varphi_C}{R_1}$$

Mit der Gl. (2) ergibt sich:

$$I_{C4} = -\,19{,}8\ \text{mA}$$

Der gesuchte Strom ist:

$$I_4 = -\,I_{C4} = 19{,}8\ \text{mA}$$

5) Wir gehen von den Emitterströmen der Transistoren T_1 und T_2 aus. Sie haben den gleichen Wert I_E, weil die Transistoren gleiche Eigenschaften haben und ihre Basis-Emitter-Spannungen gleich sind:

$$I_{E1} = I_{E2} = I_E$$

Auch ihre Kollektorströme sind gleich. Mit der Gl. (2) gilt:

$$I_1 = I_2 = I_C = -\frac{I_E}{1+\frac{1}{h_{FE}}} \qquad (4)$$

Auch die Basisströme der beiden Transistoren T_1 und T_2 sind gleich. Mit der Gl. (3) gilt:

$$I_{B1} = I_{B2} = -\frac{I_E}{1+h_{FE}}$$

Mit der Knotengleichung für den Knoten A ergibt sich:

$$I_{E3} = -\left(I_{B1} + I_{B2}\right) = \frac{2\,I_E}{1+h_{FE}}$$

Der Basisstrom des Transistors T_3 ist:

$$I_{B3} = -\frac{I_{E3}}{1+h_{FE}} = -\frac{2\,I_E}{(1+h_{FE})^2}$$

Damit berechnen wir den Strom I_4:

$$I_4 = I_1 + I_{B3} = -\frac{I_E}{1+\frac{1}{h_{FE}}} - \frac{2\,I_E}{(1+h_{FE})^2}$$

Das Übersetzungsverhältnis ist:

$$\ddot{u} = \frac{I_2}{I_4} = \frac{1}{1+\frac{2}{h_{FE}(1+h_{FE})}}$$

Für $h_{FE} = 100$ hat das Übersetzungsverhältnis den Wert:

$$\ddot{u} = 0{,}9998$$

Die Ströme I_2 und I_4 sind nahezu gleich groß; die Schaltung wird deshalb als **Stromspiegel** bezeichnet.

Die angegebene Gleichung für das Übersetzungsverhältnis gilt jedoch nur dann, wenn keiner der Transistoren T_1 ... T_3 im Sättigungsbereich betrieben wird.

5 Netze an Sinusspannung konstanter Frequenz

Aufgabe 5.1

Berechnen Sie den Strom $\underline{I}$ und die Wirkleistung des Netzes N für $U_q = 10$ V; $f = 1$ kHz.

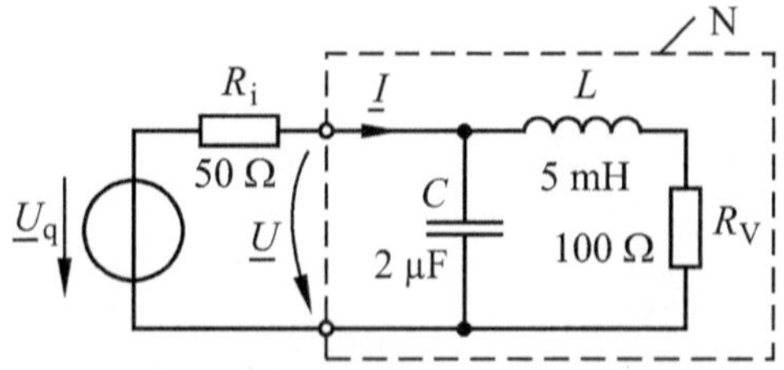

Aufgabe 5.2

Die Schaltung wird an der zeitabhängigen Spannung $u = 5\ \text{V} \cdot \cos(6283\ \text{s}^{-1} \cdot t)$ betrieben. Gegeben sind $G_1 = 1$ mS; $C_2 = 120$ nF; $R_3 = 1{,}5$ kΩ; $L_4 = 159$ mH.

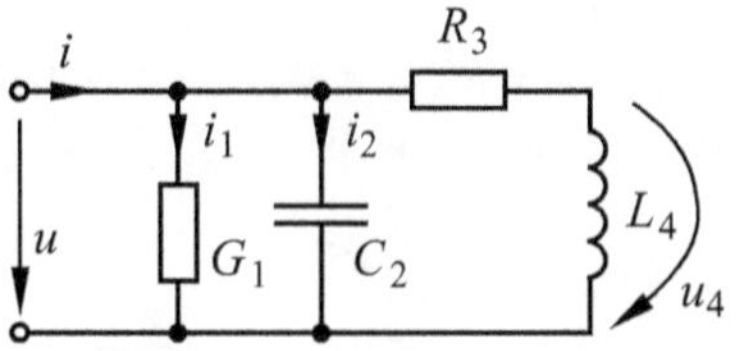

1) Welche Amplitude, welchen Effektivwert, welche Frequenz und welchen Nullphasenwinkel hat die Spannung u? Geben Sie die komplexe Spannung $\underline{U}$ an.

2) Bestimmen Sie den komplexen Ersatzleitwert der Schaltung für die Frequenz der Klemmenspannung.

3) Berechnen Sie den Strom i_2 und die Spannung u_4.

4) Stellen Sie die Größen u, i_2 und u_4 in einem Liniendiagramm dar.

Aufgabe 5.3

Die Sinusspannungen u_R und u werden mit einem Oszilloskop gemessen, dessen Horizontalablenkung auf 1 µs / div und dessen Vertikalablenkung auf 2 V / div eingestellt sind.

1) Welche Amplitude, welchen Effektivwert, welche Frequenz und welchen Nullphasenwinkel haben die Spannungen u_R und u? Geben Sie die komplexen Spannungen an.

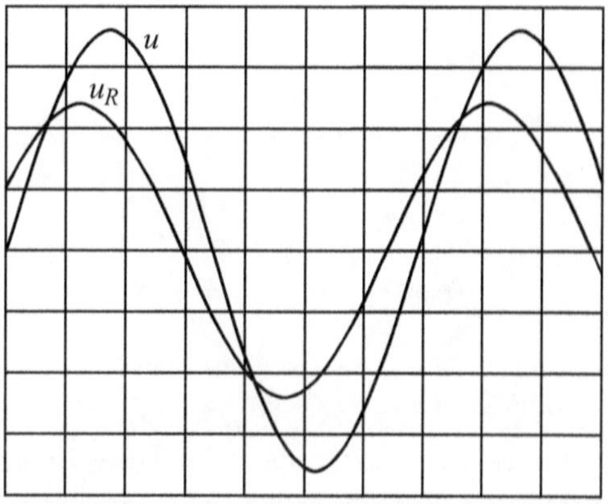

2) Bestimmen Sie den komplexen Widerstand des unbekannten Eintors.

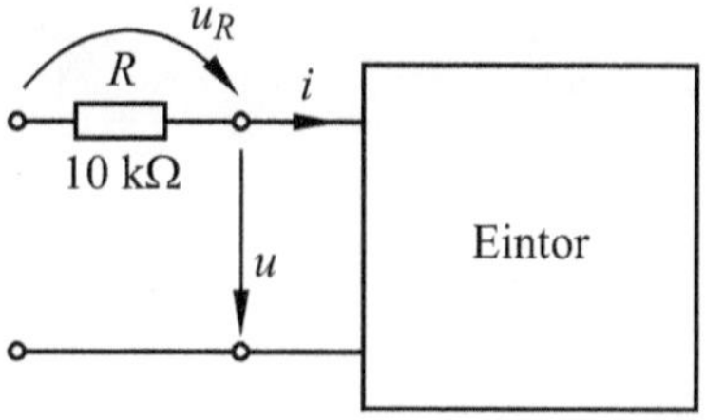

3) Geben Sie die Reihenersatzschaltung des Eintors an.

Aufgabe 5.4

An der idealen Sinusstromquelle mit $I_q = 100$ mA; $f = 1$ kHz wird ein Netz mit den Eintoren $R = 80$ Ω; $L = 12$ mH; $G_1 = 15$ mS; $C = 2$ µF betrieben.

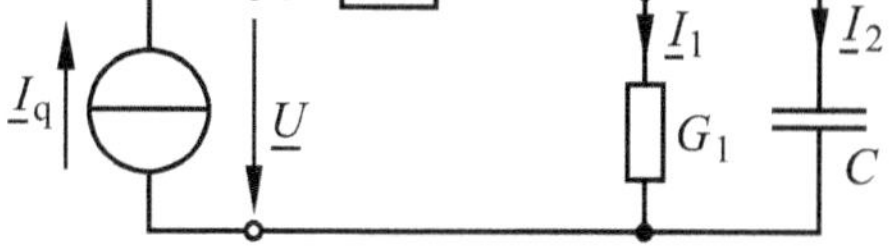

1) Berechnen Sie die Klemmenpannung $\underline{U}$ und den Strom $\underline{I}_1$.

2) Berechnen Sie die Leistungen des gesamten Netzes.

Aufgabe 5.5
An der idealen Sinusspannungsquelle ($U_q = 10$ V; $f = 1{,}2$ kHz) wird ein Netz betrieben mit:
$C = 160$ nF; $G = 1$ mS; $L = 80$ mH

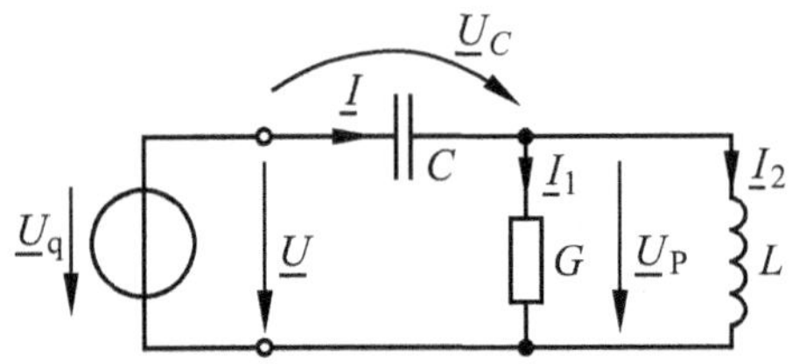

1) Berechnen Sie die Ströme und Spannungen und zeichnen Sie ein Zeigerdiagramm.

2) Welche maximale Energie wird in den Grundeintoren L bzw. C gespeichert?

Aufgabe 5.6
In der Schaltung, die von der Sinusspannung $\underline{U}$ gespeist wird, sollen die Ströme $\underline{I}$, $\underline{I}_1$ und $\underline{I}_2$ den gleichen Effektivwert haben.
Gegeben sind: $R = 100\ \Omega$; $B_C = \omega C = 10$ mS.

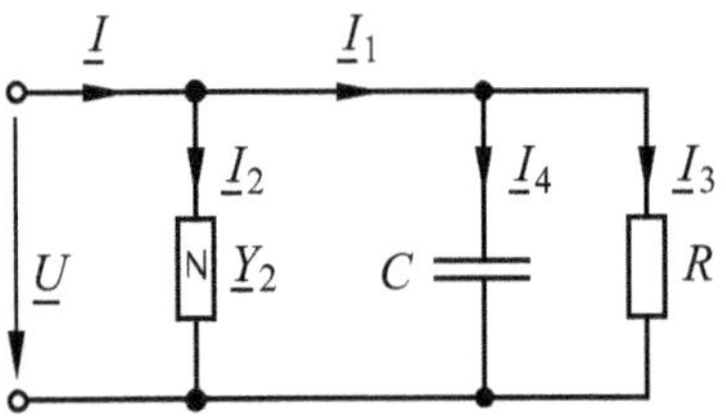

1) Zeichnen Sie ein Zeigerdiagramm für die Spannung $\underline{U}$ und die Ströme $\underline{I}$, $\underline{I}_1$ und $\underline{I}_2$.

2) Berechnen Sie den komplexen Leitwert $\underline{Y}_1$ der Parallelschaltung aus R und C.

3) Welcher komplexe Leitwert $\underline{Y}_2$ ist erforderlich, damit die Bedingung für gleiche Effektivwerte $I = I_1 = I_2$ erfüllt ist?

4) Mit welchen Grundeintoren lässt sich der komplexe Widerstand $\underline{Z}_2 = 1/\underline{Y}_2$ bei der Frequenz 1 kHz realisieren?

Aufgabe 5.7
Die Grundeintore L und C sind so dimensioniert, dass die Beträge ihrer Blindwiderstände bei der Frequenz 1 kHz gleich dem Wert des Grundeintors R sind.

Der Strom $i(t)$ ist ein Sinusstrom mit dem Nullphasenwinkel φ_i.

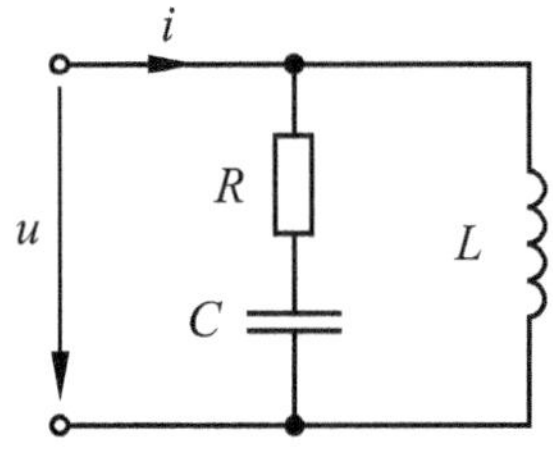

1) Berechnen Sie in allgemeiner Form den komplexen Widerstand der Schaltung für die Kreisfrequenz ω.

2) Berechnen Sie in allgemeiner Form die Amplitude und den Nullphasenwinkel der Spannung $u(t)$.

3) Welches Grundeintor ist zusätzlich an die Klemmen anzuschließen, damit die Klemmenspannung u und der Klemmenstrom i bei der Kreisfrequenz ω in Phase schwingen?

4) Berechnen Sie das zusätzliche Grundeintor für $R = 100\ \Omega$ und die Frequenz 1 kHz.

Aufgabe 5.8
In der Schaltung nach BOUCHEROT[1] soll der durch n in Reihe geschaltete Glühlampen fließende Strom $\underline{I}_1$ unabhängig von der Anzahl n der vorhandenen Lampen konstant bleiben.

1) Für welche Bedingung ist dies erfüllt?

2) Berechnen Sie für $C = 100$ µF das Grundeintor L für die Frequenz 50 Hz.

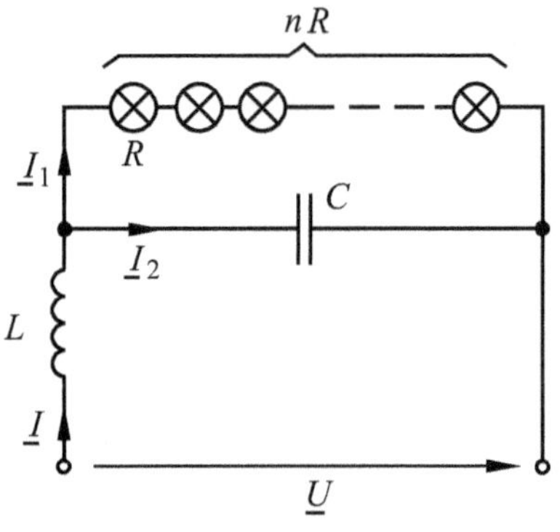

[1] Paul Boucherot, 1869 – 1943

Aufgabe 5.9

Die Schaltung liegt an der Sinusspannung $\underline{U}$.

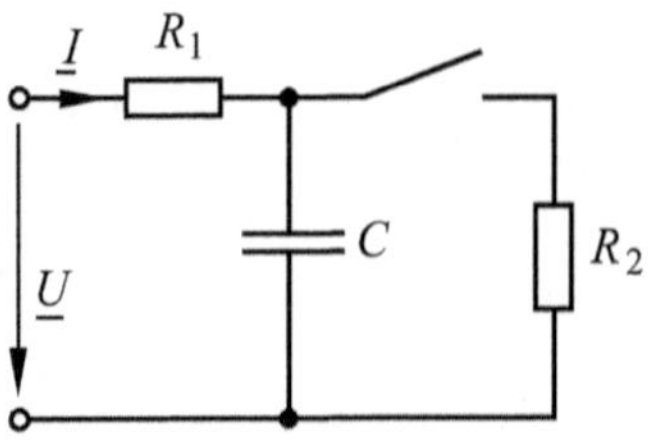

1) Wie muss der Widerstand R_1 bemessen sein, wenn der Strom $\underline{I}$ sowohl bei geöffnetem als auch bei geschlossenem Schalter denselben Effektivwert I haben soll?

2) Welcher Wert R_1 ergibt sich für $R_2 = 1\ \text{k}\Omega$ und $C = 1\ \mu\text{F}$ für die Frequenz 50 Hz?

Aufgabe 5.10

1) Berechnen Sie den komplexen Strom $\underline{I}$, der bei geöffnetem Schalter fließt.

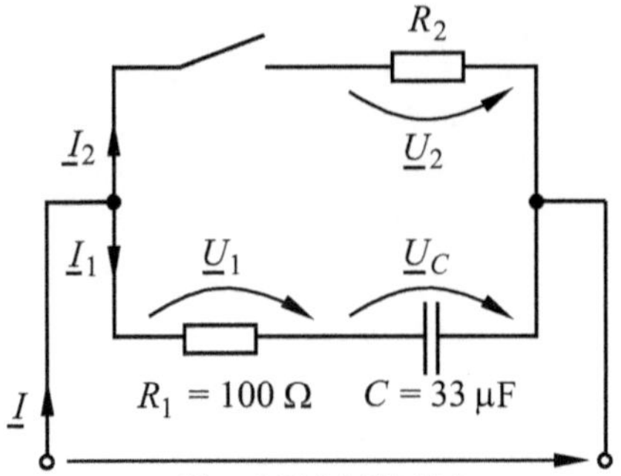

2) Welcher Widerstand R_2 ist nötig, damit nach dem Schließen des Schalters der Effektivwert des Stromes $\underline{I}$ doppelt so groß wird?

3) Zeichnen Sie ein maßstäbliches Zeigerdiagramm sämtlicher Spannungen und Ströme bei geschlossenem Schalter.

Aufgabe 5.11

Die Sinusspannung $\underline{U}$ hat den Effektivwert 10 V und die Frequenz 1,5 kHz.

An dem OHMschen Widerstand $R_M = 22\ \Omega$ wurde die Spannung $U_M = 8{,}56$ V gemessen.

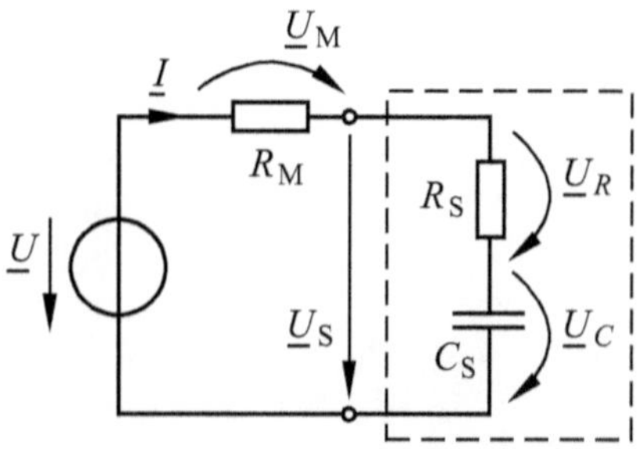

Die Reihenschaltung aus R_S und C_S ist die Ersatzschaltung für einen ungepolten Elektrolytkondensator; an ihr wurde die Spannung $U_S = 3{,}94$ V gemessen.

1) Zeichnen Sie ein maßstäbliches Zeigerdiagramm der Spannungen $\underline{U}$, $\underline{U}_M$, $\underline{U}_S$, $\underline{U}_R$, $\underline{U}_C$ und des Stromes $\underline{I}$.

2) Berechnen Sie die Effektivwerte U_R und U_C der Spannungen an R_S und C_S.

3) Berechnen Sie die Größen R_S und C_S der Ersatzschaltung.

4) Welchen Verlustfaktor hat der Kondensator bei der Frequenz 1,5 kHz ?

Aufgabe 5.12

1) Berechnen Sie die komplexe Spannung $\underline{U}_{AB}$ und stellen Sie sämtliche Ströme und Spannungen der Schaltung in einem maßstäblichen Zeigerdiagramm dar.

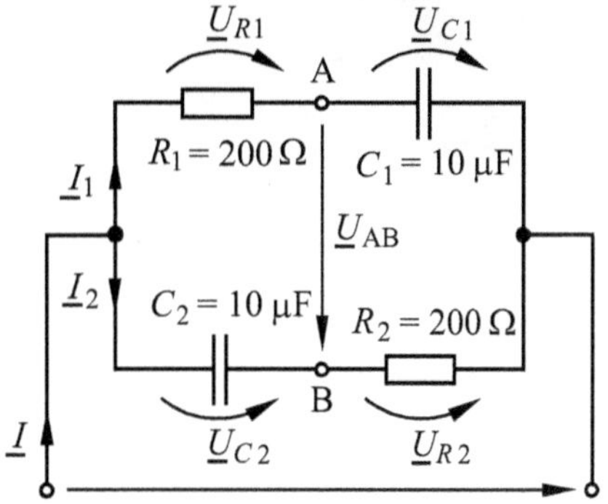

2) Für welchen Wert $R_1 = R_2$ eilt $\underline{U}_{AB}$ der Klemmenspannung $\underline{U}$ um 90° nach? Zeichnen Sie auch hierfür das Zeigerdiagramm.

Aufgabe 5.13

An die Schaltung mit den unbekannten Größen R_x und C_x wird die Sinusspannung $U_1 = 5$ V mit der Frequenz 400 Hz gelegt. Bei geöffnetem Schalter wird mit dem Messgerät, das den Widerstand R_M = 100 kΩ aufweist, die Spannung 4,54 V gemessen. Wird der Widerstand R_L = 1 kΩ zugeschaltet, so zeigt das Messgerät die Spannung 2,58 V an. Berechnen Sie die Größen R_x und C_x.

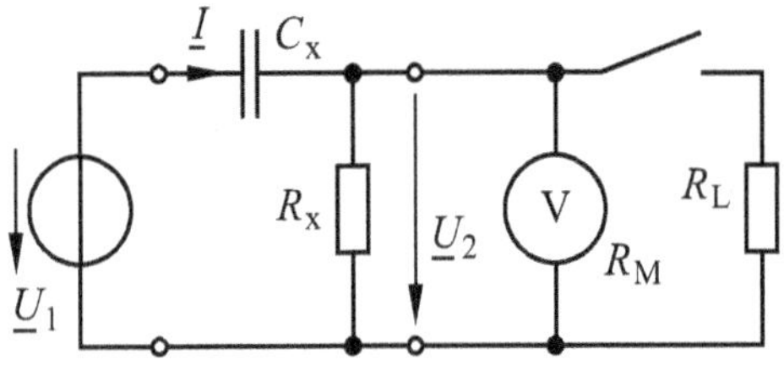

Aufgabe 5.14

Ein **elektrodynamisches Messwerk** zeigt das Produkt zweier Ströme I_I und I_U an. Es hat zwei Spulen: Die sog. **Stromspule**, durch die der Strom $\underline{I}_I$ fließt, ist niederohmig; die sog. **Spannungsspule**, durch die der Strom $\underline{I}_U$ fließt, ist hochohmig, sie hat den Widerstand R_U. Die Blindwiderstände der beiden Spulen sind bei der Frequenz 50 Hz vernachlässigbar klein.

Bei der Messung der Wirkleistung $P = U\,I \cos\varphi$ wird durch den hochohmigen Vorwiderstand R_{vor} dafür gesorgt, dass der im Spannungspfad fließende Strom I_U der Spannung U proportional ist; außerdem ist dadurch $I \approx I_I$.

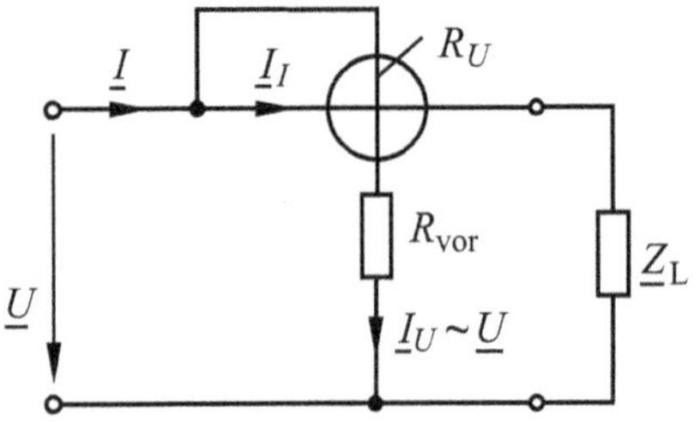

Mit dem elektrodynamischen Messwerk kann Blindleistung im Einphasennetz gemessen werden, wenn dafür gesorgt ist, dass der Strom $\underline{I}_2$ im Spannungspfad um 90° gedreht wird. Dies ist z. B. mit der **Hummel-Schaltung**[1] möglich.

[1] Georg Hummel, 1856 – 1902

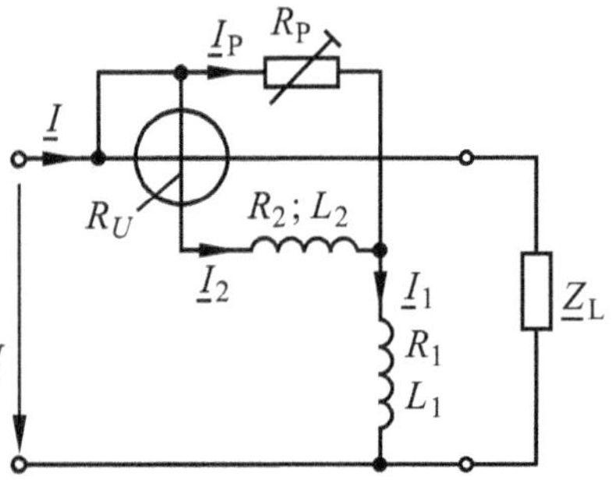

1) Wie muss der Widerstand R_P bemessen sein, damit der Strom $\underline{I}_2$ gegen die Spannung $\underline{U}$ um 90° phasenverschoben ist? (R_1; L_1 bzw. R_2; L_2 sind die Werte der Reihenersatzschaltung einer Spule).

2) Gegeben sind L_1 = 4,4 H; L_2 = 2,2 H; R_U = 1 kΩ; R_1 = 200 Ω; R_2 = 100 Ω; f = 50 Hz.
Welcher Wert ist für R_P erforderlich, damit die Schaltung bestimmungsgemäß arbeitet?

3) Zeichnen Sie für I_P = 0,1 A ein maßstäbliches Zeigerdiagramm der Spannungen und Ströme.

Aufgabe 5.15

Zwei Einphasen-Wechselstrommotoren nehmen am 230-V-Netz (50 Hz) jeweils die Wirkleistung 400 W bei unterschiedlichen Stromstärken auf. Der Motor M1 ist teilkompensiert.

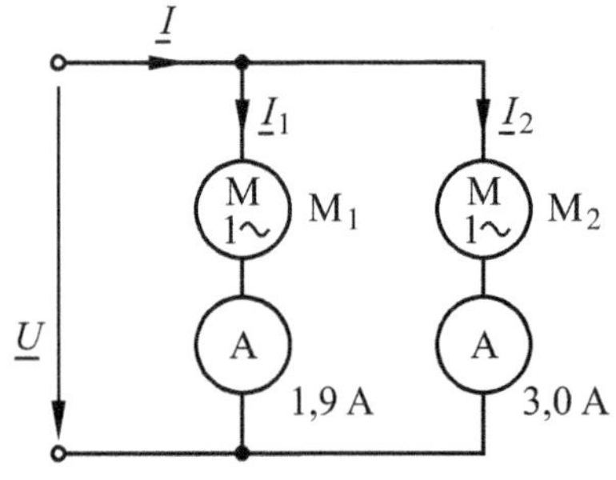

1) Berechnen Sie den Strom $\underline{I}$ sowie die Wirk-, die Blind- und die Scheinleistung der Motorengruppe.

2) Welche Kondensatoren sind notwendig, um die Motorengruppe auf $\cos\varphi_1 = 1$ bzw. auf $\cos\varphi_2 = 0{,}95$ zu kompensieren?
Zeichnen Sie hierfür sowie für den unkompensierten Fall die Zeigerdiagramme der komplexen Leistung.

Lösung 5.1
Wir bestimmen zunächst den Ersatzleitwert des Netzes N:

$$\underline{Y} = \mathrm{j}\,\omega\,C + \frac{1}{R_\mathrm{V} + \mathrm{j}\omega L} = (9{,}1 + \mathrm{j}\;9{,}71)\ \mathrm{mS}$$

Für den Strom ist der Widerstand der Reihenschaltung aus R_i und dem Widerstand $\underline{Z}$ des Netzes N maßgeblich. Letzterer ist:

$$\underline{Z} = \frac{1}{\underline{Y}} = (51{,}4\ -\ \mathrm{j}\;54{,}8)\ \Omega$$

Wir wählen zweckmäßig den Nullphasenwinkel $\varphi_u = 0$ der Quellenspannung und berechnen den Strom:

$$\underline{I} = \frac{\underline{U}_\mathrm{q}}{R_\mathrm{i} + \underline{Z}} = 86{,}75\ \mathrm{mA}\,\underline{/28{,}4°}$$

Die Wirkleistung berechnen wir mit dem Wirkwiderstand des Netzes N:

$$P = \mathrm{Re}\{\,\underline{Z}\,\}\cdot I^2 = 387\ \mathrm{mW}$$

Diese Leistung $P > 0$ nimmt das Netz N auf.

Lösung 5.2
1) Mit der Kreisfrequenz $\omega = 2\,\pi\,f = 6283\ \mathrm{s}^{-1}$ berechnen wir die Frequenz:

$$f = \frac{\omega}{2\,\pi} = 1\ \mathrm{kHz}$$

Die Amplitude der Spannung ist $\hat{u}\ =\ 5\ \mathrm{V}$, der Nullphasenwinkel ist $\varphi_u = 0°$. Mit dem Effektivwert

$$U = \frac{\hat{u}}{\sqrt{2}} = 3{,}54\ \mathrm{V}$$

erhalten wir die komplexe Spannung:

$$\underline{U} = 3{,}54\ \mathrm{V}\,\underline{/0°}$$

2) Wir wandeln den Widerstand

$$\underline{Z}_{34} = R_3 + \mathrm{j}\;\omega\,L_4 = (1500 + \mathrm{j}\;999)\ \Omega$$

der Reihenschaltung aus R_3 und L_4 in einen Leitwert um und berechnen damit den Leitwert der gesamten Schaltung:

$$\underline{Y} = G_1 + \mathrm{j}\,\omega\,C_2 + \frac{1}{\underline{Z}_{34}} = 1{,}528\ \mathrm{mS}\,\underline{/17°}$$

3) Zunächst berechnen wir den komplexen Strom:

$$\underline{I}_2 = \mathrm{j}\,\omega\,C_2\,\underline{U} = 2{,}67\ \mathrm{mA}\,\underline{/90°}$$

Mit dem Scheitelwert $\sqrt{2}\cdot 2{,}67$ mA dieses Stromes ergibt sich:

$$i_2 = 3{,}77\ \mathrm{mA}\cdot\cos(6283\ \mathrm{s}^{-1}\cdot t + 90°)$$

Die komplexe Spannung $\underline{U}_4$ berechnen wir mit der Spannungsteilerregel:

$$\underline{U}_4 = \frac{\mathrm{j}\,\omega\,L_4\,\underline{U}}{\underline{Z}_{34}} = 1{,}96\ \mathrm{V}\,\underline{/56{,}3°}$$

Mit dem Scheitelwert $\hat{u}_4 = 2{,}77\,\mathrm{V}$ ergibt sich:

$$u_4 = 2{,}77\ \mathrm{V}\cdot\cos(6283\ \mathrm{s}^{-1}\cdot t + 56{,}3°)$$

4) Die Größen u, i_2 und u_4 haben gleiche Frequenz und damit die gleiche Periode $T = 1/f = 1\,\mathrm{ms}$. Die Spannung u mit dem Nullphasenwinkel $\varphi_u = 0°$ nimmt für $t = 0$ ein Maximum an.

Der Strom i_2 mit dem Nullphasenwinkel $\varphi_i = 90°$ eilt der Spannung u vor und nimmt für $t = -T/4$ $= -\,0{,}25$ ms ein Maximum an.

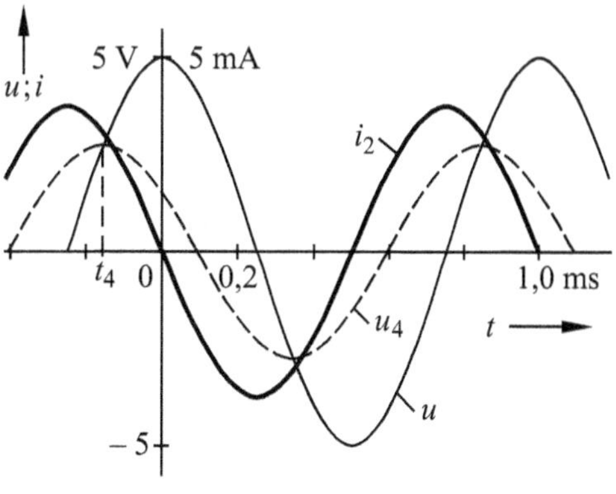

Die Spannung u_4 mit dem Nullphasenwinkel $\varphi_{u4} = 56{,}3°$ eilt der Spannung u vor und nimmt zum Zeitpunkt t_4 ein Maximum an:

$$t_4 = -\frac{T}{360°} \cdot \varphi_{u4} = -0{,}156 \text{ ms}$$

Lösung 5.3

1) Der Abstand zwischen zwei Linien auf dem Bildschirm des Oszilloskops wird als ***division*** (kurz: **div**) bezeichnet. Zwei Maxima von u bzw. u_R haben den waagrechten Abstand 6,9 div; die Periodendauer ist also $T = 6{,}9$ µs. Damit berechnen wir die Frequenz:

$$f = 145 \text{ kHz}$$

Bei Sinusspannungen liest man am Oszilloskop zweckmäßig Spitze-Spitze-Werte ab. Mit $u_{pp} = 7{,}2$ div und $u_{R,pp} = 4{,}8$ div berechnen wir die Amplituden:

$$\hat{u} = 7{,}2 \text{ V}\,; \quad \hat{u}_R = 4{,}8 \text{ V}$$

Mit dem Scheitelfaktor $\sqrt{2}$ ergeben sich die Effektivwerte $U = 5{,}09$ V und $U_R = 3{,}39$ V.

Offensichtlich wurde auf den Nulldurchgang der Spannung u getriggert.

Wir wählen den Zeitnullpunkt beim ersten Scheitelwert der Spannung u; damit ist $\varphi_u = 0°$. Die Spannung u_R erreicht ihren Scheitelwert 0,5 div früher als die Spannung u; dies entspricht der Zeitspanne $\Delta t = 0{,}5$ µs.
Die Spannung u_R eilt der Spannung u vor, ihr Nullphasenwinkel ist daher positiv:

$$\varphi_{uR} = \frac{360°}{T} \cdot \Delta t = 26°$$

Die komplexen Spannungen lauten:

$$\underline{U} = 5{,}09 \text{ V} \angle 0°\,; \quad \underline{U}_R = 3{,}39 \text{ V} \angle 26°$$

2) Mit dem komplexen Strom

$$\underline{I} = \frac{\underline{U}_R}{R} = 0{,}339 \text{ mA} \angle 26°$$

berechnen wir den komplexen Widerstand des Eintors:

$$\underline{Z} = 15 \text{ k}\Omega \angle -26° = 13{,}48 \text{ k}\Omega - \text{j}\, 6{,}58 \text{ k}\Omega$$

3) Da der Winkel von $\underline{Z}$ negativ ist, wirkt das Ersatzeintor kapazitiv. Die Reihenersatzschaltung besteht aus dem Widerstand $R_e = 13{,}48$ kΩ und dem kapazitiven Blindwiderstand $X_C = -6{,}58$ kΩ.

Die Kapazität des Grundeintors ist:

$$C_e = -\frac{1}{2\,\pi f X_C} = 167 \text{ pF}$$

Lösung 5.4

1) Wir beginnen mit dem komplexen Leitwert

$$\underline{Y}_P = G_1 + \text{j}\omega C = (15 + \text{j}12{,}57) \text{ mS} = 19{,}57 \text{ mS} \angle 40°$$

der Parallelschaltung und berechnen damit den komplexen Widerstand des gesamten Netzes:

$$\underline{Z} = R + \text{j}\,\omega L + \frac{1}{\underline{Y}_P} = 126{,}6\ \Omega \angle 19{,}7°$$

Die Klemmenspannung ist mit $\underline{I} = \underline{I}_q$:

$$\underline{U} = \underline{Z}\,\underline{I} = 12{,}66 \text{ V} \angle 19{,}7°$$

Den Strom $\underline{I}_1$ berechnen wir mit der Stromteilerregel:

$$\underline{I}_1 = \frac{\underline{I}}{\underline{Y}_P} G_1 = 76{,}7 \text{ mA} \angle -40°$$

2) Die komplexe Leistung des Verbrauchernetzes berechnen wir mit dem konjugiert komplexen Strom:

$$\underline{S} = \underline{U}\,\underline{I}^* = P + \text{j}\,Q = 1{,}266 \text{ VA} \angle 19{,}7°$$

Die Scheinleistung $S = 1{,}266$ VA ist der Betrag der komplexen Leistung. Die Wirkleistung $P = 1{,}192$ W ist der Realteil der komplexen Leistung und die Blindleistung $Q = 0{,}426$ var ist der Imaginärteil der komplexen Leistung. Wegen $Q > 0$ handelt es sich um induktive Blindleistung.

Lösung 5.5

1) Wir beginnen mit dem Leitwert

$$\underline{Y}_P = G + \frac{1}{j\,\omega L} = 1{,}936\ \text{mS}\underline{/-58{,}9°}$$

der Parallelschaltung aus G und L; damit berechnen wir den komplexen Widerstand:

$$\underline{Z} = \frac{\underline{U}}{\underline{I}} = \frac{1}{j\,\omega C} + \frac{1}{\underline{Y}_P} = -j\ 829\ \Omega + 517\ \Omega\underline{/58{,}9°}$$

Dies ergibt:

$$\underline{Z} = 470\ \Omega\underline{/-55{,}4°}$$

Wir nehmen zweckmäßig die Spannung $\underline{U}_q$ reell an; die Spannung $\underline{U}$ ist damit:

$$\underline{U} = 10\ \text{V}\underline{/0°}$$

Hiermit berechnen wir den Strom:

$$\underline{I} = \frac{\underline{U}}{\underline{Z}} = 21{,}3\ \text{mA}\underline{/55{,}4°}$$

Die Spannung am Grundeintor C ist:

$$\underline{U}_C = \frac{\underline{I}}{j\,\omega C} = 17{,}65\ \text{V}\underline{/-34{,}6°}$$

Mit der Maschengleichung:

$$-\underline{U} + \underline{U}_C + \underline{U}_P = 0$$

berechnen wir die Spannung $\underline{U}_P$:

$$\underline{U}_P = \underline{U} - \underline{U}_C = 11\ \text{V}\underline{/114{,}3°}$$

Die Ströme in den parallel geschalteten Zweigen sind:

$$\underline{I}_1 = G\,\underline{U}_P = 11\ \text{mA}\underline{/114{,}3°}$$

$$\underline{I}_2 = \frac{\underline{U}_P}{j\,\omega L} = 18{,}23\ \text{mA}\underline{/24{,}3°}$$

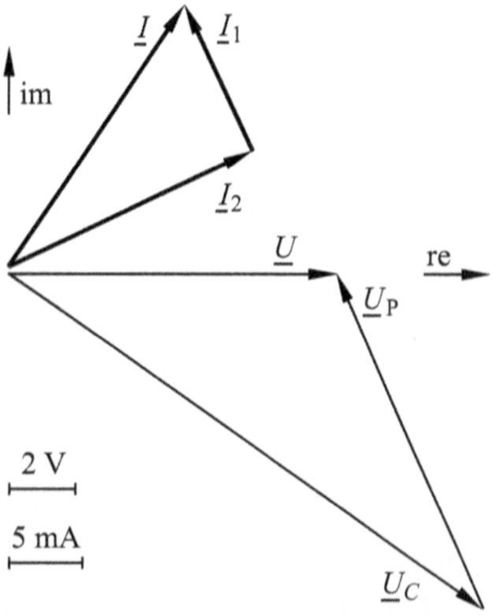

2) Wird ein Grundeintor L von einem Sinusstrom durchflossen, so nimmt es in einer Halbperiode Energie auf und gibt sie in der nächsten ab. Der Maximalwert dieser Energie ist:

$$W_{\text{m,max}} = L\,I_2^2 = 26{,}6\ \mu\text{J}$$

Der Maximalwert der elektrischen Energie, die das Grundeintor C speichert, beträgt:

$$W_{\text{el,max}} = C\,U_C^2 = 49{,}8\ \mu\text{J}$$

Lösung 5.6

1) An den Elementen der Parallelschaltung liegt die gleiche Spannung $\underline{U}$. Der Strom $\underline{I}_3$ durch den Widerstand $R = 100\ \Omega$ ist in Phase zur Spannung $\underline{U}$; der Strom $\underline{I}_4$ durch das ideale kapazitive Eintor mit dem Blindleitwert $B_C = 10$ mS eilt der Spannung $\underline{U}$ um 90° vor. Die Summe dieser beiden Ströme ist der Strom $\underline{I}_1$, welcher der Spannung $\underline{U}$ um 45° voreilt.

Für die Ströme $\underline{I}$, $\underline{I}_1$ und $\underline{I}_2$ gilt nach dem Knotensatz:

$$\underline{I} = \underline{I}_1 + \underline{I}_2$$

Damit können wir das Zeigerdiagramm zeichnen: Da die Ströme $\underline{I}$, $\underline{I}_1$ und $\underline{I}_2$ den gleichen Effektivwert haben, bilden ihre Zeiger ein gleichseitiges Dreieck, bei dem jeder Innenwinkel 60° beträgt.

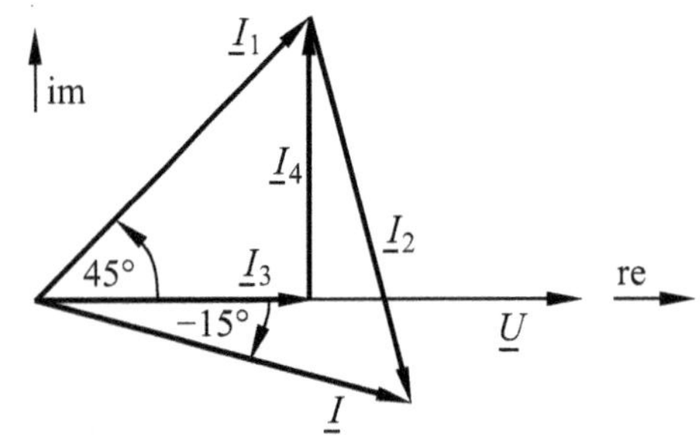

Wir lesen aus dem Zeigerdiagramm ab:

$$\underline{I}_1 = I\angle 45^\circ \;;\; \underline{I}_2 = I\angle -75^\circ \;;\; \underline{I}_3 = I\angle -15^\circ$$

2) Die Parallelschaltung aus dem Widerstand R = 100 Ω und dem Blindleitwert B_C = 10 mS hat den Leitwert:

$$\underline{Y}_1 = \frac{1}{R} + \mathrm{j}\, B_C = 14{,}14\ \mathrm{mS}\angle 45^\circ$$

3) Da im Leitwert $\underline{Y}_2$ ein Strom mit dem gleichen Effektivwert wie im Leitwert $\underline{Y}_1$ fließt und beide Leitwerte an derselben Spannung $\underline{U}$ liegen, sind die Beträge der Leitwerte gleich:

$$Y_2 = Y_1 = 14{,}14\ \mathrm{mS}$$

Wegen $\underline{I}_2 = \underline{Y}_2 \cdot \underline{U}$ und $\underline{U} = U\angle 0^\circ$ stimmen die Winkel von $\underline{I}_2$ und $\underline{Y}_2$ überein; damit erhalten wir den Leitwert:

$$\underline{Y}_2 = 14{,}14\ \mathrm{mS}\angle -75^\circ$$

4) Der komplexe Widerstand

$$\underline{Z}_2 = 70{,}7\ \Omega\angle 75^\circ$$

lässt sich durch eine Reihenschaltung aus R_2 = 18,3 Ω und einem Grundeintor L mit X_2 = 68,3 Ω realisieren. Bei der Frequenz f = 1 kHz ist die Induktivität $L_2 = X_2/(2\pi f) = 10{,}87$ mH erforderlich.

Lösung 5.7

1) Der Leitwert der Parallelschaltung ist:

$$\underline{Y} = \frac{1}{R - \mathrm{j}\dfrac{1}{\omega C}} + \frac{1}{\mathrm{j}\,\omega L} \tag{1}$$

Die Beträge der Blindwiderstände sind bei der gegebenen Frequenz f gleich dem Wert des Grundeintors R:

$$\frac{1}{\omega C} = \omega L = R$$

Wir setzen dies in die Gl. (1) ein:

$$\underline{Y} = \frac{1}{R - \mathrm{j}\,R} - \mathrm{j}\,\frac{1}{R} = \frac{1 - \mathrm{j}\,1}{2\,R} \tag{2}$$

Der Kehrwert dieses Ausdruckes ist der gesuchte komplexe Widerstand:

$$\underline{Z} = \frac{1}{\underline{Y}} = \frac{2\,R}{1 - \mathrm{j}\,1} = R\,(1 + \mathrm{j}\,1)$$

2) Mit dem Scheinwiderstand

$$Z = |\underline{Z}| = R\sqrt{1^2 + 1^2} = \sqrt{2}\,R$$

berechnen wir die Amplitude der Spannung:

$$\hat{u} = \sqrt{2}\,R\,\hat{i}$$

Da der Realteil und der Imaginärteil des komplexen Widerstandes gleiche Werte aufweisen und positiv sind, beträgt der Phasenverschiebungswinkel der Schaltung $\varphi = 45^\circ$; die Spannung eilt dem Strom also um 45° vor:

$$\varphi_u = \varphi_i + 45^\circ$$

3) Wenn an den Klemmen Strom und Spannung in Phase schwingen, befindet sich die Schaltung in Resonanz. Der zusätzliche Leitwert $\underline{Y}_{zus}$ ist dem durch die Gl. (2) beschriebenen Leitwert $\underline{Y}$ parallel geschaltet. Der Leitwert

$$\underline{Y}_{ges} = \underline{Y}_{zus} + \underline{Y}$$

der gesamten Schaltung ist reell, d. h. sein Imaginärteil ist gleich null:

$$\mathrm{Im}\{\underline{Y}_{ges}\} = B_{zus} - \frac{1}{2R} = 0$$

Das zugeschaltete Grundeintor hat den Leitwert:

$$B_{zus} = \frac{1}{2R}$$

Da dieser Leitwert positiv ist, handelt es sich um ein kapazitives Grundeintor mit der Kapazität:

$$C_{zus} = \frac{B_{zus}}{\omega} = \frac{1}{2\,\omega R}$$

4) Für die Frequenz $f = 1$ kHz hat das Grundeintor die Kapazität $C_{zus} = 796$ nF.

Lösung 5.8

1) Für die Schaltung lassen sich zwei linear unabhängige Maschengleichungen und eine Knotengleichung angeben. Nach dem Maschensatz ergibt ein Umlauf um die äußere Masche:

$$\underline{I} \cdot \mathrm{j}\,\omega L + \underline{I}_1 \cdot n\,R - \underline{U} = 0 \qquad (1)$$

Der innere Maschenumlauf führt auf:

$$\underline{I}_1 \cdot n\,R - \underline{I}_2 \cdot 1/(\mathrm{j}\,\omega C) = 0 \qquad (2)$$

Die Knotengleichung lautet:

$$\underline{I} = \underline{I}_1 + \underline{I}_2 \qquad (3)$$

Da der Strom $\underline{I}_1$ konstant bleiben soll, eliminieren wir die beiden anderen Ströme aus dem Gleichungssystem. Wir setzen die nach $\underline{I}_2$ aufgelöste Gl. (2) in die Gl. (3) und diese in die Gl. (1) ein:

$$(\underline{I}_1 + \underline{I}_1 \cdot n\,R \cdot \mathrm{j}\,\omega C) \cdot \mathrm{j}\,\omega L + \underline{I}_1 \cdot n\,R = \underline{U}$$

Wir multiplizieren aus und erhalten mit $\mathrm{j}^2 = -1$:

$$\underline{I}_1\,[\,\mathrm{j}\,\omega L + n\,R\,(1 - \omega^2 L\,C)] = \underline{U} \qquad (4)$$

Wenn die Bedingung

$$\omega^2 L\,C = 1$$

erfüllt ist, fällt der Term, welcher $n\,R$ enthält, aus der Gl. (4) heraus und der Strom $\underline{I}_1$ wird unabhängig von der Anzahl der Glühlampen:

$$\underline{I}_1 = \frac{\underline{U}}{\mathrm{j}\,\omega L}$$

Jede reale Spule besitzt einen Wicklungswiderstand R_L, an dem ein Spannungsfall $\underline{I}\,R_L$ entsteht. Bringt man diesen in die Gl. (1) ein, so lassen sich in der Gl. (4) nicht mehr sämtliche Terme eliminieren, die eine Abhängigkeit $\underline{I}_1\,(n\,R)$ hervorrufen. Die Schaltung funktioniert also nur bei Verwendung einer Spule mit vernachlässigbar kleinem Wicklungswiderstand.

2) Für $f = 50$ Hz ist $L = 101{,}3$ mH.

Lösung 5.9

1) Da der Effektivwert $I = U/Z$ des Stromes von der Schalterstellung unabhängig sein soll, muss der Scheinwiderstand Z der Schaltung sowohl bei geöffnetem als auch bei geschlossenem Schalter denselben Wert haben.

Bei geöffnetem Schalter hat die Eintorschaltung den komplexen Widerstand:

$$\underline{Z}_A = R_1 + \frac{1}{\mathrm{j}\,\omega C} = \frac{1 + \mathrm{j}\,\omega C R_1}{\mathrm{j}\,\omega C}$$

Dieser Widerstand hat den Betrag:

$$Z_A = \frac{\sqrt{1 + (\omega C R_1)^2}}{\omega C}$$

Ist der Schalter geschlossen, so liegt zum Widerstand R_1 die Parallelschaltung mit dem Leitwert

$$\underline{Y}_P = \frac{1}{R_2} + \mathrm{j}\omega C$$

in Reihe. Die gesamte Schaltung hat den Widerstand:

$$\underline{Z}_B = R_1 + \frac{1}{\underline{Y}_P}$$

Wir setzen in diese Gleichung den Leitwert $\underline{Y}_P$ ein und bringen den Ausdruck auf den Hauptnenner:

$$\underline{Z}_B = R_1 + \frac{R_2}{1 + \mathrm{j}\omega C R_2} = \frac{R_1 + R_2 + \mathrm{j}\,\omega C R_1 R_2}{1 + \mathrm{j}\omega C R_2}$$

Dieser Widerstand hat den Betrag:

$$Z_B = \frac{\sqrt{(R_1+R_2)^2+(\omega C R_1 R_2)^2}}{\sqrt{1+(\omega C R_2)^2}}$$

Der Effektivwert des Stromes bleibt unter folgender Bedingung unverändert:

$Z_A = Z_B$

Wir quadrieren diese Gleichung und setzen ein:

$$\frac{1+(\omega C R_1)^2}{(\omega C)^2} = \frac{(R_1+R_2)^2+(\omega C R_1 R_2)^2}{1+(\omega C R_2)^2}$$

Nach dem Ausmultiplizieren erhalten wir:

$(\omega C)^2 \cdot 2\, R_1\, R_2 = 1$

Damit berechnen wir den gesuchten Widerstand:

$$R_1 = \frac{1}{2 R_2 (\omega C)^2}$$

2) Für die gegebenen Werte von R_2 und C ergibt sich bei der Frequenz 50 Hz:

$R_1 = 5{,}07\ \mathrm{k\Omega}$

Lösung 5.10
1) Der komplexe Widerstand des kapazitiven Zweiges ist:

$$\underline{Z}_1 = R_1 - \mathrm{j}\,\frac{1}{\omega C} = 138{,}9\ \Omega\,\underline{/-44°}$$

Mit dem Leitwert

$$\underline{Y}_1 = \frac{1}{\underline{Z}_1} = 7{,}2\ \mathrm{mS}\,\underline{/44°} = 5{,}18\ \mathrm{mS} + \mathrm{j}\ 5\ \mathrm{mS}$$

berechnen wir den Strom, der bei geöffnetem Schalter fließt:

$\underline{I} = \underline{I}_1 = \underline{Y}_1\,\underline{U} = 0{,}72\ \mathrm{A}\,\underline{/44°}$

2) Der Effektivwert ist der Betrag des komplexen Stromes. Wenn er nach dem Schließen des Schalters doppelt so groß werden soll, muss der Scheinleitwert Y_{ges} doppelt so groß sein wie Y_1:

$Y_{ges} = 2\ Y_1 = 14{,}39\ \mathrm{mS}$

Da von dem komplexen Leitwert

$\underline{Y}_{ges} = G_2 + \underline{Y}_1 = G_2 + 5{,}18\ \mathrm{mS} + \mathrm{j}\ 5\ \mathrm{mS}$

der Winkel nicht bekannt ist, bilden wir die Beträge:

$$Y_{ges} = \sqrt{(G_2 + 5{,}18\ \mathrm{mS})^2 + (5\ \mathrm{mS})^2} = 14{,}39\ \mathrm{mS}$$

Hiermit berechnen wir $G_2 = 8{,}32\ \mathrm{mS}$; der erforderliche Widerstand ist also:

$R_2 = 1/G_2 = 120{,}2\ \Omega$

3) Zur Konstruktion des Zeigerdiagramms legen wir die Spannung $\underline{U}$ in die reelle Achse. Dann zeichnen wir den um 44° voreilenden Strom $\underline{I}_1$ und setzen an ihn in Phase mit $\underline{U}$ den Strom $\underline{I}_2$ an:

$\underline{I}_2 = G_2\,\underline{U} = 0{,}832\ \mathrm{A}\,\underline{/0°}$

Die Zeigersumme $\underline{I}_1 + \underline{I}_2$ ergibt den Zeiger $\underline{I}$.

Es folgen in Phase mit $\underline{I}_1$ die Spannung $\underline{U}_1$ und um 90° nacheilend $\underline{U}_C$; da die Summe dieser beiden Spannungen die Klemmenspannung $\underline{U}$ ergibt, liegt das Zeigerdiagramm fest.

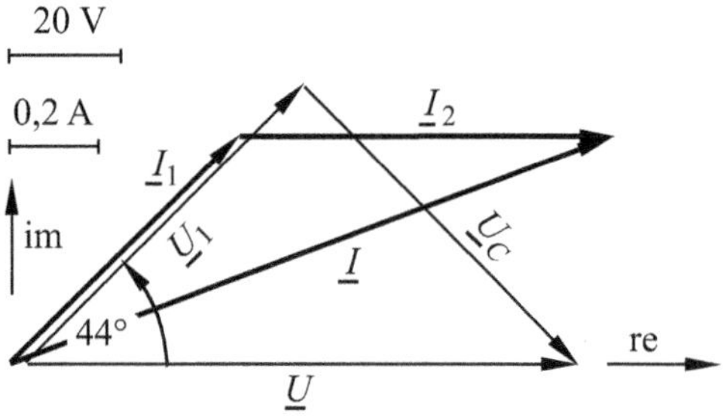

Lösung 5.11
1) Der Strom in der Reihenschaltung hat den Effektivwert:

$$I = \frac{U_M}{R_M} = 389\ \mathrm{mA}$$

Die Spannungen $\underline{U}_{\mathrm{M}}$ und $\underline{U}_R$ sind in Phase zum Strom $\underline{I}$, dem die Spannung $\underline{U}_C$ um 90° nacheilt.

Da die Spannungen $\underline{U}_R$ und $\underline{U}_C$ nicht gegeben sind, tragen wir die Spannungen $\underline{U}_{\mathrm{S}}$ und $\underline{U}$ so an $\underline{U}_{\mathrm{M}}$ an, dass die Maschengleichung

$$\underline{U}_{\mathrm{M}} + \underline{U}_{\mathrm{S}} - \underline{U} = 0$$

erfüllt ist. Hierzu schlagen wir um den Endpunkt von $\underline{U}_{\mathrm{M}}$ einen Kreisbogen mit dem Radius U_{S} und um den Anfangspunkt von $\underline{U}_{\mathrm{M}}$ einen Kreisbogen mit dem Radius U. Der Schnittpunkt der Kreisbögen ist der gesuchte Punkt des Zeigerdreiecks.

Anschließend tragen wir die Spannung $\underline{U}_R$ in Phase zu $\underline{I}$ so ein, dass sie und die Spannung $\underline{U}_C$ die Katheten des rechtwinkligen Dreiecks mit der Hypotenuse $\underline{U}_{\mathrm{S}}$ bilden.

2) In dem rechtwinkligen Dreieck mit der Hypotenuse $\underline{U}_{\mathrm{S}}$ und den Katheten $\underline{U}_R$ und $\underline{U}_C$ gilt für die Effektivwerte:

$$U_R^2 + U_C^2 = U_{\mathrm{S}}^2 \qquad (1)$$

In dem rechtwinkligen Dreieck mit der Hypotenuse $\underline{U}$ gilt für die Effektivwerte:

$$(U_R + U_{\mathrm{M}})^2 + U_C^2 = U^2$$

Von dieser Gleichung subtrahieren wir die Gl. (1):

$$2\,U_R\,U_{\mathrm{M}} + U_{\mathrm{M}}^2 = U^2 - U_{\mathrm{S}}^2$$

Damit berechnen wir die Spannung U_R:

$$U_R = \frac{U^2 - U_{\mathrm{S}}^2 - U_{\mathrm{M}}^2}{2\,U_{\mathrm{M}}} = 0{,}654\ \mathrm{V}$$

Die Spannung U_C berechnen wir mit der Gl. (1):

$$U_C = \sqrt{U_{\mathrm{S}}^2 - U_R^2} = 3{,}89\ \mathrm{V}$$

3) Die Größen der Ersatzschaltung sind:

$$R_{\mathrm{S}} = \frac{U_R}{I} = 1{,}682\ \Omega$$

$$C_{\mathrm{S}} = \frac{I}{\omega\,U_C} = 10{,}63\ \mu\mathrm{F}$$

4) Der Verlustfaktor d ist der Tangens des Verlustwinkels δ:

$$d = \tan\delta = \frac{U_R}{U_C} = 0{,}1684$$

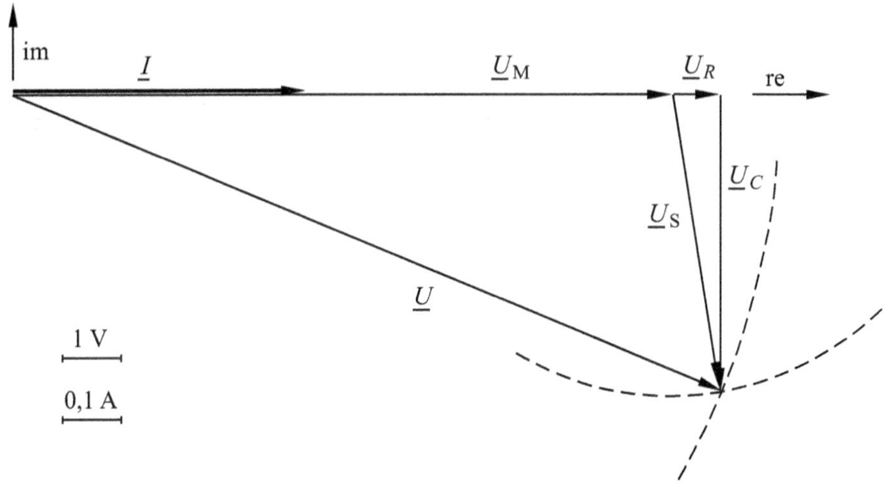

Lösung 5.12

1) Die komplexen Widerstände der beiden parallelen Zweige haben die gleichen Werte:

$$\underline{Z}_1 = \underline{Z}_2 = R_1 - \mathrm{j}\,\frac{1}{\omega C_1} = 200\,\Omega - \mathrm{j}\,318\,\Omega$$

Damit sind die beiden Zweigströme gleich:

$$\underline{I}_1 = \underline{I}_2 = \frac{\underline{U}}{\underline{Z}_1} = 0{,}266\ \mathrm{A}\,\underline{/57{,}9^\circ}$$

Ihre Summe ergibt den Gesamtstrom:

$$\underline{I} = \underline{I}_1 + \underline{I}_2 = 0{,}532\ \mathrm{A}\,\underline{/57{,}9^\circ}$$

Die Spannungen an den Widerständen haben gleiche Werte:

$$\underline{U}_{R1} = \underline{U}_{R2} = R_1\,\underline{I}_1 = 53{,}2\ \mathrm{V}\,\underline{/57{,}9^\circ}$$

Auch die Spannungen an den Kondensatoren haben gleiche Werte:

$$\underline{U}_{C1} = \underline{U}_{C2} = \frac{\underline{I}_1}{\mathrm{j}\omega C_1} = 84{,}7\ \mathrm{V}\,\underline{/-32{,}1^\circ}$$

Mit der Maschengleichung

$$\underline{U}_{R1} + \underline{U}_{\mathrm{AB}} - \underline{U}_{C2} = 0 \qquad (1)$$

berechnen wir die Spannung $\underline{U}_{\mathrm{AB}}$:

$$\underline{U}_{\mathrm{AB}} = \underline{U}_{C2} - \underline{U}_{R1} = 100\ \mathrm{V}\,\underline{/-64{,}3^\circ}$$

Im Zeigerdiagramm fügen wir die Spannungen so zusammen, dass die Gl. (1) und die aus einem weiteren Maschenumlauf gewonnene Gleichung

$$\underline{U}_{R2} - \underline{U}_{C1} + \underline{U}_{\mathrm{AB}} = 0$$

erfüllt sind. Die Spannung $\underline{U}_{\mathrm{AB}}$ liegt damit zwischen den Spitzen der Zeiger $\underline{U}_{R1}$ und $\underline{U}_{C2}$.

2) Wenn $\underline{U}_{\mathrm{AB}}$ der Spannung $\underline{U}$ um 90° nacheilt, bilden die vier Zweigspannungen ein Quadrat, in dem $\underline{U}$ eine Diagonale ist. Daher gilt:

$$U_{R1} = U_{R2} = U_{C1} = U_{C2} = \frac{U}{\sqrt{2}} = 70{,}7\ \mathrm{V}$$

Voraussetzung hierfür ist, dass die Widerstände die gleichen Werte haben wie die Beträge der Blindwiderstände:

$$R_1 = R_2 = 318\ \Omega$$

Da auch die Spannung $\underline{U}_{\mathrm{AB}}$ eine Diagonale im Zeigerquadrat ist, hat sie den Wert:

$$\underline{U}_{\mathrm{AB}} = 100\ \mathrm{V}\,\underline{/-90^\circ}$$

Die Ströme liegen in Phase mit $\underline{U}_{R1}$ bzw. $\underline{U}_{R2}$, sie eilen also der Spannung $\underline{U}$ um 45° vor und haben den Effektivwert:

$$I_1 = I_2 = \frac{U_{R1}}{R_1} = 0{,}222\ \mathrm{A}$$

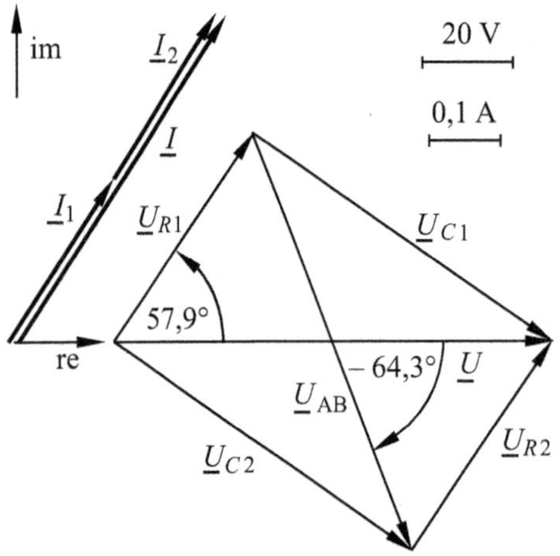

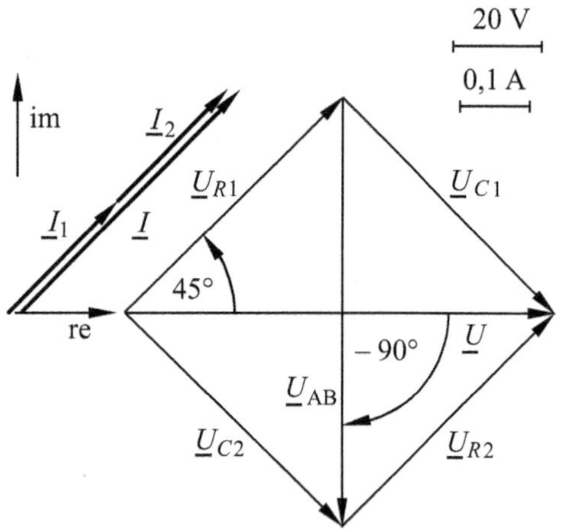

Lösung 5.13

Zunächst setzen wir die Maschengleichung an:

$$-\underline{U}_1 + \frac{\underline{I}}{\mathrm{j}\,\omega C_x} + \underline{U}_2 = 0 \qquad (1)$$

Danach fassen wir die Widerstände R_M und R_L zum Widerstand R_P zusammen; für dessen Kehrwert gilt:

$$G_P = \frac{1}{R_P} = \frac{1}{R_M} + \frac{1}{R_L}$$

Der Strom $\underline{I}$ ist die Summe der Teilströme, die durch die Widerstände R_P und R_x fließen:

$$\underline{I} = G_P\,\underline{U}_2 + G_x\,\underline{U}_2$$

Wir setzen diesen Strom in die Gl. (1) ein:

$$\frac{G_P + G_x}{\mathrm{j}\omega C_x}\,\underline{U}_2 + \underline{U}_2 = \underline{U}_1$$

Da von beiden Spannungen nur die Effektivwerte bekannt sind, bilden wir die Beträge:

$$U_2\sqrt{1 + \frac{(G_P + G_x)^2}{(\omega C_x)^2}} = U_1$$

Wir quadrieren diese Gleichung und lösen sie nach $(G_P + G_x)^2$ auf:

$$(G_P + G_x)^2 = (\omega C_x)^2\,\frac{U_1^2 - U_2^2}{U_2^2}$$

Nun bilden wir von jeder Gleichungsseite die Quadratwurzel und ordnen die unbekannten Größen auf der linken Gleichungsseite an:

$$\frac{\sqrt{U_1^2 - U_2^2}}{U_2}\,\omega C_x - G_x = G_P \qquad (2)$$

Dann berücksichtigen wir, dass zwei Messungen durchgeführt wurden:

- Bei der Messung mit geöffnetem Schalter ist $R_P = 100\,\mathrm{k\Omega}$ und damit $G_{P,a} = 10\,\mu\mathrm{S}$;
- bei der Messung mit geschlossenem Schalter ist dem Leitwert $G_{P,a}$ der Lastwiderstand parallel geschaltet und es ist $G_{P,b} = 1010\,\mu\mathrm{S}$.

Wir setzen diese Werte sowie die gemessenen Spannungen in die Gl. (2) ein und erhalten ein lineares Gleichungssystem:

$$0{,}461 \cdot \omega\,C_x - G_x = 10\,\mu\mathrm{S}$$

$$1{,}660 \cdot \omega\,C_x - G_x = 1010\,\mu\mathrm{S}$$

Das Gleichungssystem hat die Lösungen $\omega\,C_x = 834\,\mu\mathrm{S}$ und $G_x = 375\,\mu\mathrm{S}$. Damit berechnen wir:

$$R_x = 2{,}67\,\mathrm{k\Omega};\; C_x = 0{,}332\,\mu\mathrm{F}$$

Lösung 5.14

1) Mit den komplexen Widerständen

$$\underline{Z}_1 = R_1 + \mathrm{j}\omega L_1;\; \underline{Z}_2 = R_U + R_2 + \mathrm{j}\omega L_2$$

formulieren wir die Maschengleichung:

$$-\underline{U} + \underline{Z}_2\,\underline{I}_2 + \underline{Z}_1(\underline{I}_2 + \underline{I}_P) = 0$$

Wir eliminieren den Strom $\underline{I}_P$ mithilfe der Stromteilerregel und setzen dafür mit dem Leitwert $G_P = 1/R_P$ an:

$$\underline{I}_P = \underline{I}_2\,\frac{G_P}{\underline{Y}_2} = G_P\,\underline{Z}_2\,\underline{I}_2$$

Diese Gleichung setzen wir in die Maschengleichung ein:

$$(\underline{Z}_1 + \underline{Z}_2 + G_P\,\underline{Z}_1\,\underline{Z}_2)\,\underline{I}_2 = \underline{U}$$

Damit der Strom $\underline{I}_2$ gegen die Spannung $\underline{U}$ um 90° phasenverschoben ist, muss der Ausdruck in der Klammer imaginär sein, d. h. sein Realteil muss gleich null sein:

$$\mathrm{Re}\{\underline{Z}_1 + \underline{Z}_2 + G_P\,\underline{Z}_1\,\underline{Z}_2\} = 0$$

Wir setzen die komplexen Widerstände $\underline{Z}_1$ und $\underline{Z}_2$ ein, multiplizieren aus und bilden den Realteil:

$$R_1 + R_U + R_2 + G_P\left[R_1(R_U + R_2) - \omega^2 L_1 L_2\right] = 0$$

Diese Gleichung lösen wir nach G_P auf:

$$G_P = \frac{R_1 + R_U + R_2}{\omega^2 L_1 L_2 - R_1(R_U + R_2)}$$

Der gesuchte Widerstand R_P ist der Kehrwert dieses Leitwerts:

$$R_P = \frac{\omega^2 L_1 L_2 - R_1(R_U + R_2)}{R_1 + R_U + R_2}$$

2) Mit $\omega = 2\,\pi\,f = 314\ \text{s}^{-1}$ berechnen wir:

$R_P = 566\ \Omega$

3) Für das Zeigerdiagramm berechnen wir mit der Spannung

$\underline{U}_P = R_P\,\underline{I}_P = 56{,}6\ \text{V}\underline{/0°}$

und dem Widerstand $\underline{Z}_2 = 1100\ \Omega + \text{j}\ 691\ \Omega$ den Strom $\underline{I}_2$:

$$\underline{I}_2 = \frac{\underline{U}_P}{\underline{Z}_2} = 43{,}5\ \text{mA}\underline{/-32{,}1°}$$

Mit dem Strom

$\underline{I}_1 = \underline{I}_P + \underline{I}_2 = 138{,}8\ \text{mA}\underline{/-9{,}6°}$

und dem Widerstand

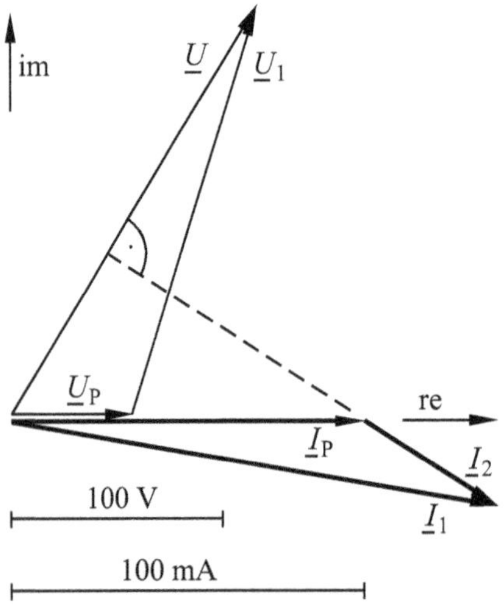

$\underline{Z}_1 = 200\ \Omega + \text{j}\ 1382\ \Omega = 1397\ \Omega\underline{/81{,}8°}$

berechnen wir die Spannung $\underline{U}_1$:

$\underline{U}_1 = \underline{Z}_1\,\underline{I}_1 = 193{,}9\ \text{V}\underline{/72{,}2°}$

Damit erhalten wir die Spannung $\underline{U}$:

$\underline{U} = \underline{U}_1 + \underline{U}_P = 218\ \text{V}\underline{/57{,}9°}$

Das Diagramm zeigt, dass der Strom $\underline{I}_2$ der Spannung $\underline{U}$ um 90° nacheilt.

Lösung 5.15
Wir gehen von der Scheinleistung der Motoren aus:

$S_1 = U\,I_1 = 437\ \text{VA}$; $S_2 = U\,I_2 = 690\ \text{VA}$

Damit berechnen wir die Leistungsfaktoren:

$$\cos\varphi_1 = \frac{P_1}{S_1} = 0{,}915; \quad \cos\varphi_2 = \frac{P_2}{S_2} = 0{,}58$$

Da Motoren induktiv wirkende Verbraucher sind, eilt der Strom der Spannung nach. Der Phasenverschiebungswinkel der Spannung gegen den Strom ist bei den Motoren positiv:

$\varphi_1 = \varphi_u - \varphi_{i1} = \arccos 0{,}915 = 23{,}7°$

$\varphi_2 = \varphi_u - \varphi_{i2} = \arccos 0{,}58 = 54{,}6°$

Wir wählen für die Spannung $\underline{U}$ zweckmäßig den Nullphasenwinkel $\varphi_u = 0$:

$\underline{U} = 230\ \text{V}\underline{/0°}$

Die Nullphasenwinkel der Ströme sind:

$\varphi_{i1} = \varphi_u - \varphi_1 = -23{,}7°$;

$\varphi_{i2} = \varphi_u - \varphi_2 = -54{,}6°$

Damit setzen wir die komplexen Ströme an:

$\underline{I}_1 = 1{,}9\ \text{A}\underline{/-23{,}7°}$; $\underline{I}_2 = 3{,}0\ \text{A}\underline{/-54{,}6°}$

Der Strom $\underline{I}$ ist die Summe der Teilströme:

$\underline{I} = \underline{I}_1 + \underline{I}_2 = 4{,}73\ \text{A}\underline{/-42{,}7°}$

Zur Berechnung der Leistungen bestimmen wir die komplexe Leistung:

$$\underline{S} = \underline{U}\,\underline{I}^* = P + \mathrm{j}\,Q = 230\ \mathrm{V}\underline{/0°} \cdot 4{,}73\ \mathrm{A}\underline{/42{,}7°}$$

$$\underline{S} = 1089\ \mathrm{VA}\underline{/42{,}7°} = 800\ \mathrm{W} + \mathrm{j}\ 738\ \mathrm{var}$$

Die Scheinleistung $S = 1089$ VA ist der Betrag der komplexen Leistung. Die Wirkleistung $P = 800$ W ist der Realteil und die Blindleistung $Q = 738$ var der Imaginärteil der komplexen Leistung. Da die Blindleistung positiv ist, handelt es sich um induktive Blindleistung.

2) Zur Kompensation der induktiven Blindleistung wird der Motorengruppe ein Kondensator parallel geschaltet.

Bei vollständiger Kompensation auf $\cos\varphi_1 = 1$ ist eine kapazitive Blindleistung aufzubringen, die den gleichen Betrag wie die induktive hat:

$$Q_{C1} = -\,Q_L = -738\ \mathrm{var}$$

Wir berechnen damit den erforderlichen Kapazitätswert:

$$C_1 = -\,\frac{Q_{C1}}{\omega U^2} = 44{,}4\ \mu\mathrm{F}$$

Die induktive Blindleistung der kompensierten Verbrauchergruppe ist hier $Q_{L1} = 0$, und die Scheinleistung S_1 hat den gleichen Zahlenwert wie die Wirkleistung.

Wir betrachten nun die auf $\cos\varphi_2 = 0{,}95$ teilkompensierte Verbrauchergruppe und berechnen zunächst die hierbei verbleibende induktive Blindleistung Q_{L2}. Die Wirkleistung P ist in jedem Kompensationsfall gleich und es gilt:

$$Q_{L2} = S_2 \sin\varphi_2\ ;\ \ P = S_2 \cos\varphi_2$$

Wir bilden den Quotienten dieser Gleichungen und erhalten:

$$Q_{L2} = P\,\frac{\sin\varphi_2}{\cos\varphi_2} = P \cdot \tan\varphi_2 = 263\ \mathrm{var}$$

Zu kompensieren ist die Differenz:

$$Q_{C2} = -\,(\,Q_L - Q_{L2}\,) = -\,475\ \mathrm{var}$$

Hierzu berechnen wir wie oben die Kapazität:

$$C_2 = -\,\frac{Q_{C2}}{\omega U^2} = 28{,}6\ \mu\mathrm{F}$$

Abschließend zeichnen wir die Zeigerdiagramme.

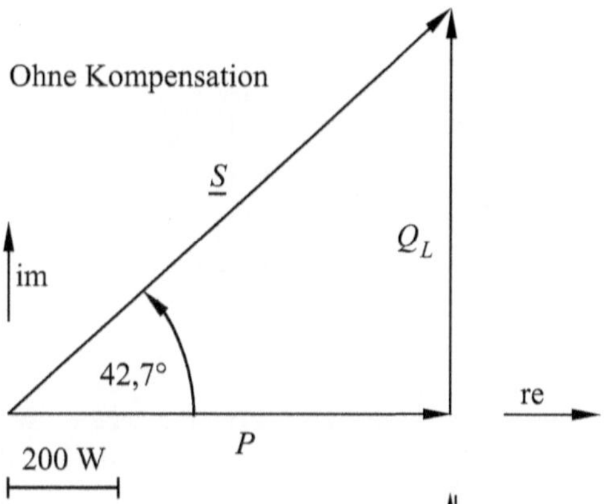

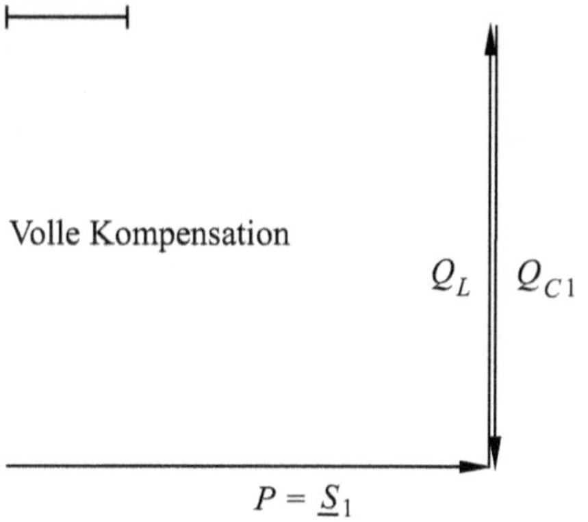

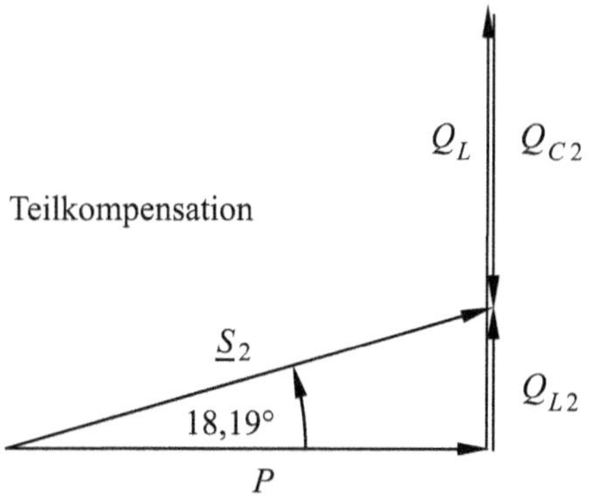

6 Netze an Sinusspannung variabler Frequenz

Aufgabe 6.1

Die abgebildete Widerstands-Ortskurve $\underline{Z}(\mathrm{j}\,\omega)$ ist ein Halbkreis. Sie soll durch eine möglichst einfache Schaltung aus Grundeintoren realisiert werden. Skizzieren Sie diese Schaltung und berechnen Sie die Werte der Eintore.

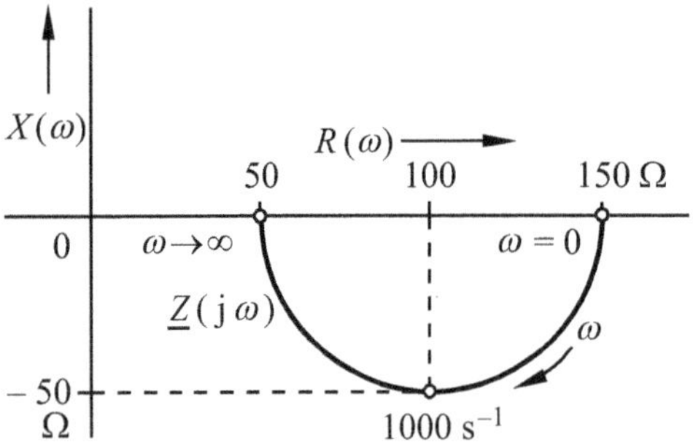

Aufgabe 6.2

Dimensionieren Sie die Schaltung so, dass ihr Widerstand bei drei Frequenzen reell wird und die folgenden Werte annimmt:

$\underline{Z}_1 = R_1 = 10\ \Omega$ für $f_1 = 0$;

$\underline{Z}_2 = R_2 = 100\ \Omega$ für $f_2 \to \infty$;

$\underline{Z}_3 = R_3 = 5\ \Omega$ für $f_3 = 1$ kHz.

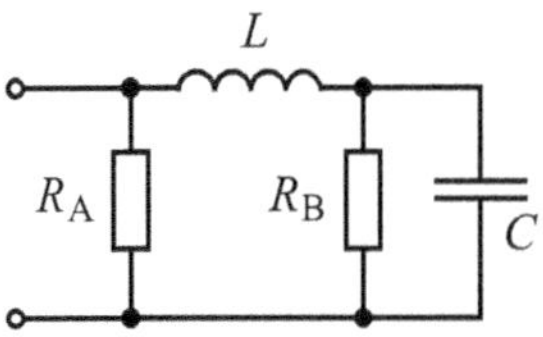

Aufgabe 6.3

1) Zeichnen Sie für die beiden parallelen Zweige der Schaltung die Ortskurven der komplexen Widerstände $\underline{Z}_1(\mathrm{j}\,\omega)$ und $\underline{Z}_2(\mathrm{j}\,\omega)$.

2) Bestimmen Sie durch Inversion die Ortskurven der Leitwerte $\underline{Y}_1(\mathrm{j}\,\omega)$ und $\underline{Y}_2(\mathrm{j}\,\omega)$.

3) Berechnen Sie in allgemeiner Form den Leitwert $\underline{Y}$ der Schaltung.

4) Berechnen Sie in allgemeiner Form die Resonanz-Kreisfrequenz ω_r.

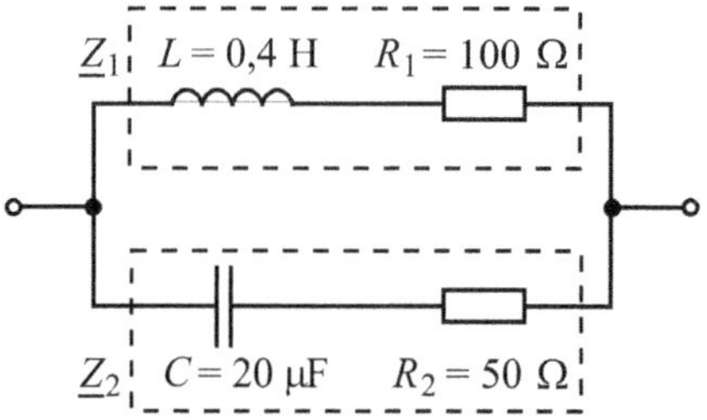

5) Berechnen Sie mit den gegebenen Größen die Kreisfrequenz ω_r und den Leitwert $\underline{Y}(\mathrm{j}\,\omega_\mathrm{r})$.

6) Skizzieren Sie den prinzipiellen Verlauf der Ortskurve für den Gesamtleitwert $\underline{Y}(\mathrm{j}\,\omega)$ der Schaltung.

Aufgabe 6.4

1) Berechnen Sie den Spannungsübertragungsfaktor $\underline{T}(\mathrm{j}\,\omega) = \underline{U}_2(\mathrm{j}\,\omega)/\underline{U}_1(\mathrm{j}\,\omega)$ des Zweitors als Funktion der Kreisfrequenz ω.

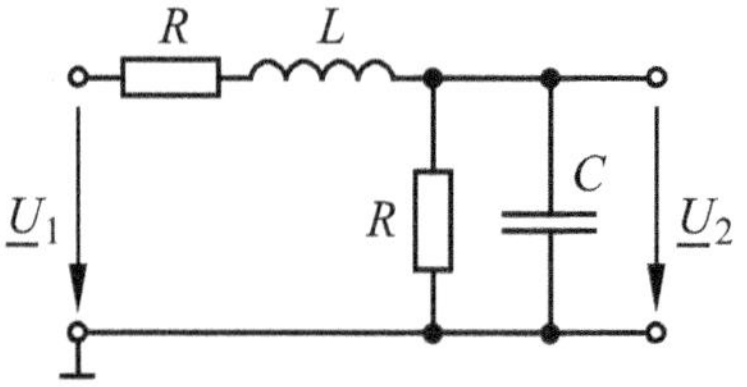

2) Bei welcher Frequenz eilt die Spannung $\underline{U}_2$ der Spannung $\underline{U}_1$ um 90° nach?

Aufgabe 6.5

1) Welches Filterverhalten hat die Schaltung?

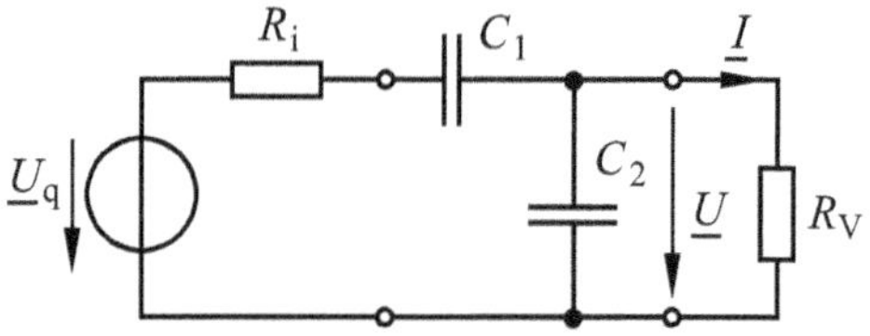

2) Bestimmen Sie den Spannungs-Übertragungsfaktor $\underline{T}_u(\mathrm{j}\,\omega) = \underline{U}/\underline{U}_\mathrm{q}$ für $R_\mathrm{i} = R_\mathrm{V} = 50\ \Omega$ sowie $C_1 = C_2 = 15$ nF und zeichnen Sie das BODE-Diagramm.

3) Berechnen Sie die maximale Wirkleistung am Verbraucher für $U_q = 1$ V sowie die 3-dB-Grenzfrequenz(en).

Aufgabe 6.6

1) Untersuchen Sie grob das Filterverhalten der Schaltung, indem Sie die Spannung $\underline{U}_2$ für $\omega = 0$ und für $\omega \to \infty$ bestimmen.

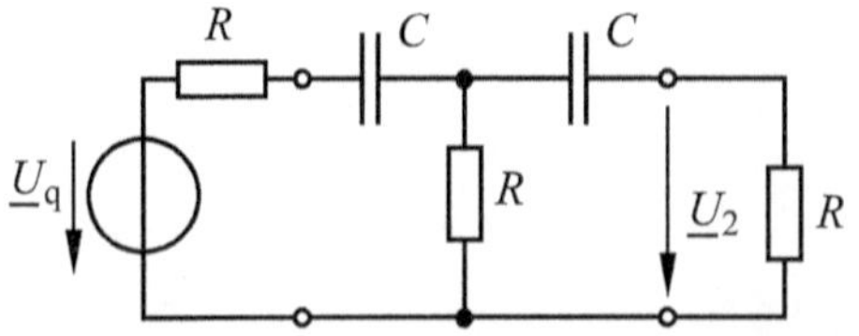

2) Berechnen Sie den Übertragungsfaktor $\underline{T}_u(\mathrm{j}\omega) = \underline{U}_2 / \underline{U}_q$ der Schaltung. Bei welchen Frequenzen nimmt der Übertragungsfaktor ein Maximum an?

3) Stellen Sie den Übertragungsfaktor für die Werte $R = 1$ kΩ; $C = 1$ nF im BODE-Diagramm dar.

4) Bei welcher Kreisfrequenz ist (für die genannten Werte der Grundeintore) der Betrag des Übertragungsfaktors um 3 dB kleiner als der Maximalwert?

Aufgabe 6.7

Die unbelastete Schaltung wird an einer idealen Sinusquelle betrieben.

Gegeben sind:
$C = 10$ nF; $R_1 = 10$ kΩ; $R_2 = 10$ kΩ; $R_3 = 160$ kΩ

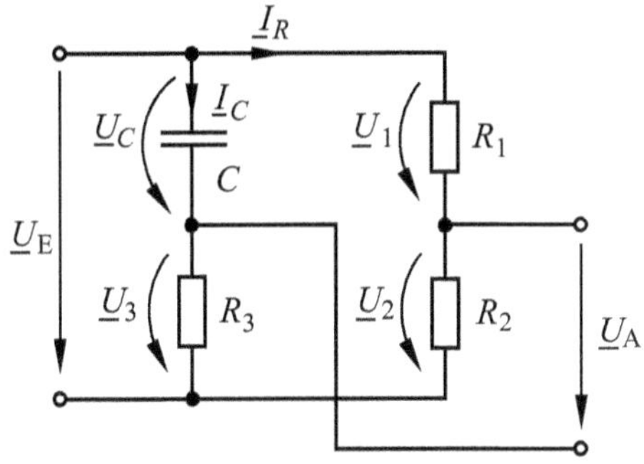

1) Skizzieren Sie für die Spannungen der Schaltung ein Zeigerdiagramm.

2) Beschreiben Sie den Übertragungsfaktor $\underline{T}(\mathrm{j}\omega) = \underline{U}_A(\mathrm{j}\omega) / \underline{U}_E(\mathrm{j}\omega)$ mit seiner Ortskurve.

3) Stellen Sie den Betrag und den Winkel des Übertragungsfaktors im BODE-Diagramm dar.

Aufgabe 6.8

1) Berechnen Sie den Spannungsübertragungsfaktor $\underline{T}_u(\mathrm{j}\omega) = \underline{U}_2(\mathrm{j}\omega) / \underline{U}_1(\mathrm{j}\omega)$ des belasteten **Doppel-T-Filters**.

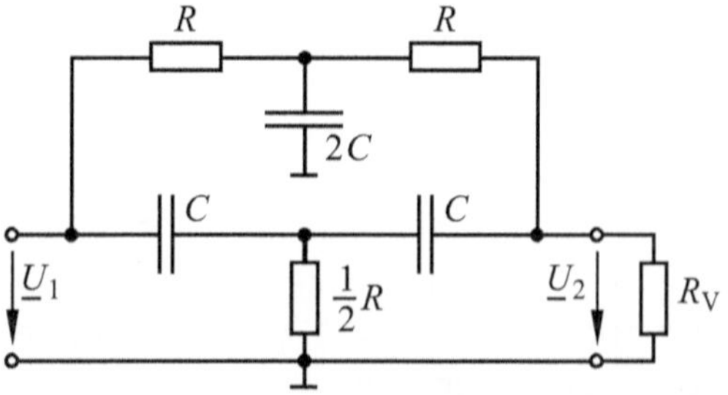

2) Bei welchen Frequenzen nimmt der Betrag T des unbelasteten Filters einen Extremwert an? Berechnen Sie die 3-dB-Grenzfrequenzen und tragen Sie Betrag und Winkel des Spannungsübertragungsfaktors über der bezogenen Frequenz auf.

Aufgabe 6.9

Der Reihenschwingkreis aus L, C und R_V wird an einer linearen Sinusquelle mit dem Innenwiderstand $R_i = 600$ Ω betrieben.

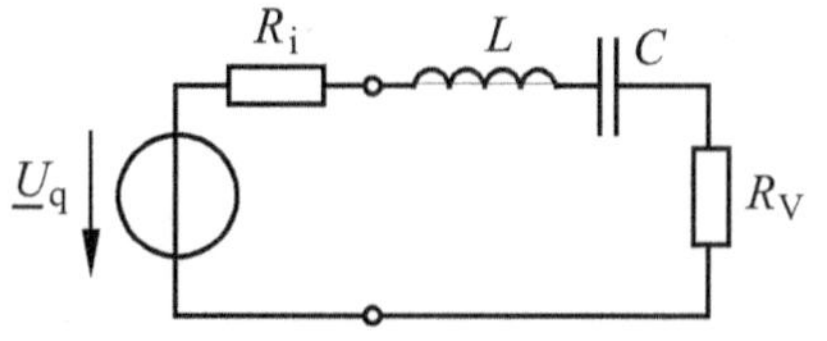

1) Dimensionieren Sie den Widerstand R_V so, dass bei der Resonanzfrequenz Anpassung vorliegt.

2) Bei den Frequenzen $f_1 = 1$ kHz und $f_2 = 16$ kHz soll die in R_V umgesetzte Wirkleistung um 20 dB kleiner als die maximale Wirkleistung sein. Bestimmen Sie die Resonanzfrequenz sowie die Werte der Grundeintore L und C.

3) Bestimmen Sie die Frequenzen f_L und f_C, bei denen die Spannungen an L bzw. C ihren Maximalwert annehmen. Wie groß ist dieser, wenn die Quellenspannung den Effektivwert 15 V aufweist?

4) Wie groß sind die 3-dB-Grenzfrequenzen der Schaltung?

Aufgabe 6.10

1) Berechnen Sie den Spannungsübertragungsfaktor $\underline{T} = \underline{U}_2 / \underline{U}_1$ des Zweitors als Funktion der bezogenen Frequenz Ω, welche der Quotient aus der Kreisfrequenz ω und der Bezugs-Kreisfrequenz $\omega_{bez} = 1/(C\,R)$ ist.

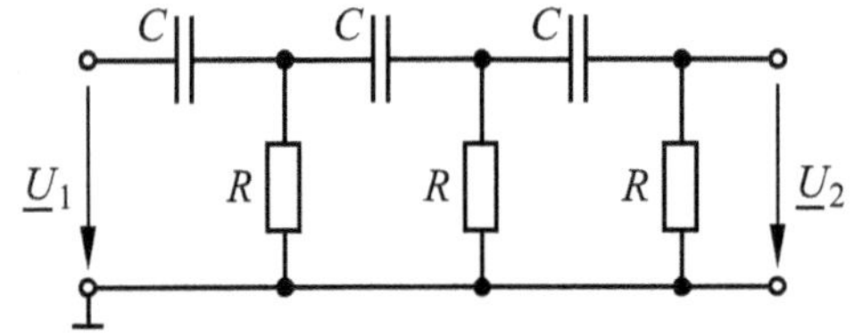

2) Bei welcher Frequenz ist die Spannung $\underline{U}_2$ mit der Spannung $\underline{U}_1$ in Phase?

3) Bei welcher Frequenz ist die Spannung $\underline{U}_2$ gegen die Spannung $\underline{U}_1$ um 90° phasenverschoben?

Aufgabe 6.11

Für die Schaltung sind folgende Größen gegeben:

$\underline{I}_q = 4\ \text{mA}\,\underline{/0°}$; $G_i = 13{,}33$ mS;

$C = 100$ pF; $L = 25{,}3$ nH; $R_V = 150\ \Omega$.

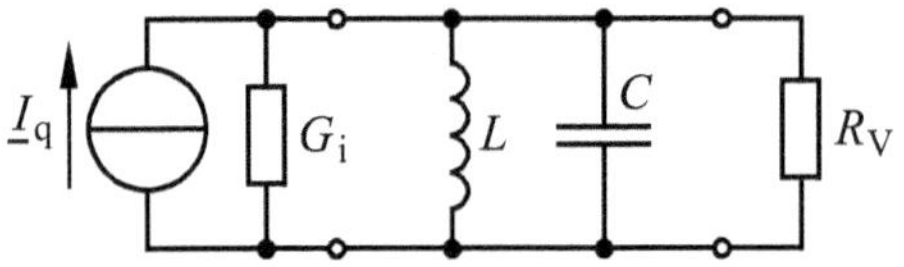

1) Bei welcher Frequenz wird dem Widerstand R_V die maximale Leistung P_{Vmax} zugeführt?

2) Geben Sie die maximale Leistung P_{Vmax} in dB an und verwenden Sie die Bezugsleistung 1 mW.

3) Berechnen Sie die 3-dB-Grenzfrequenzen.

Aufgabe 6.12

1) Der Widerstand R_i soll gleich dem Ersatzwiderstand R_{e1} sein, den das mit R_V belastete **Polynomfilter** bei Resonanz am Tor 1 aufweist. Gegeben sind: $R_V = 50\ \Omega$; $C = 240$ pF; $L = 900$ nH

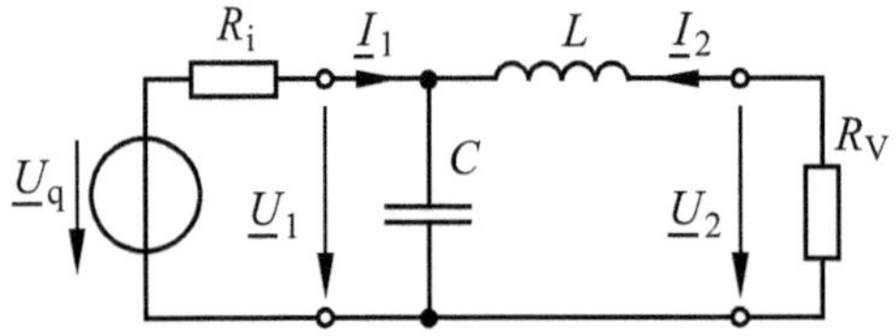

2) Stellen Sie den Übertragungsfaktor $\underline{T}(\mathrm{j}\,\omega) = \underline{U}_2 / \underline{U}_q$ allgemein als Funktion der normierten Kreisfrequenz $\Omega = \omega / \omega_{bez}$ dar und wählen Sie die Bezugs-Kreisfrequenz $\omega_{bez} = 1/C R_i$.

3) Berechnen Sie die Frequenz, bei welcher der Übertragungsfaktor ein Maximum aufweist, und den Wert T_{max} dieses Maximums.

4) Berechnen Sie die 3-dB-Grenzfrequenz.

Aufgabe 6.13

Der Transistor wird um den Arbeitspunkt mit Sinusspannung kleiner Amplitude ausgesteuert.

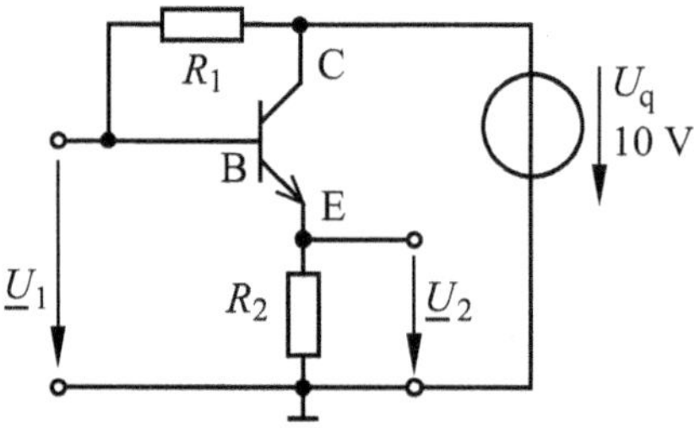

In diesem Fall kann der Transistor für die Schaltungsberechnung durch ein lineares Modell ersetzt werden.

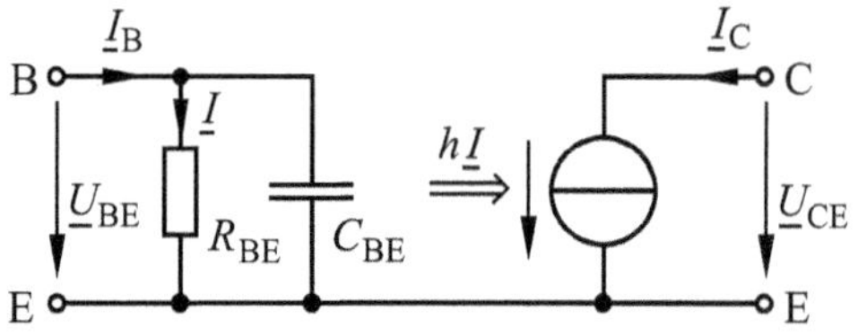

1) Bestimmen Sie in allgemeiner Form den Wechselstrom-Eingangswiderstand $\underline{Z}_{e1}$.

2) Berechnen Sie den Widerstand $\underline{Z}_{e1}$ für die Frequenzen $f \to 0$ und 10 MHz.

Gegeben sind: $R_1 = 50\ \text{k}\Omega$; $R_2 = 250\ \Omega$; $R_{BE} = 11\ \Omega$; $h = 220$; $C_{BE} = 600$ pF.

Aufgabe 6.14

1) In der Schaltung eines *RC*-Verstärkers ist der Transistor bereits durch ein lineares Modell für tiefe Frequenzen ersetzt worden.

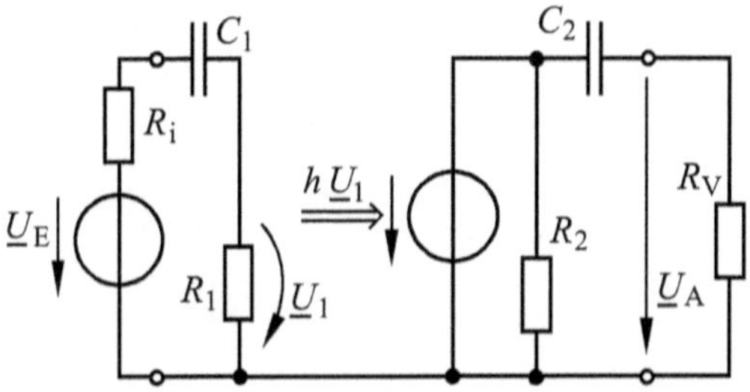

1) Berechnen Sie den Spannungsübertragungsfaktor $\underline{T}(\mathrm{j}\,\omega) = \underline{U}_A(\mathrm{j}\,\omega)/\underline{U}_E(\mathrm{j}\,\omega)$ in allgemeiner Form; bilden Sie mit seinem Extremwert T_{ext} den bezogenen Übertragungsfaktor $\underline{t} = \underline{T}/T_{ext}$.

2) Welches Filterverhalten hat die Schaltung?

3) Dimensionieren Sie die Eintore C_1 und C_2 so, dass sie die 3-dB-Grenzfrequenz f_g = 15 Hz im gleichen Maß bestimmen. Gegeben sind: R_i = 1,5 kΩ; $R_1 = R_2$ = 2,2 kΩ; R_V = 2 kΩ.

Aufgabe 6.15

Zwischen einer Klemme von Ein- und Ausgang des Zweitors liegt das Eintor mit dem komplexen Widerstand $\underline{Z}_3$; die beiden anderen Klemmen von Ein- und Ausgang sind miteinander verbunden.

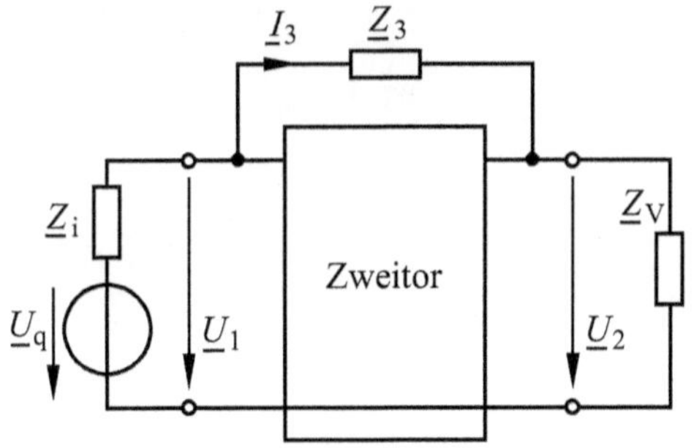

Anstelle des Eintors mit dem Widerstand $\underline{Z}_3$ sind in der folgenden Schaltung zwei Eintore mit den Widerständen $\underline{Z}_1$ und $\underline{Z}_2$ vorhanden.

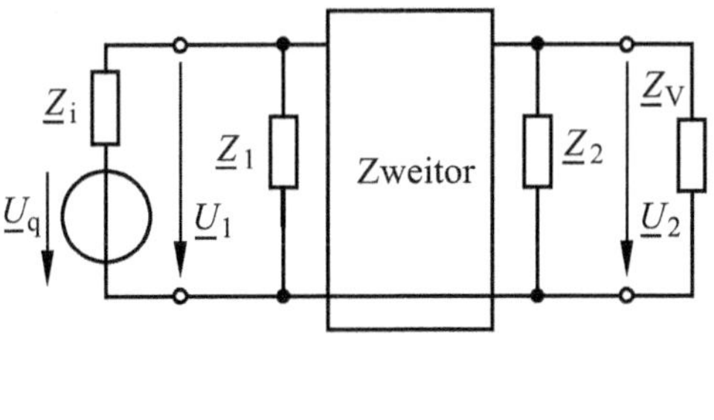

In beiden Schaltungen sind die Quelle ($\underline{U}_q$; $\underline{Z}_i$), das Zweitor und der Verbraucher $\underline{Z}_V$ gleich.

Dimensionieren Sie die Eintore $\underline{Z}_1$ und $\underline{Z}_2$ mithilfe des als bekannt angenommenen Spannungsübertragungsfaktors $\underline{T} = \underline{U}_2/\underline{U}_1$ so, dass die beiden Netze äquivalent sind.

Aufgabe 6.16

Bei der Wechselstrom-Ersatzschaltung für hohe Frequenzen eines RC-Verstärkers in Emitterschaltung wird zunächst lediglich die Basis-Emitter-Kapazität C_{BE} berücksichtigt.

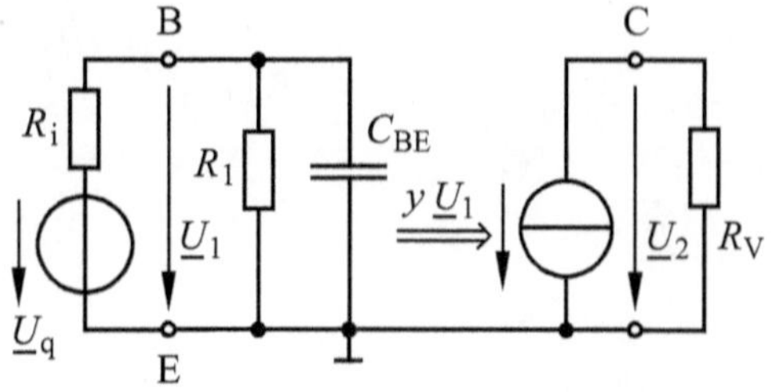

1) Berechnen Sie den Spannungsübertragungsfaktor $\underline{T}(\mathrm{j}\,\omega) = \underline{U}_A(\mathrm{j}\,\omega)/\underline{U}_E(\mathrm{j}\,\omega)$ allgemein. Welches Filterverhalten liegt vor und welche 3-dB-Grenzfrequenz weist die Schaltung auf?

2) Berechnen Sie die 3-dB-Grenzfrequenz für: R_i = 1,5 kΩ; R_1 = 2,2 kΩ; C_{BE} = 75 pF; y = 60 mS; R_V = 1050 Ω.

3) Die Basis-Kollektor-Kapazität des Transistors soll berücksichtigt werden. Bestimmen Sie für C_{BC} = 1,5 pF wie in der Aufgabe 6.15 das äquivalente Netzwerk mit zwei Ersatzeintoren.

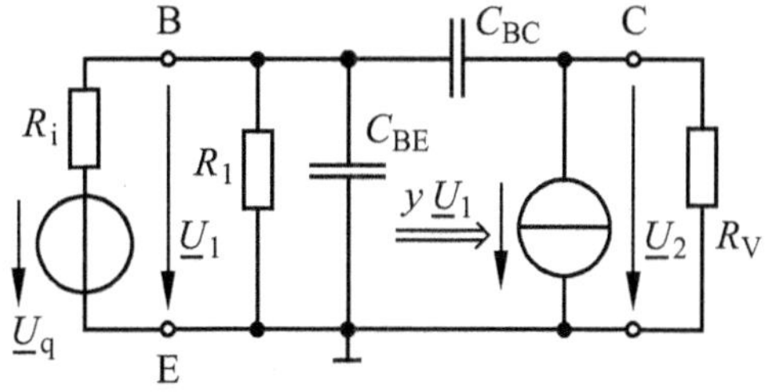

4) Welche 3-dB-Grenzfrequenz weist diese Schaltung auf?

Lösung 6.1

Wir verschieben die gegebene Ortskurve $\underline{Z}(\mathrm{j}\,\omega)$ so weit nach links, bis sie im Punkt $\omega \to \infty$ den Ursprung berührt.

Diese neue Ortskurve $\underline{Z}_\mathrm{p}(\mathrm{j}\,\omega)$ entsteht aus der Inversion einer Leitwert-Ortskurve $\underline{Y}_\mathrm{p}(\mathrm{j}\,\omega)$, die eine Halbgerade im 1. Quadranten ist.

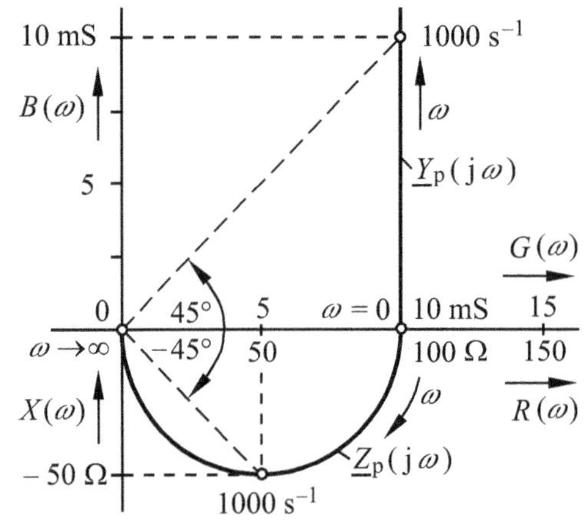

Die Ortskurve $\underline{Y}_\mathrm{p}(\mathrm{j}\,\omega)$ gehört zu der Parallelschaltung eines kapazitiven und eines OHMschen Grundeintors:

$$\underline{Y}_\mathrm{p} = G + \mathrm{j}\,\omega C$$

Bei der Kreisfrequenz $\omega = 1000\ \mathrm{s}^{-1}$ sind der Realteil und der Imaginärteil des komplexen Leitwerts $\underline{Y}_\mathrm{p}$ gleich groß und wir lesen ab:

$$G = B = \omega C = 10\ \mathrm{mS}$$

Damit ergibt sich:

$$C = \frac{B}{\omega} = 10\ \mu\mathrm{F}$$

Weil die gegebene Ortskurve $\underline{Z}(\mathrm{j}\,\omega)$ auf der reellen Achse um 50 Ω verschoben ist, ist zu dieser Parallelschaltung ein Grundeintor $R_\mathrm{vor} = 50\ \Omega$ in Reihe geschaltet.

Hiermit zeichnen wir die zur Ortskurve $\underline{Z}(\mathrm{j}\,\omega)$ gehörende Schaltung.

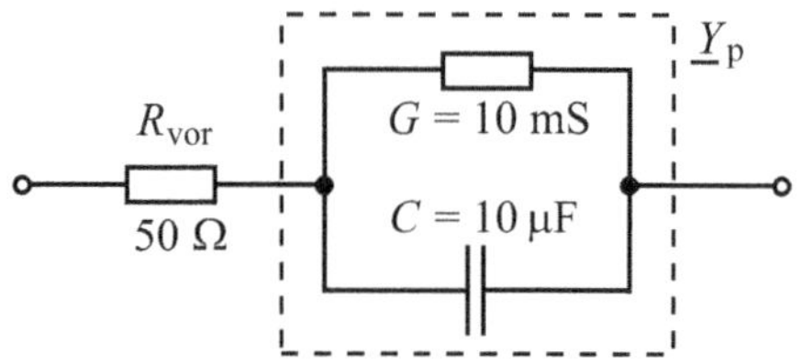

Lösung 6.2

Bei der Frequenz $f_1 = 0$ wirkt das Grundeintor L wie ein Kurzschluss und das Grundeintor C wie eine Unterbrechung. Wir setzen für die Parallelschaltung aus R_A und R_B an:

$$G_1 = G_\mathrm{A} + G_\mathrm{B} \tag{1}$$

Bei der Frequenz $f_2 \to \infty$ wirkt das Grundeintor L wie eine Unterbrechung und es ist $R_2 = R_\mathrm{A}$. Wir setzen den Widerstand

$$R_\mathrm{A} = R_2 = 100\ \Omega$$

in die Gl. (1) ein und berechnen:

$$G_\mathrm{B} = G_1 - G_\mathrm{A} = 0{,}09\ \mathrm{S}\ ;\ \ R_\mathrm{B} = 11{,}11\ \Omega$$

Die Frequenz f_3 ist die Resonanzfrequenz des Eintors. Bei dieser Frequenz hat der Schaltungsteil, der aus L, R_B und C besteht, den reellen Widerstand R_S. Wir setzen für die Parallelschaltung aus R_A und R_S an:

$$G_3 = G_\mathrm{A} + G_\mathrm{S} \tag{2}$$

Damit berechnen wir:

$$G_\mathrm{S} = G_3 - G_\mathrm{A} = 0{,}19\ \mathrm{S}\ ;\ \ R_\mathrm{S} = 5{,}26\ \Omega$$

Der Schaltungsteil, der aus L, R_B und C besteht, hat bei der Frequenz f_3 den komplexen Widerstand $\underline{Z}_\mathrm{S}$:

$$\underline{Z}_\mathrm{S} = R_\mathrm{S} + \mathrm{j}X_\mathrm{S} = \mathrm{j}\omega_3 L + \frac{1}{G_\mathrm{B} + \mathrm{j}\omega_3 C} \tag{3}$$

Wir bilden zunächst den Realteil:

$$R_\mathrm{S} = \frac{G_\mathrm{B}}{G_\mathrm{B}^2 + (\omega_3 C)^2}$$

Mit dieser Gleichung berechnen wir:

$$C = \frac{1}{\omega_3} \cdot \sqrt{G_B G_S - G_B^2} = 15{,}1\ \mu F$$

Der Imaginärteil des komplexen Widerstandes $\underline{Z}_S$ hat bei der Resonanzfrequenz f_3 den Wert $X_S = 0$.

Nun bilden wir den Imaginärteil der Gl. (3):

$$X_S = \omega_3 L - \frac{\omega_3 C}{G_B^2 + (\omega_3 C)^2}$$

Mit dieser Gleichung berechnen wir:

$$L = \frac{C}{G_B^2 + (\omega_3 C)^2} = 883\ \mu H$$

Lösung 6.3

1) Der komplexe Widerstand des induktiven Zweiges ist die Summe der Widerstände der beiden Grundeintore:

$$\underline{Z}_1 = R_1 + j\,\omega L = 100\ \Omega + j\,\omega L$$

Der komplexe Widerstand des kapazitiven Zweiges ist:

$$\underline{Z}_2 = R_2 - j\,\frac{1}{\omega C} = 50\ \Omega - j\,\frac{1}{\omega C}$$

Hiermit zeichnen wir die Ortskurven im Widerstandsdiagramm: Die Ortskurve des induktiven Zweiges ist eine positive Halbgerade parallel zur imaginären Achse mit dem Fußpunkt 100 Ω, die des kapazitiven Zweiges eine negative Halbgerade mit dem Fußpunkt 50 Ω.

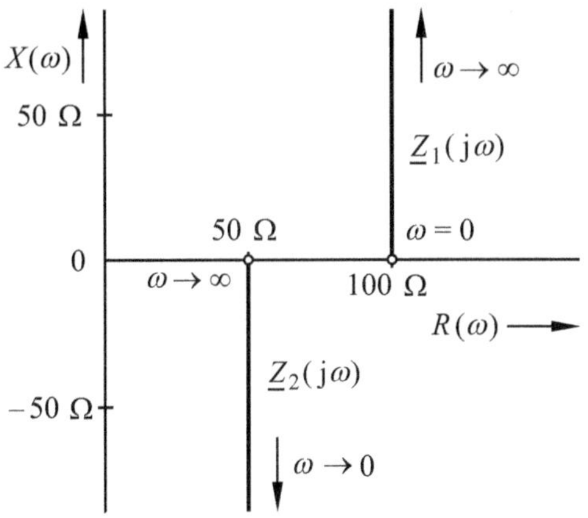

2) Durch Inversion ermitteln wir die Leitwertortskurven. Beide sind Halbkreise mit dem Mittelpunkt auf der reellen Achse.

Die unendlich fernen Punkte der Halbgeraden werden jeweils auf den Nullpunkt abgebildet; ihre Fußpunkte werden auf folgende Achsenpunkte abgebildet:

$$G_1 = \frac{1}{100\ \Omega} = 10\ mS$$

$$G_2 = \frac{1}{50\ \Omega} = 20\ mS$$

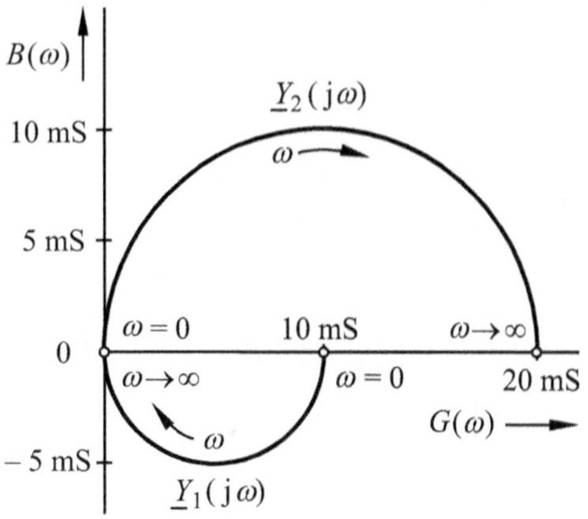

3) Der Gesamtleitwert ist die Summe der Teilleitwerte:

$$\underline{Y} = \underline{Y}_1 + \underline{Y}_2 = \frac{1}{R_1 + j\omega L} + \frac{1}{R_2 - j\,\frac{1}{\omega C}} \qquad (1)$$

4) Bei der Resonanzkreisfrequenz wird der Leitwert $\underline{Y}$ reell. Um sie zu berechnen, spalten wir die Gl. (1) in Realteil und Imaginärteil auf. Die Nenner werden reell, wenn wir jeden Bruch mit dem konjugiert komplexen Nenner erweitern:

$$\underline{Y} = \frac{R_1 - j\omega L}{R_1^2 + (\omega L)^2} + \frac{R_2 + j\,\frac{1}{\omega C}}{R_2^2 + \frac{1}{(\omega C)^2}}$$

Die Aufspaltung in Real- und Imaginärteil ergibt:

$$\mathrm{Re}\{\underline{Y}\} = \frac{R_1}{R_1^2 + (\omega L)^2} + \frac{R_2}{R_2^2 + \dfrac{1}{(\omega C)^2}} \tag{2}$$

$$\mathrm{Im}\{\underline{Y}\} = \frac{\dfrac{1}{\omega C}}{R_2^2 + \dfrac{1}{(\omega C)^2}} - \frac{\omega L}{R_1^2 + (\omega L)^2} \tag{3}$$

Bei Resonanz ist $\mathrm{Im}\{\underline{Y}\} = 0$. Wir setzen diese Gleichung in die Gl. (3) ein, lösen nach ω auf und erhalten so die Resonanzkreisfrequenz:

$$\omega_\mathrm{r} = \sqrt{\frac{L - CR_1^2}{CL^2 - C^2LR_2^2}} \tag{4}$$

5) Wir setzen die gegebenen Größen in die Gl. (4) ein und berechnen:

$\omega_\mathrm{r} = 267\ \mathrm{s}^{-1}$

Diese Kreisfrequenz setzen wir in die Gl. (2) ein und erhalten den bei Resonanz reellen Leitwert:

$\underline{Y}_\mathrm{r} = 6\ \mathrm{mS}$

6) Die Ortskurve $\underline{Y}(\mathrm{j}\,\omega)$ entsteht durch punktweise Addition der beiden Ortskurven $\underline{Y}_1(\mathrm{j}\,\omega)$ und $\underline{Y}_2(\mathrm{j}\,\omega)$ für jeweils gleiche ω-Werte. Dabei sind drei Punkte leicht zu bestimmen:

$\omega = 0$: $\quad \underline{Y} = 0\ \mathrm{mS} + 10\ \mathrm{mS} = 10\ \mathrm{mS}$

$\omega \to \infty$: $\quad \underline{Y} = 20\ \mathrm{mS} + 0\ \mathrm{mS} = 20\ \mathrm{mS}$

$\omega = \omega_\mathrm{r}$: $\quad \underline{Y} = 6\ \mathrm{mS}$

Bei $\omega < \omega_\mathrm{r}$ überwiegt der Imaginärteil von $\underline{Y}_1$ und die Schaltung wirkt induktiv; bei $\omega > \omega_\mathrm{r}$ überwiegt dagegen der Imaginärteil von $\underline{Y}_2$ und die Schaltung wirkt kapazitiv. Auf Grund dieser Überlegungen fertigen wir eine Skizze der Ortskurve an.
Um ihren genauen Verlauf zu zeichnen, berechnen wir weitere Punkte der Ortskurve $\underline{Y}(\mathrm{j}\,\omega)$ mit den Gln. (2 und 3).

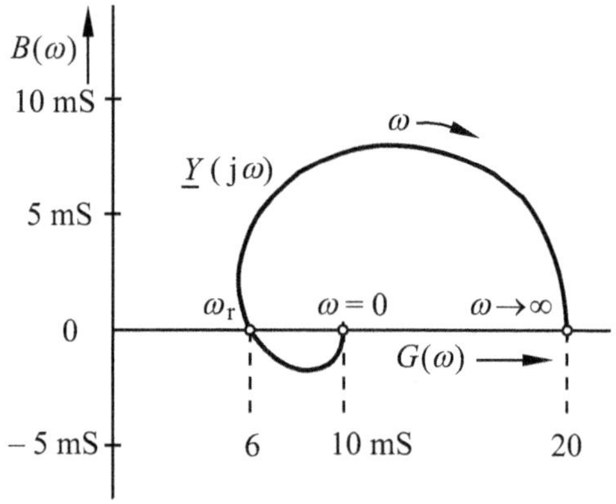

Lösung 6.4

1) Wir fassen die in Reihe geschalteten Eintore zum Widerstand $\underline{Z}_1$ zusammen:

$$\underline{Z}_1 = R + \mathrm{j}\,\omega L \tag{1}$$

Die parallel geschalteten Eintore fassen wir zum Leitwert $\underline{Y}_2$ zusammen:

$$\underline{Y}_2 = \frac{1}{R} + \mathrm{j}\,\omega C \tag{2}$$

Damit berechnen wir den Spannungsübertragungsfaktor:

$$\underline{T} = \frac{\underline{U}_2}{\underline{U}_1} = \frac{\underline{Z}_2}{\underline{Z}_1 + \underline{Z}_2} = \frac{1}{1 + \underline{Y}_2\underline{Z}_1}$$

Mit den Gln. (1 und 2) ergibt sich:

$$\underline{T} = \frac{1}{2 - \omega^2 LC + \mathrm{j}\,\omega (CR + L/R)} \tag{3}$$

2) Ist der Realteil des Nenners der Gl. (3) gleich null, so ist die Spannung $\underline{U}_2$ gegen die Spannung $\underline{U}_1$ um $-90°$ phasenverschoben. Wir setzen an:

$2 - \omega^2 LC = 0$

Damit berechnen wir die gesuchte Frequenz:

$$f = \frac{1}{2\pi}\sqrt{\frac{2}{LC}}$$

Lösung 6.5

1) Zur Ermittlung der Filterart gehen wir von der im Widerstand R_V umgesetzten Wirkleistung aus.

Für $\omega \to 0$ wirkt jedes kapazitive Grundeintor wie eine Unterbrechung und im Widerstand R_V wird keine Wirkleistung umgesetzt; die Schaltung ist also kein Tiefpass.

Für $\omega \to \infty$ wirkt jedes kapazitive Grundeintor wie ein Kurzschluss und im Widerstand R_V wird keine Wirkleistung umgesetzt; die Schaltung ist auch kein Hochpass.

Bei Kreisfrequenzen $0 < \omega < \infty$ bilden die kapazitiven Grundeintore endlich große Blindwiderstände und im Widerstand R_V wird Wirkleistung umgesetzt; daraus folgt, dass die Schaltung ein Bandpass ist.

2) Wir fassen die in Reihe geschalteten Eintore zum Widerstand $\underline{Z}_1 = R_i + 1/(\mathrm{j}\,\omega C_1)$ und die parallel geschalteten zum Leitwert $\underline{Y}_2 = G_V + \mathrm{j}\,\omega C_2$ zusammen. Den Übertragungsfaktor berechnen wir mit der Spannungsteilerregel:

$$\underline{T}_u(\mathrm{j}\omega) = \frac{\underline{U}}{\underline{U}_q} = \frac{\underline{Z}_2}{\underline{Z}_1 + \underline{Z}_2} = \frac{1}{1 + \underline{Y}_2 \underline{Z}_1}$$

Wir setzen $\underline{Z}_1$ und $\underline{Y}_2$ ein:

$$\underline{T}_u(\mathrm{j}\omega) = \frac{1}{1 + (G_V + \mathrm{j}\omega C_2)\left(R_i - \mathrm{j}\,\dfrac{1}{\omega C_1}\right)}$$

Nun multiplizieren wir aus und setzen $R = R_i = R_V$ sowie $C = C_1 = C_2$:

$$\underline{T}_u(\mathrm{j}\omega) = \frac{1}{3 + \mathrm{j}\left(\omega CR - \dfrac{1}{\omega CR}\right)}$$

Der Betrag des Übertragungsfaktors hat ein Maximum, wenn der Imaginärteil des Nenners null ist:

$T_m = 0{,}333$

Wir lösen die quadratische Gleichung

$$\left(\omega CR - \frac{1}{\omega CR}\right) = 0$$

und berechnen mit ihrer positiven Lösung (die negative ist unbrauchbar) die Frequenz f_m, bei welcher das Maximum T_m vorliegt:

$f_m = 212{,}2$ kHz

Das Bode-Diagramm berechnen und zeichnen wir mit MATLAB. Dazu setzen wir $\omega_{bez} = 1/(CR)$ und tragen das logarithmische Maß a_t und den Winkel φ_t von $\underline{T}$ über $\Omega = \omega/\omega_{bez} = \omega CR$ auf.

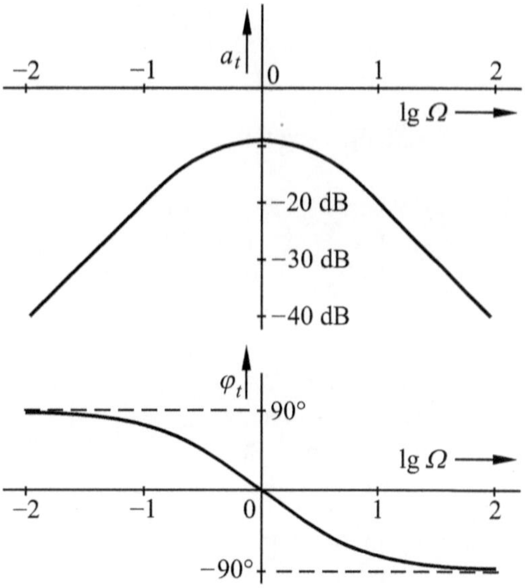


```
syms W CR wg wm eqn
b2g=180/pi;
C=15e-9;
R=50;
CR=C*R;
eqn=(wm*CR-1/(wm*CR))==0;
x=solve(eqn,wm);
y=double(subs(x(1)));
z=double(subs(x(2)));
if y>0; fm=y/(2*pi); end
if z>0; fm=z/(2*pi); end
disp(['fm =',sprintf('%3.5f',0.001*fm),'kHz']);
Uq=1;
Pmax=1/(9*R);
disp(['Pmax=',sprintf(%3.5f',Pmax),'W']);
eqn=(wg*CR-1/(wg*CR))^2==9;
x=solve(eqn,wg);
```

```
m=0;
for k=1:4
   y=double(subs(x(k)));
   if y>0; m=m+1; fg(m)=y/(2*pi); end
end
fa=double(fg(1));
fb=double(fg(2));
fgu=fa;
fgo=fb;
if fa>fb; fgu=fb; fgo=fa; end
disp(['fgu=',sprintf('%3.5f',0.001*fgu),'kHz']);
disp(['fgo=',sprintf('%3.5f',0.001*fgo),'kHz']);
figure;
axis equal;
plot([-2 2],[0 0]); hold on;
k=0;
W=10^(0.01*k-2);
T=1/(3+1i*(W-1/W));
aT=20*log10(abs(T));
xa=log10(W);
ya=aT;
for k=1:400
   W=10^(0.01*k-2);
   T=1/(3+1i*(W-1/W));
   aT=20*log10(abs(T));
   xn=log10(W);
   yn=aT;
   plot([xa xn], [ya yn], ,r');
   xa=xn; ya=yn;
end
grid; xlabel('lg Omega'); ylabel('at in dB');
figure;
axis equal;
plot([-2 2],[0 0]); hold on;
k=0;
W=10^(0.1*k-2);
T=1/(1+4i*W/(1-W^2));
xa=log10(W);
ya=b2g*angle(T);
for k=1:400
   W=10^(0.01*k-2);
   T=1/(3+1i*(W-1/W));
   xn=log10(W);
   yn=b2g*angle(T);
   plot([xa xn], [ya yn], ,g');
   xa=xn; ya=yn;
end
grid;
xlabel('lg Omega');
ylabel('phit in Grad');
```

3) Die maximale Wirkleistung tritt beim Maximum des Übertragungsfaktors auf:

$$P_{\max} = G_V\, U_{\max}^2 = G_V\, U_q^2\, T_m^2 = 2{,}22\ \text{mW}$$

Bei den 3-dB-Grenzfrequenzen beträgt die Leistung die Hälfte des Maximalwerts. Mit $T^2 = 0{,}5\, T_m^2$ setzen wir an:

$$3^2 + \left(\omega_g C R - \frac{1}{\omega_g C R}\right)^2 = 2 \cdot 3^2$$

Diese biquadratische Gleichung für ω_g hat insgesamt vier reelle Lösungen, von denen aber nur die beiden positiven physikalisch sinnvoll sind. Mit $\omega_{gu} = 403{,}7 \cdot 10^3\ \text{s}^{-1}$; $\omega_{go} = 4{,}4 \cdot 10^6\ \text{s}^{-1}$ berechnen wir die 3-dB-Grenzfrequenzen:

$$f_{gu} = 64{,}25\ \text{kHz}; \quad f_{go} = 700{,}87\ \text{kHz}$$

Lösung 6.6

1) Für $\omega = 0$ stellen die Grundeintore C Unterbrechungen dar; die Spannung ist $U_2 = 0$.
Für $\omega \to \infty$ stellen die Grundeintore C Kurzschlüsse dar und die Spannung ist $U_2 = U_q/3$.

Die Schaltung weist Hochpassverhalten auf.

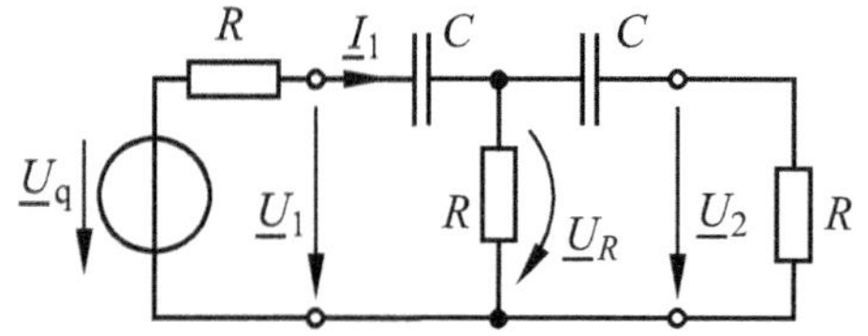

2) Mit dem Strom $G\,\underline{U}_2$ berechnen wir zunächst die Spannung:

$$\underline{U}_R = \frac{G}{j\omega C}\,\underline{U}_2 + \underline{U}_2$$

Damit berechnen wir den Strom:

$$\underline{I}_1 = G\,\underline{U}_R + G\,\underline{U}_2$$

Dies setzen wir in die Maschengleichung

$$\underline{U}_q = \left(R + \frac{1}{j\omega C}\right)\underline{I}_1 + \underline{U}_R$$

ein und erhalten:

$$\underline{U}_q = \left(R + \frac{1}{j\omega C}\right)\left(2\,G + \frac{G^2}{j\omega C}\right)\underline{U}_2 + \frac{G}{j\omega C}\,\underline{U}_2 + \underline{U}_2$$

Damit berechnen wir den Übertragungsfaktor:

$$\underline{T}_u(j\omega) = \frac{\underline{U}_2}{\underline{U}_q} = \frac{1}{3 - \dfrac{G^2}{(\omega C)^2} + \dfrac{4\,G}{j\omega C}}$$

Für $\omega \to \infty$ hat der Übertragungsfaktor das Maximum:

$$T_m = 0{,}333$$

Damit ergibt sich der bezogene Übertragungsfaktor:

$$\underline{t} = \frac{\underline{T}_u(j\omega)}{T_m} = \frac{3}{3 - \dfrac{G^2}{(\omega C)^2} + \dfrac{4\,G}{j\omega C}}$$

3) Das Bode-Diagramm berechnen und zeichnen wir mit MATLAB.

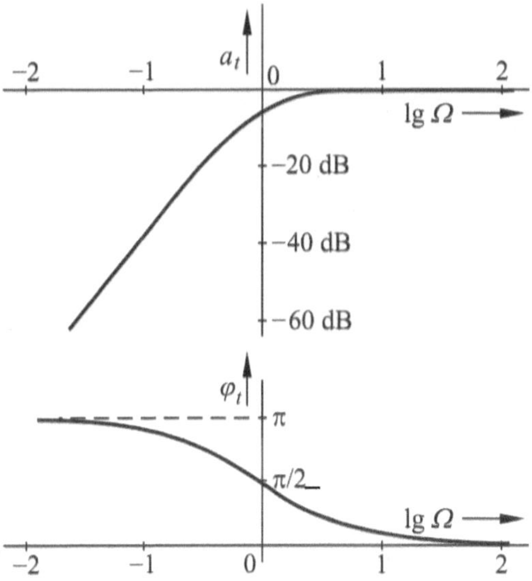

4) Bei der 3-dB-Grenzfrequenz ist der Betrag des Spannungs-Übertragungsfaktors das $1/\sqrt{2}$-fache des Maximalwerts.

Mit dem Quadrat $T^2 = 0{,}5\ T_m^2$ des Spannungs-Übertragungsfaktors setzen wir an:

$$\frac{1}{\left(3 - \dfrac{G^2}{(\omega_g C)^2}\right)^2 + \left(\dfrac{4\,G}{\omega_g C}\right)^2} = \frac{1}{(3\sqrt{2})^2}$$

Diese biquadratische Gleichung ist eine Gleichung 4. Grades, die insgesamt vier Lösungen hat. Zwei dieser Lösungen sind komplex und zwei reell. Wir können lediglich die positive reelle Lösung weiterverarbeiten und berechnen damit die Grenzfrequenz:

$$f_g = 174{,}6\ \text{kHz}$$

Lösung 6.7

1) Wir legen den Zeiger der Eingangsspannung $\underline{U}_E$ zweckmäßig in die reelle Achse. Die Spannung $\underline{U}_E$ wird an den Ohmschen Widerständen $R_1 = R_2$ in zwei gleiche Spannungen $\underline{U}_1$ und $\underline{U}_2$ aufgeteilt, deren Zeiger ebenfalls in der reellen Achse liegen.

Der Strom $\underline{I}_C$ im kapazitiven Zweig eilt der Spannung $\underline{U}_E$ um einen Winkel zwischen 0° und 90° vor, der mit wachsender Kreisfrequenz kleiner wird.

Die Spannung $\underline{U}_C$ eilt dem Strom $\underline{I}_C$ um 90° nach, $\underline{U}_3$ liegt dagegen in Phase mit $\underline{I}_C$. Die Zeiger dieser Spannungen stehen also senkrecht zueinander und ihre Summe ergibt $\underline{U}_E$.

Diese beiden Bedingungen sind für beliebige Frequenzen nur dann erfüllt, wenn sich der Verbindungspunkt zwischen $\underline{U}_C$ und $\underline{U}_3$ auf einem um den Mittelpunkt von $\underline{U}_E$ gezeichneten Halbkreis bewegt. Die Maschengleichung lautet:

$$\underline{U}_A = \underline{U}_C - \underline{U}_1$$

Wir bilden im Zeigerdiagramm die Differenz $\underline{U}_C - \underline{U}_1$ und erhalten als Ausgangsspannung $\underline{U}_A$ einen Zeiger, der sich bei variabler Frequenz um den Mittelpunkt des Halbkreises dreht; sein Betrag bleibt dabei konstant:

$$\underline{U}_A = \underline{U}_E/2$$

Der Winkel dieser Spannung $\underline{U}_A$ nimmt beim Durchlaufen des Frequenzbereiches von 0° auf den Wert −180° ab. Damit ergibt sich das Zeigerdiagramm.

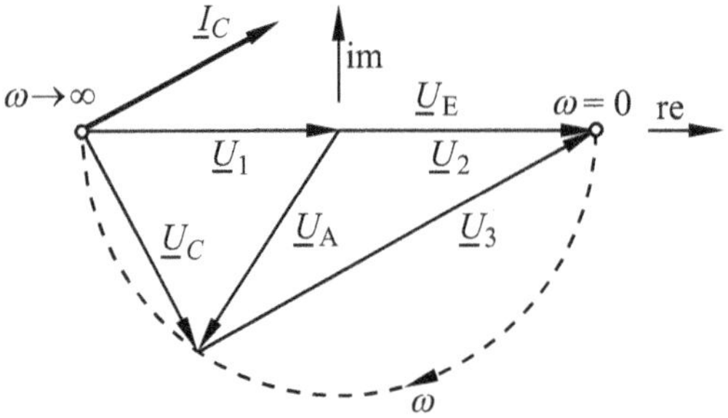

2) Die Ortskurve des Übertragungsfaktors $\underline{T}(\mathrm{j}\,\omega)$ erhalten wir, indem wir jeden Wert von $\underline{U}_A$ durch den konstanten, reellen Wert U_E teilen. Dadurch ändert sich lediglich der Maßstab des Diagramms; die Ortskurve bleibt ein Halbkreis, dessen Radius der Betrag des Übertragungsfaktors ist:

$$T = U_A / U_E = 0{,}5$$

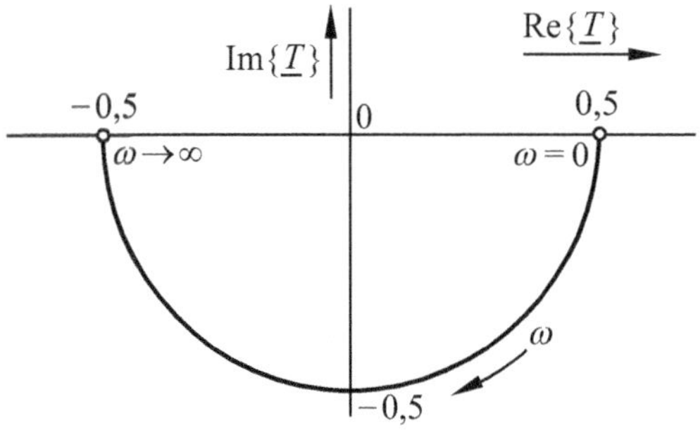

Da der Betrag T konstant ist, handelt es sich bei der Schaltung um einen **Allpass**.

Zur Berechnung des Übertragungsfaktors setzen wir die mit der Spannungsteilerregel berechneten Spannungen

$$\underline{U}_2 = \frac{\underline{U}_E}{2}; \quad \underline{U}_3 = \frac{R_3\,\underline{U}_E}{R_3 + \dfrac{1}{\mathrm{j}\omega C}}$$

in die Maschengleichung

$$\underline{U}_A + \underline{U}_3 - \underline{U}_2 = 0$$

ein, die wir nach $\underline{U}_A$ auflösen und durch $\underline{U}_E$ dividieren:

$$\underline{T} = \frac{\underline{U}_A}{\underline{U}_E} = \frac{1}{2} - \frac{R_3}{R_3 + \dfrac{1}{\mathrm{j}\omega C}} = \frac{1}{2} - \frac{\mathrm{j}\omega C R_3}{1 + \mathrm{j}\omega C R_3}$$

Mit der Bezugs-Kreisfrequenz

$$\omega_{bez} = \frac{1}{C R_3}$$

und $\Omega = \omega / \omega_{bez}$ bringen wir den Übertragungsfaktor auf den Hauptnenner:

$$\underline{T} = \frac{1}{2} \cdot \frac{1 - \mathrm{j}\,\Omega}{1 + \mathrm{j}\,\Omega}$$

3) Da Zähler und Nenner des zweiten Bruches den gleichen Betrag haben, ist das Maß des Übertragungsfaktors unabhängig von der Frequenz:

$$a_T = 20 \lg (1/2) = -6{,}02 \text{ dB}$$

Das Bode-Diagramm berechnen und zeichnen wir mit MATLAB.

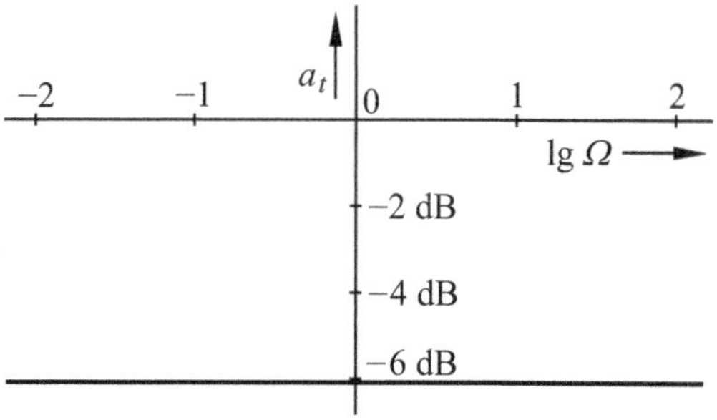

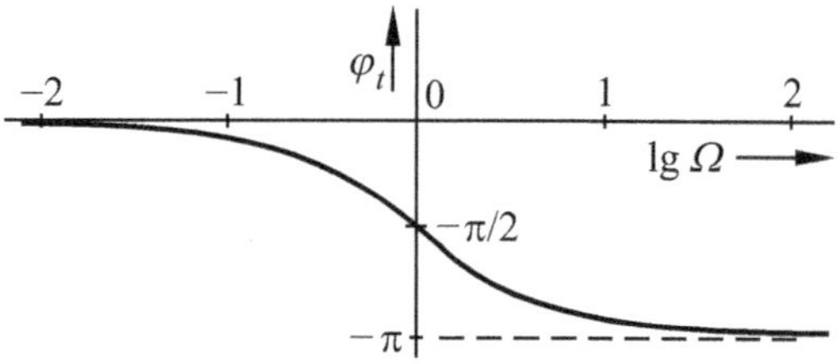

In einer realen Schaltung hat die Quelle einen Innenwiderstand und der Ausgang ist mit einem Verbraucher belastet. Allpassverhalten liegt näherungsweise nur in dem Frequenzbereich vor, in dem die in der Aufgabenstellung genannten Voraussetzungen annähernd erfüllt sind.

Lösung 6.8

1) Wir denken uns eine ideale Spannungsquelle an das Tor 1 gelegt und stellen fest, dass das Doppel-T-Filter, wie schon der Name sagt, aus zwei T-Schaltungen besteht.

Wir setzen zunächst für jede T-Schaltung die $\underline{Z}$-Matrix an:

$$\underline{\boldsymbol{Z}}_{\text{o}} = \begin{pmatrix} R-\text{j}\dfrac{1}{2\omega C} & -\text{j}\dfrac{1}{2\omega C} \\ -\text{j}\dfrac{1}{2\omega C} & R-\text{j}\dfrac{1}{2\omega C} \end{pmatrix}$$

$$\underline{\boldsymbol{Z}}_{\text{u}} = \begin{pmatrix} \dfrac{R}{2}-\text{j}\dfrac{1}{\omega C} & -\text{j}\dfrac{1}{\omega C} \\ -\text{j}\dfrac{1}{\omega C} & \dfrac{R}{2}-\text{j}\dfrac{1}{\omega C} \end{pmatrix}$$

Die beiden T-Schaltungen sind in der Parallel-Parallel-Schaltung miteinander verbunden.
Durch die widerstandslose Verbindung zwischen beiden Toren ist sicher gestellt, dass die Strombedingungen erfüllt sind.

Mit einem MATLAB-Programm berechnen wir für jede T-Schaltung die $\underline{Y}$-Matrix und addieren diese beiden Matrizen zur $\underline{Y}$-Matrix des Doppel-T-Filters.
Zur Berechnung des Spannungsübertragungsfaktors lösen wir die Maschengleichung

$$\underline{U}_2 + R_{\text{V}}\,\underline{I}_2 = 0$$

nach dem Strom auf und setzen in die Zweitor-Gleichung

$$\underline{I}_2 = \underline{Y}_{21}\,\underline{U}_1 + \underline{Y}_{22}\,\underline{U}_2$$

ein; mit der so entstandenen Gleichung berechnen wir den Spannungsübertragungsfaktor:

$$\underline{T}_u = \frac{\underline{U}_2}{\underline{U}_1} = \frac{-\underline{Y}_{21}}{\underline{Y}_{22}+G_{\text{V}}}$$

Das MATLAB-Programm lautet:

```
clc;
disp('Doppel-T-Filter');
syms dwc C R GV w Tu Y Zo Zu;
dwc = 1i/(2*w*C);
Zo = [R-dwc -dwc; -dwc R-dwc];
Zu = [R/2-j/(w*C) R/2; R/2 R/2-1i/(w*C)];
Y = inv(Zo) + inv(Zu);
Tu = -Y(2,1)/(Y2,2 + GV);
Tu = simplify(Tu);
disp('Tu = '); disp(Tu);
```

Zweckmäßig erweitern wir das Ergebnis des MATLAB-Programms mit der imaginären Einheit j und erhalten:

$$\underline{T}_u = \frac{1-(R\,\omega C)^2}{1-(R\,\omega C)^2+2\,RG_{\text{V}}+\text{j}\omega C(4R+2\,R^2G_{\text{V}})}$$

2) Wir formen den Spannungsübertragungsfaktor für $G_{\text{V}} = 0$ so um, dass der Realteil des Nenners den Wert 1 erhält:

$$\underline{T}_u = \frac{1}{1+\text{j}\,\dfrac{4\,\omega CR}{1-(\omega CR)^2}}$$

Zweckmäßig wählen wir das Produkt $C \cdot R$ als Kehrwert der Bezugs-Kreisfrequenz:

$$\omega_{\text{bez}} = \frac{1}{CR}$$

Mit der bezogenen Kreisfrequenz

$$\Omega = \frac{\omega}{\omega_{\text{bez}}} = \omega CR$$

erhalten wir den Spannungsübertragungsfaktor:

$$\underline{T}_u = \frac{1}{1+\text{j}\,\dfrac{4\Omega}{1-\Omega^2}}$$

Hierfür ergeben sich folgende Extremwerte:

Für $\Omega \to 0$ ist $T_u = 1$;

für $\Omega = 1$ ist $T_u = 0$;

für $\Omega \to \infty$ ist $T_u = 1$.

Offensichtlich ist $T_u = 1$ der Maximalwert T_{max} des Spannungsübertragungsfaktors und es gilt:

$$T_{\text{max}} = 1$$

Bei einer Grenzfrequenz hat der Spannungsübertragungsfaktor den Betrag T_{g} und es gilt:

$$\frac{T_{\text{g}}}{T_{\text{max}}} = \frac{1}{\sqrt{2}}$$

Zur Berechnung der Grenzfrequenzen bilden wir den Betrag T_u des komplexen Spannungsübertragungsfaktors und setzen an:

$$\frac{T_u}{T_{\max}} = \frac{1}{\sqrt{2}} = \frac{1}{\sqrt{1+\left(\frac{4\,\Omega}{1-\Omega^2}\right)^2}}$$

Durch einen Koeffizientenvergleich erhalten wir die quadratische Gleichung

$$\left(\frac{4\,\Omega}{1-\Omega^2}\right)^2 = 1$$

mit den Lösungen:

$$\frac{4\,\Omega}{1-\Omega^2} = 1; \quad \frac{4\,\Omega}{1-\Omega^2} = -1$$

Zunächst bearbeiten wir die erste Lösung weiter; sie führt auf die quadratische Gleichung:

$$\Omega^2 + 4\,\Omega - 1 = 0$$

Mit ihrer positiven Lösung (die negative Lösung ist unbrauchbar) erhalten wir die untere Grenzfrequenz:

$$\Omega_{gu} = 0{,}236$$

Die zweite Lösung führt auf die quadratische Gleichung:

$$\Omega^2 + 4\,\Omega + 1 = 0$$

Mit ihrer positiven Lösung (die negative Lösung ist wieder unbrauchbar) erhalten wir die obere Grenzfrequenz:

$$\Omega_{go} = 4{,}236$$

Zwischen den beiden Grenzfrequenzen wird die Energie vom Filter schlecht übertragen; das Filter wird deshalb als **Bandsperre** bezeichnet.

Mit der Gleichung für den komplexen Spannungsübertragungsfaktor berechnen wir den Betrag und den Winkel als Funktion der bezogenen Kreisfrequenz Ω und tragen beide Größen auf.

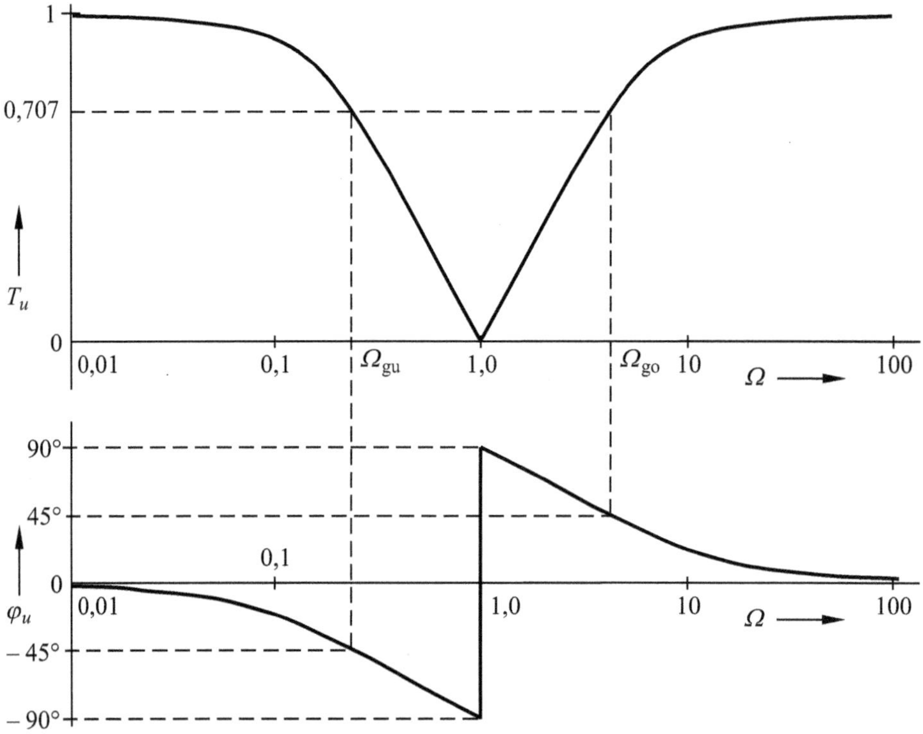

Lösung 6.9

1) Bei der Resonanzfrequenz ist der komplexe Widerstand $\underline{Z}$ des Reihenschwingkreises reell und es ist $\underline{Z} = R_V$. Für Anpassung gilt:

$$R_V = R_i = 600\ \Omega$$

2) Wir fassen die Widerstände zusammen:

$$R = R_V + R_i = 1200\ \Omega$$

Die Grundeintore L und C bestimmen gemeinsam mit R das Frequenzverhalten der Schaltung, die sich wie ein Bandpass verhält. Bei den Frequenzen f_1 und f_2 liegt die gleiche Dämpfung vor. Der geometrische Mittelwert von f_1 und f_2 ist die Bandmitten- und Resonanzfrequenz:

$$f_m = \sqrt{f_1\, f_2} = 4\ \text{kHz} = f_r$$

Bei der Bandmittenfrequenz $f_m = f_r$ fließt der maximale Strom $I_{max} = U_q / R$, es wird die maximale Leistung P_{max} umgesetzt und es gilt:

$$\omega_m L = \frac{1}{\omega_m C} \qquad (1)$$

Bei den Frequenzen f_1 und f_2 ist die Leistung $P = P_1 = P_2$ um 20 dB kleiner als P_{max}:

$$20\ \text{dB} = 10\ \lg \frac{P_{max}}{P}\ \text{dB}\ ;\quad 10^2 = \frac{P_{max}}{P}$$

Wir stellen fest, dass bei den Frequenzen f_1 und f_2 die Leistung $P = 0{,}01\ P_{max}$ ist und folgern daraus, dass der zugehörige Strom $I = 0{,}1\ I_{max}$ beträgt. Also gilt bei den Frequenzen f_1 und f_2 für den Widerstand $Z = Z_1 = Z_2$ des Reihenkreises:

$$Z = \sqrt{R^2 + \left(\omega L - \frac{1}{\omega C}\right)^2} = 10\ R$$

Wir setzen $\omega = \omega_1$. Die quadratische Gleichung

$$R^2 + \left(\omega_1 L - \frac{1}{\omega_1 C}\right)^2 = 100\ R^2$$

hat zwei Lösungen:

$$\omega_1 L - \frac{1}{\omega_1 C} = \pm\sqrt{99}\ R$$

Die Lösung mit der positiven rechten Seite ist unbrauchbar. Wir setzen in die andere Lösung die Gl. (1) ein:

$$\omega_1 L - \frac{\omega_m^2 L}{\omega_1} = -\sqrt{99}\ R$$

Damit berechnen wir:

$$L = 126{,}7\ \text{mH}$$

Dies setzen wir in die Gl. (1) ein und berechnen:

$$C = 12{,}5\ \text{nF}$$

3) Infolge der Resonanzüberhöhung sind die Spannungen U_L und U_C jeweils in einem bestimmten Frequenzbereich größer als die Quellenspannung U_q. Bei den Frequenzen f_L bzw. f_C haben sie jeweils den Maximalwert U_{max}.

Zur Berechnung der Frequenz f_L bilden wir das Spannungsverhältnis

$$x = \frac{U_L}{U_q} = \frac{\omega L}{\sqrt{R^2 + \left(\omega L - \frac{1}{\omega C}\right)^2}} \qquad (2)$$

und lösen die Gleichung $\frac{dx}{d\omega} = 0$ nach ω auf:

$$\omega_L = \frac{\sqrt{4\,L\,C - 2\,(R\,C)^2}}{2\,L\,C - (R\,C)^2}\ ;\ f_L = 4150\ \text{Hz}$$

Wir setzen ω_L in die Gl. (2) ein und berechnen:

$$U_L = U_{max} = 40{,}5\ \text{V}$$

Zur Berechnung der Frequenz f_C bilden wir das Spannungsverhältnis

$$x = \frac{U_C}{U_q} = \frac{1}{\omega C \sqrt{R^2 + \left(\omega L - \frac{1}{\omega C}\right)^2}} \qquad (3)$$

und lösen die Gleichung $\frac{dx}{d\omega} = 0$ nach ω auf:

$$\omega_C = \frac{\sqrt{4\,L\,C - 2\,(R\,C)^2}}{2\,L\,C}\ ;\ f_C = 3855\ \text{Hz}$$

Wir setzen ω_C in die Gl. (3) ein und berechnen:

$$U_C = U_{max} = 40{,}5\ \text{V}$$

4) Zur Berechnung der 3-dB-Grenzfrequenzen bestimmen wir zunächst die Güte Q:

$$Q = \frac{1}{R}\sqrt{\frac{L}{C}} = 2{,}6536 = \frac{f_m}{B} = \frac{f_m}{f_{go} - f_{gu}}$$

Wir ersetzen die untere Grenzfrequenz f_{gu}, die wir der Gleichung

$$f_m = \sqrt{f_{go}\, f_{gu}} \qquad (4)$$

entnehmen, und lösen die quadratische Gleichung:

$$f_{go}^2 - \frac{f_m}{Q} f_{go} - f_m^2 = 0$$

Die positive Lösung $f_{go} = 4824$ Hz (die negative Lösung ist unbrauchbar) setzen wir in die Gl. (4) ein und berechnen $f_{gu} = 3317$ Hz.

Lösung 6.10

1) Wir sehen zwei Widerstände und einen Kondensator als Π-Schaltung (Π: griech. Buchstabe Pi) an und setzen deren Leitwertmatrix $\underline{Y}_\Pi$ an:

$$\underline{Y}_\Pi = \begin{pmatrix} \frac{1}{R} + \mathrm{j}\omega C & -\mathrm{j}\omega C \\ -\mathrm{j}\omega C & \frac{1}{R} + \mathrm{j}\omega C \end{pmatrix}$$

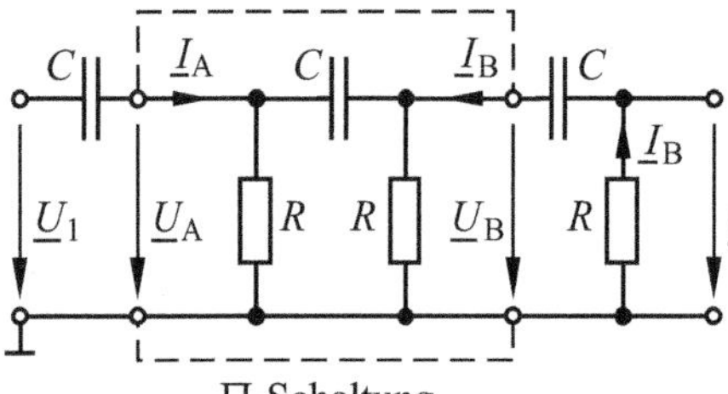

Π-Schaltung

Mit der Spannung und dem Strom am Eingang der Π-Schaltung setzen wir die Maschengleichung an:

$$\frac{\underline{I}_A}{\mathrm{j}\omega C} + \underline{U}_A = \underline{U}_1$$

Entsprechend gilt am Ausgang der Π-Schaltung:

$$R\underline{I}_B + \frac{\underline{I}_B}{\mathrm{j}\omega C} + \underline{U}_B = 0$$

Diese beiden Maschengleichungen ergeben mit den Zweitorgleichungen

$$\underline{I}_A = \underline{Y}_{11}\underline{U}_A + \underline{Y}_{12}\underline{U}_B$$

$$\underline{I}_B = \underline{Y}_{21}\underline{U}_A + \underline{Y}_{22}\underline{U}_B$$

der Π-Schaltung ein lineares Gleichungssystem, das wir mit einem MATLAB-Programm lösen:

```
clc;
syms wC R Z U1 E T;
Y11 = 1/R + j*wC;
Y12 = -j*wC;
Y21 = -j*wC;
Y22 = 1/R + j*wC;
Z = 1/(j*wC);
M = [Z  0  1  0;  0  Z+R  0  1;
      -1  0  Y11  Y12;  0  -1  Y21  Y22];
Rs = [U1; 0; 0; 0];
E = sym(M) \ sym(Rs);
T = -R*E(2)/U1
```

Für eine übersichtlichere Darstellung verwenden wir die Bezugs-Kreisfrequenz $\omega_{bez} = 1/(CR)$ und arbeiten mit der bezogenen Frequenz:

$$\Omega = \frac{\omega}{\omega_{bez}} = \omega C R$$

Das Ergebnis für den Spannungsübertragungsfaktor lautet:

$$\underline{T} = \frac{\underline{U}_2}{\underline{U}_1} = -\frac{R\underline{I}_B}{\underline{U}_1} = \frac{\mathrm{j}\,\Omega^3}{-1 - \mathrm{j}\,5\,\Omega + 6\Omega^2 + \mathrm{j}\,\Omega^3}$$

Diesen Ausdruck formen wir so um, dass der Zähler den Wert 1 hat:

$$\underline{T} = \frac{1}{1 - \mathrm{j}\,6\,\Omega^{-1} - 5\,\Omega^{-2} + \mathrm{j}\,\Omega^{-3}}$$

2) Wenn die Spannung $\underline{U}_2$ mit der Spannung $\underline{U}_1$ in Phase schwingt, ist der Spannungsübertragungsfaktor reell und es gilt:

$$-6\,\Omega^{-1} + \Omega^{-3} = 0$$

Die einzig brauchbare Lösung dieser Gleichung ist:

$$\Omega = \frac{1}{\sqrt{6}}$$

Damit berechnen wir die gesuchte Frequenz:

$$f = \frac{1}{\sqrt{6} \cdot 2\pi C R}$$

3) Für die geforderte Phasenverschiebung ist der Spannungsübertragungsfaktor imaginär und es gilt:

$$1 - 5\,\Omega^{-2} = 0$$

Diese Gleichung hat zwei Lösungen, von denen lediglich die positive Lösung

$$\Omega = \sqrt{5}$$

brauchbar ist. Damit berechnen wir die Frequenz:

$$f = \frac{\sqrt{5}}{2\pi C R}$$

Lösung 6.11

1) Die Schaltung ist ein Parallelschwingkreis und hat Bandpassverhalten. Die maximale Leistung P_{Vmax} tritt bei der Resonanzfrequenz auf:

$$f_{\text{r}} = \frac{\omega_{\text{r}}}{2\pi} = \frac{1}{2\pi\sqrt{CL}} = 100{,}06\ \text{MHz}$$

2) Bei der Resonanzfrequenz hat der komplexe Leitwert der Parallelschaltung aus L und C den Wert $\underline{Y} = 0$; somit liegt G_{V} parallel zu G_{i}.
Wir berechnen den Effektivwert des Stromes, der durch G_{V} fließt, mit der Stromteilerregel:

$$I_{\text{Vmax}} = I_{\text{q}} \frac{G_{\text{V}}}{G_{\text{i}} + G_{\text{V}}} = 1{,}334\ \text{mA}$$

Damit ergibt sich die maximale Leistung:

$$P_{\text{Vmax}} = R_{\text{V}}\, I_{\text{Vmax}}^2 = 0{,}267\ \text{mW}$$

Bei einem Leistungspegel wird der Logarithmus zur Basis 10 des Quotienten der Leistungsgrößen mit dem Faktor 10 multipliziert. Mit der Bezugsleistung $P_{\text{bez}} = 1$ mW berechnen wir:

$$a_{P\text{max}} = 10 \cdot \lg \frac{P_{\text{Vmax}}}{P_{\text{bez}}} = -5{,}74\ \text{dB bez. auf 1 mW}$$

In der Praxis wird die Angabe „dB bez. auf 1 mW" meist mit dBm abgekürzt.

3) Wir fassen zunächst die Leitwerte G_{i} und G_{V} zum Leitwert $G = 20$ mS zusammen und berechnen die Güte:

$$Q = \frac{1}{G}\sqrt{\frac{C}{L}} = 3{,}14$$

Die Bandmittenfrequenz $f_{\text{m}} = f_{\text{r}}$ ist gleich der Resonanzfrequenz. Damit setzen wir an:

$$Q = \frac{f_{\text{m}}}{B} = \frac{f_{\text{m}}}{f_{\text{go}} - f_{\text{gu}}}$$

Wir ersetzen die untere Grenzfrequenz f_{gu}, die wir der Gleichung

$$f_{\text{m}} = \sqrt{f_{\text{go}}\, f_{\text{gu}}} \qquad (1)$$

entnehmen, und lösen die quadratische Gleichung:

$$f_{\text{go}}^2 - \frac{f_{\text{m}}}{Q} f_{\text{go}} - f_{\text{m}}^2 = 0$$

Die positive Lösung $f_{\text{go}} = 117{,}2$ MHz (die negative Lösung ist unbrauchbar) setzen wir in die Gl. (1) ein und berechnen $f_{\text{gu}} = 85{,}4$ MHz.

Lösung 6.12

1) Der Leitwert

$$\underline{Y}_{\text{e1}} = \text{j}\,\omega C + \frac{1}{R_{\text{V}} + \text{j}\,\omega L} = \text{j}\,\omega C + \frac{R_{\text{V}} - \text{j}\,\omega L}{R_{\text{V}}^2 + (\omega L)^2}$$

der Parallelschaltung ist bei Resonanz reell.
Wegen $\text{Im}\{\underline{Y}_{\text{e1}}\} = 0$ gilt bei Resonanz:

$$\omega C = \frac{\omega L}{R_{\text{V}}^2 + (\omega L)^2}\,;\ R_{\text{V}}^2 + (\omega L)^2 = \frac{L}{C}$$

Damit berechnen wir den Widerstand am Tor 1:

$$\underline{Z}_{\text{e1r}} = \frac{1}{\underline{Y}_{\text{e1r}}} = \frac{R_{\text{V}}^2 + (\omega L)^2}{R_{\text{V}}} = \frac{L}{C R_{\text{V}}} = R_{\text{i}} \qquad (1)$$

Mit den gegebenen Werten der Bauelemente berechnen wir $R_{\text{i}} = 75\ \Omega$.

2) Zunächst setzen wir die Maschengleichung

$$\underline{U}_1 - \underline{U}_2 + \text{j}\,\omega L\, \underline{I}_2 = 0$$

und die Knotengleichung

$$\underline{I}_1 + \underline{I}_2 = \mathrm{j}\,\omega C\,\underline{U}_1$$

an. In diese beiden Gleichungen setzen wir die nach den Strömen aufgelösten Maschengleichungen

$$\underline{I}_1 = G_\mathrm{i}\,(\underline{U}_\mathrm{q} - \underline{U}_1)\,; \quad \underline{I}_2 = -G_\mathrm{V}\,\underline{U}_2$$

ein und erhalten ein lineares Gleichungssystem:

$$\underline{U}_1 - \underline{U}_2 - \mathrm{j}\,\omega L\,G_\mathrm{V}\,\underline{U}_2 = 0$$

$$G_\mathrm{i}\,(\underline{U}_\mathrm{q} - \underline{U}_1) - G_\mathrm{V}\,\underline{U}_2 = \mathrm{j}\,\omega C\,\underline{U}_1$$

Wir setzen in die erste dieser Gleichungen den Ausdruck $L = R_\mathrm{V}\,R_\mathrm{i}\,C$ aus der Gl. (1) ein und multiplizieren die zweite Gleichung mit R_i. Außerdem ersetzen wir das Produkt $\omega C R_\mathrm{i}$ durch die bezogene Frequenz Ω:

$$\underline{U}_1 - \underline{U}_2 - \mathrm{j}\,\Omega\,\underline{U}_2 = 0$$

$$\underline{U}_\mathrm{q} - \underline{U}_1 = R_\mathrm{i}\,G_\mathrm{V}\,\underline{U}_2 + \mathrm{j}\,\Omega\,\underline{U}_1$$

Nach der Elimination der Spannung $\underline{U}_1$ stehen in der verbleibenden Gleichung

$$\underline{U}_\mathrm{q} = R_\mathrm{i}\,G_\mathrm{V}\,\underline{U}_2 + (1 + \mathrm{j}\,\Omega)^2\,\underline{U}_2$$

nur noch die Spannungen $\underline{U}_2$ und $\underline{U}_\mathrm{q}$; damit berechnen wir den Übertragungsfaktor:

$$\underline{T} = \frac{\underline{U}_2}{\underline{U}_\mathrm{q}} = \frac{1}{R_\mathrm{i}\,G_\mathrm{V} + (1 + \mathrm{j}\,\Omega)^2}$$

3) Wir setzen $R_\mathrm{i}\;G_\mathrm{V} = 1{,}5$ ein, multiplizieren aus und bilden den Betrag:

$$T = \frac{1}{\sqrt{\left(2{,}5 - \Omega^2\right)^2 + \left(2\,\Omega\right)^2}} \qquad (2)$$

Dieser Betrag hat ein Maximum bei der bezogenen Frequenz Ω, bei welcher der Radikand

$$x = \left(2{,}5 - \Omega^2\right)^2 + \left(2\,\Omega\right)^2$$

ein Minimum hat. Wir bilden den Differenzialquotienten:

$$\frac{\mathrm{d}x}{\mathrm{d}\Omega} = 4\,\Omega^3 - 2\,\Omega$$

Das Minimum des Radikanden liegt dort vor, wo dieser Differenzialquotient gleich null ist. Die Gleichung

$$4\Omega^3 - 2\,\Omega = 0$$

hat die Lösungen $\Omega_1 = 1\,/\,\sqrt{2}$ und $\Omega_2 = -1/\,\sqrt{2}$. Wir setzen eine dieser Lösungen in die Gl. (2) ein und berechnen:

$$T_\mathrm{max} = \frac{1}{\sqrt{6}} = 0{,}408$$

Mit $\Omega_1 = 1\,/\,\sqrt{2}$ berechnen wir die Frequenz, bei der dieses Maximum vorliegt:

$$f_\mathrm{max} = \frac{\Omega_1}{2\,\pi\,C\,R_\mathrm{i}} = 6{,}25\ \mathrm{MHz}$$

4) Das Polynomfilter ist ein Tiefpass, der für $f \to 0$ den Betrag $T_0 = 0{,}4$ annimmt und sich für $f \to \infty$ dem Wert $T_\infty = 0$ nähert.

Bei der Grenzfrequenz f_g gilt:

$$T_\mathrm{g} = \frac{T_\mathrm{max}}{\sqrt{2}} = \frac{1}{\sqrt{12}}$$

Wir setzen diesen Wert in die Gl. (2) ein und erhalten:

$$\left(2{,}5 - \Omega^2\right)^2 + \left(2\,\Omega\right)^2 = 12$$

Diese Gleichung 4. Grades hat vier Lösungen, von denen zwei reell und zwei konjugiert komplex sind. Nur eine der beiden reellen Lösungen ist positiv und damit brauchbar:

$$\Omega_\mathrm{g} = 1{,}7174\ \mathrm{s}^{-1}$$

Mit diesem Wert berechnen wir die Grenzfrequenz:

$$f_\mathrm{g} = 15{,}185\ \mathrm{MHz}$$

Lösung 6.13

1) Wir zeichnen die Wechselstrom-Ersatzschaltung des Verstärkers. Die Gleichspannungsquelle, an der nur die Wechselspannung null auftreten kann, ersetzen wir durch einen Kurzschluss und den Transistor durch sein lineares Modell. Der Kollektor ist mit Masse verbunden und gehört sowohl dem Eingang als auch dem Ausgang an; es handelt sich also um eine **Kollektorschaltung**.

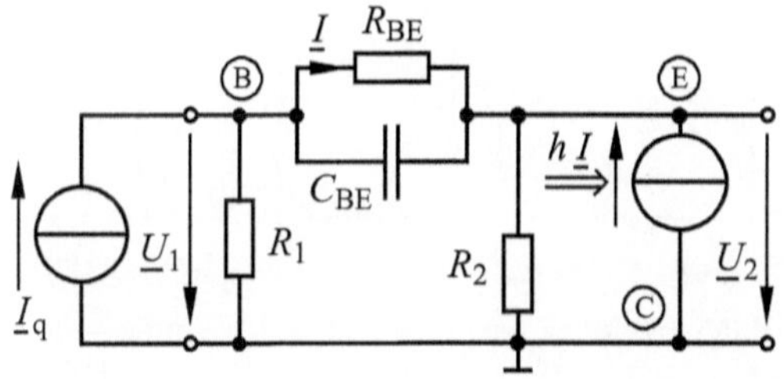

Zur Berechnung des Wechselstrom-Eingangswiderstandes verwenden wir das Knotenpotenzialverfahren. Wir wählen den Masseknoten als Bezugsknoten, legen an das Tor 1 eine ideale Sinusstromquelle, ersetzen jeden Widerstand durch seinen Leitwert und setzen für die Parallelschaltung aus R_{BE} und C_{BE} an:

$$\underline{Y}_{BE} = \frac{1}{R_{BE}} + \mathrm{j}\,\omega\, C_{BE}$$

Wir stellen das Gleichungssystem für das Knotenpotenzialverfahren auf:

$$\begin{pmatrix} G_1 + \underline{Y}_{BE} & -\underline{Y}_{BE} \\ -\underline{Y}_{BE} & G_2 + \underline{Y}_{BE} \end{pmatrix} \cdot \begin{pmatrix} \underline{U}_1 \\ \underline{U}_2 \end{pmatrix} = \begin{pmatrix} \underline{I}_q \\ h\,\underline{I} \end{pmatrix}$$

Den Strom $\underline{I}$ ersetzen wir mithilfe der Eintorgleichung für den Leitwert G_{BE}:

$$\underline{I} = G_{BE}\,(\underline{U}_1 - \underline{U}_2)$$

Die entsprechenden Terme bringen wir auf die linke Seite des Gleichungssystems:

$$\begin{pmatrix} G_1 + \underline{Y}_{BE} & -\underline{Y}_{BE} \\ -\underline{Y}_{BE} - h\,G_{BE} & G_2 + \underline{Y}_{BE} + h\,G_{BE} \end{pmatrix} \cdot \begin{pmatrix} \underline{U}_1 \\ \underline{U}_2 \end{pmatrix} = \begin{pmatrix} \underline{I}_q \\ 0 \end{pmatrix}$$

Nach der Lösung des linearen Gleichungssystems berechnen wir den Widerstand:

$$\underline{Z}_{e1} = \frac{\underline{U}_1}{\underline{I}_q} = \frac{G_2 + \underline{Y}_{BE} + h\,G_{BE}}{G_1(G_2 + \underline{Y}_{BE} + h\,G_{BE}) + G_2\,\underline{Y}_{BE}}$$

2) Für $f \to 0$ ist der Widerstand $Z_{e1} = 26{,}25\ \text{k}\Omega$ reell. Für $f = 10$ MHz ist $\underline{Y}_{BE} = (90{,}9 + \mathrm{j}\,37{,}7)$ mS. Damit berechnen wir:

$$\underline{Z}_{e1} = 25{,}75\ \text{k}\Omega\ \underline{/-11{,}1^\circ}$$

Der Betrag des Wechselstrom-Eingangswiderstandes ist in einem weiten Frequenzbereich ein Vielfaches des Widerstandes R_2 zwischen Emitter und Masse. Hierbei handelt es sich um eine typische Eigenschaft der Kollektorschaltung.

Lösung 6.14

1) Zur Berechnung des Spannungsübertragungsfaktors lösen wir die Maschengleichung

$$\underline{U}_E = \left(R_i + \frac{1}{\mathrm{j}\,\omega\, C_1}\right) G_1\,\underline{U}_1 + \underline{U}_1$$

nach $\underline{U}_1$ auf und setzen sie mit

$$\underline{U}_2 = \frac{G_V\,\underline{U}_A}{\mathrm{j}\,\omega\, C_2} + \underline{U}_A$$

in die Knotengleichung

$$h\,\underline{U}_1 + G_2\,\underline{U}_2 + G_V\,\underline{U}_A = 0$$

ein; dadurch erhalten wir eine Gleichung, mit der wir die gesuchte Größe berechnen:

$$\underline{T} = \frac{-h}{\left(G_2 + G_V + \dfrac{G_2\,G_V}{\mathrm{j}\,\omega\, C_1}\right)\left(1 + G_1 R_i + \dfrac{G_1}{\mathrm{j}\,\omega\, C_1}\right)}$$

Der Extremwert T_{ext} des Übertragungsfaktors ergibt sich bei verschwindendem Imaginärteil des Nenners, also für Kreisfrequenzen $\omega \to \infty$:

$$T_{ext} = \frac{-h}{(G_2 + G_V)(1 + G_1 R_i)}$$

Den bezogenen Übertragungsfaktor

$$\underline{t} = \frac{(G_2 + G_V)(1 + G_1 R_i)}{\left(G_2 + G_V + \frac{G_2\, G_V}{j\omega C_1}\right)\left(1 + G_1 R_i + \frac{G_1}{j\omega C_1}\right)}$$

stellen wir mit den Kreisfrequenzen

$$\omega_1 = \frac{1}{(R_i + R_1)\, C_1} \quad \text{und} \quad \omega_2 = \frac{1}{(R_2 + R_V)\, C_2} \qquad (1)$$

übersichtlicher dar:

$$\underline{t} = \frac{1}{1 - j\frac{\omega_1}{\omega}} \cdot \frac{1}{1 - j\frac{\omega_2}{\omega}}$$

2) Da sich der Maximalwert des Übertragungsfaktors für Kreisfrequenzen $\omega \to \infty$ ergibt und sich der Übertragungsfaktor für $\omega \to 0$ dem Wert $T_0 = 0$ nähert, verhält sich die Schaltung wie ein Hochpass.

3) Der bezogene Übertragungsfaktor hat bei der Grenzfrequenz den Betrag $1/\sqrt{2}$; sein Quadrat hat den Wert 1/2:

$$\left|\underline{t}(j\omega_g)\right|^2 = \frac{1}{2} = \frac{1}{1 + \left(\frac{\omega_1}{\omega_g}\right)^2} \cdot \frac{1}{1 + \left(\frac{\omega_2}{\omega_g}\right)^2} \qquad (2)$$

Wenn die beiden Kondensatoren die Grenzfrequenz im gleichen Maß bestimmen sollen, dann müssen die beiden Faktoren auf der rechten Seite der Gl. (2) den gleichen Wert $1/\sqrt{2}$ haben und die Kreisfrequenzen ω_1 und ω_2 müssen den gleichen Wert $\omega_{1,2}$ haben; somit gilt:

$$\omega_{1,2} = \omega_g \sqrt{\sqrt{2} - 1} = 2\,\pi\, f_g \sqrt{\sqrt{2} - 1}$$

Wir setzen die gegebenen Größen ein und berechnen mit den Gln. (1) die gesuchten Werte der Eintore:

$$C_1 = \frac{1}{(R_i + R_1)\,\omega_{1,2}} = 4{,}46\ \mu\text{F}$$

$$C_2 = \frac{1}{(R_2 + R_V)\,\omega_{1,2}} = 3{,}93\ \mu\text{F}$$

Lösung 6.15

Die beiden Schaltungen sind äquivalent, wenn die Betriebs-Übertragungsfaktoren gleich sind. Dies ist dann der Fall, wenn in beiden Schaltungen der Strom $\underline{I}_3$ vom Knoten 1 weg fließt und zum Knoten 2 hin fließt. Wir tragen die entsprechenden Bezugspfeile in die Schaltung mit $\underline{Z}_1$ und $\underline{Z}_2$ ein.

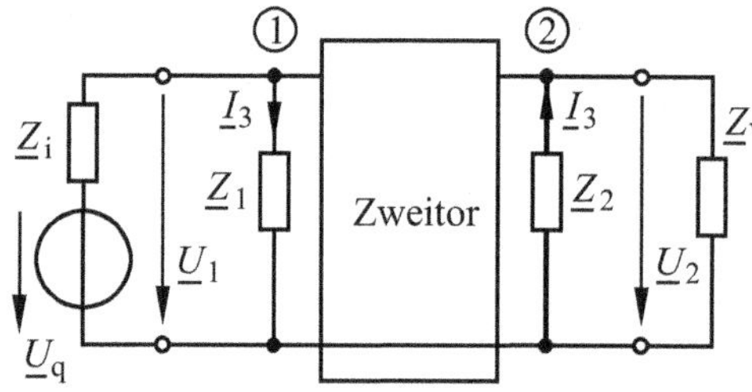

Zunächst lösen wir die Maschengleichung

$$-\underline{U}_1 + \underline{Z}_3 \underline{I}_3 + \underline{U}_2 = 0$$

für die Schaltung mit dem Widerstand $\underline{Z}_3$ nach dem Strom auf:

$$\underline{I}_3 = \frac{\underline{U}_1 - \underline{U}_2}{\underline{Z}_3}$$

Der Widerstand $\underline{Z}_1$ liegt an der Spannung $\underline{U}_1$ und wird vom Strom $\underline{I}_3$ durchflossen. Wir setzen an:

$$\underline{Z}_1 = \frac{\underline{U}_1}{\underline{I}_3} = \frac{\underline{U}_1\, \underline{Z}_3}{\underline{U}_1 - \underline{U}_2}$$

Wir dividieren diese Gleichung durch $\underline{U}_1$ und erhalten mit $\underline{T} = \underline{U}_2 / \underline{U}_1$:

$$\underline{Z}_1 = \frac{\underline{Z}_3}{1 - \underline{T}}$$

Der Widerstand $\underline{Z}_2$ liegt an der Spannung $\underline{U}_2$ und wird gegensinnig vom Strom $\underline{I}_3$ durchflossen. Wir setzen an:

$$\underline{Z}_2 = -\frac{\underline{U}_2}{\underline{I}_3} = -\frac{\underline{U}_2\, \underline{Z}_3}{\underline{U}_1 - \underline{U}_2}$$

Mit dem Spannungsübertragungsfaktor $\underline{T}$ ergibt sich:

$$\underline{Z}_2 = \underline{Z}_3 \frac{\underline{T}}{\underline{T}-1}$$

Lösung 6.16

1) Die Spannung $\underline{U}_2$ wird durch den Strom der spannungsgesteuerten Stromquelle verursacht, der gegensinnig zur Spannung durch den Verbraucherwiderstand fließt:

$$\underline{U}_2 = -y\,\underline{U}_1\,R_V \qquad (1)$$

Wir fassen den Leitwert G_1 und das Grundeintor C_{BE} zum komplexen Leitwert $\underline{Y}_1 = G_1 + \mathrm{j}\,\omega C_{BE}$ zusammen. Mit der Spannungsteilerregel bestimmen wir die Spannung $\underline{U}_1$:

$$\underline{U}_1 = \frac{\underline{U}_q\,\underline{Z}_1}{R_i + \underline{Z}_1} = \frac{\underline{U}_q}{1 + R_i\underline{Y}_1} \qquad (2)$$

Nun bilden wir mit den Gln. (1 und 2) den Spannungsübertragungsfaktor:

$$\underline{T} = \frac{\underline{U}_2}{\underline{U}_q} = \frac{y\,R_V}{1 + R_i G_1 + \mathrm{j}\,\omega\,C_{BE}\,R_i} \qquad (3)$$

Bei $\omega = 0$ nimmt der Spannungsübertragungsfaktor seinen größten Betrag an:

$$T_{max} = \frac{y\,R_V}{1 + R_i G_1}$$

Für $\omega \rightarrow \infty$ nähert sich der Betrag dem Wert $T = 0$ an; die Schaltung hat also Tiefpassverhalten.

Bei der 3-dB-Grenzkreisfrequenz ω_g ist der Realteil des Nenners in der Gl. (3) gleich dem Imaginärteil:

$$1 + R_i\,G_1 = \omega_g\,C_{BE}\,R_i$$

Damit berechnen wir die Grenzfrequenz:

$$f_g = \frac{1 + R_i G_1}{2\,\pi\,C_{BE}\,R_i} \qquad (4)$$

2) Mit den gegebenen Werten erhalten wir für die Grenzfrequenz das Ergebnis:

$$f_g = 2{,}38\ \mathrm{MHz}$$

3) Wir gehen zunächst zur äquivalenten Schaltung über (s. Aufgabe 6.15). Da $\underline{Z}_3$ ein kapazitives Grundeintor ist, werden auch $\underline{Z}_1$ und $\underline{Z}_2$ durch solche Eintore repräsentiert.

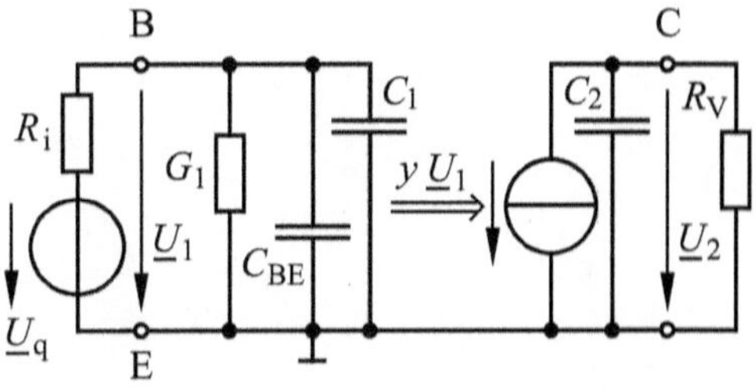

Für die Berechnung der Werte C_1 und C_2 bestimmen wir den Spannungsübertragungsfaktor. Die Spannung $\underline{U}_2$ wird durch den Strom der spannungsgesteuerten Stromquelle verursacht, der gegensinnig zur Spannung durch die Parallelschaltung am Ausgang fließt. Somit gilt:

$$\underline{T} = \frac{\underline{U}_2}{\underline{U}_1} = \frac{-y}{G_V + \mathrm{j}\,\omega\,C_2}$$

Der Imaginärteil des Nenners kann im Frequenzbereich $0 \le f \le 2$ MHz gegenüber dem Realteil vernachlässigt werden. Somit gilt näherungsweise:

$$\underline{T} = \frac{\underline{U}_2}{\underline{U}_1} = \frac{-y}{G_V} = -63$$

Wir berechnen die Werte der Eintore $\underline{Z}_1$ und $\underline{Z}_2$ wie in der Aufgabe 6.15 und setzen für $\underline{Z}_3$ den Widerstand der Basis-Kollektor-Kapazität C_{BC} an:

$$\underline{Z}_1 = \frac{\underline{Z}_3}{1-\underline{T}} = \frac{1}{\mathrm{j}\,\omega\,C_{BC}\cdot 64}$$

Dies ist der Widerstand eines kapazitiven Grundeintors $C_1 = 64\cdot C_{BC} = 96$ pF. Seine Kapazität ist viel größer als die Kapazität C_{BC} zwischen der Eingangs- und der Ausgangsklemme des Zweitors. Man spricht hierbei vom **Miller-Effekt**[1] und bezeichnet C_1 als Miller-Kapazität.

[1] John Milton Miller, 1882 – 1962

Für das Ersatzeintor am Tor 2 gilt (s. Lösung der Aufgabe 6.15):

$$\underline{Z}_2 = \underline{Z}_3 \frac{\underline{T}}{\underline{T}-1} = \frac{1}{\mathrm{j}\,\omega\, C_{\mathrm{BC}} \cdot 1{,}016}$$

Seine Kapazität

$$C_2 = 1{,}016 \cdot C_{\mathrm{BC}} = 1{,}524 \text{ pF}$$

ist praktisch gleich groß wie C_{BC} und hat erst bei Frequenzen $f \gg 2$ MHz Einfluss auf das Verhalten der Schaltung.

4) Für die Berechnung der Grenzfrequenz fassen wir die Kapazitäten C_1 und C_{BE} zusammen:

$$C_{1\mathrm{e}} = C_1 + C_{\mathrm{BE}} = 171 \text{ pF}$$

Damit berechnen wir entsprechend Gl. (4) die Grenzfrequenz:

$$f_{\mathrm{g}} = \frac{1 + R_{\mathrm{i}} G_1}{2\,\pi\, C_{1\mathrm{e}}\, R_{\mathrm{i}}} = 1{,}044 \text{ MHz}$$

Die Kapazität C_{BE} bewirkt also eine deutliche Herabsetzung der Grenzfrequenz.

7 Drehstrom-Schaltungen

Aufgabe 7.1

Zwei symmetrische 400-V-Drehstromnetze sind nicht synchronisiert. Sie haben zwar gleiche Frequenz, aber unterschiedliche Phasenlage: Jede Außenleiterspannung des Netzes A eilt der entsprechenden Außenleiterspannung des Netzes B um 35° vor. Die Neutralleiter der beiden Netze liegen auf gleichem Potenzial.

1) Zeichnen Sie ein maßstäbliches Zeigerdiagramm der Spannungen beider Netze. Die Außenleiterspannung $\underline{U}_{12A}$ soll als nullphasig angenommen werden.

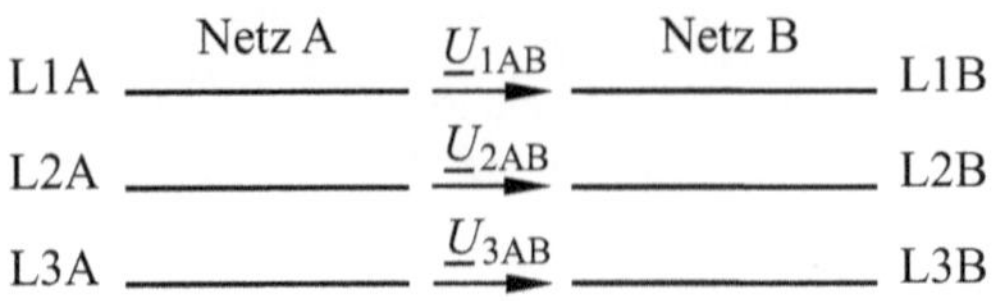

2) Zeichnen Sie die Zeiger der Spannungen $\underline{U}_{1AB}$, $\underline{U}_{2AB}$ und $\underline{U}_{3AB}$, die jeweils zwischen zwei Außenleitern der Netze liegen, in das Zeigerdiagramm ein.

3) Berechnen Sie die komplexen Spannungen $\underline{U}_{1AB}$, $\underline{U}_{2AB}$ und $\underline{U}_{3AB}$.

Aufgabe 7.2

An ein Dreileiternetz mit der Außenleiterspannung 400 V (50 Hz) sind die komplexen Leitwerte $\underline{Y}_1 = 10\ \text{mS}\underline{/0°}$, $\underline{Y}_2 = 20\ \text{mS}\ \underline{/60°}$ und $\underline{Y}_3$ in Sternschaltung angeschlossen.

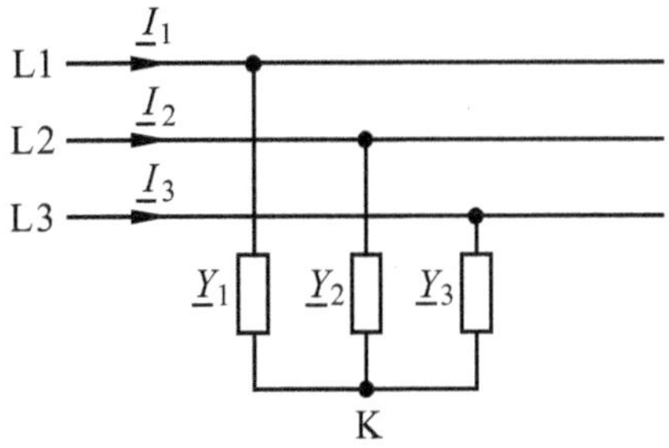

1) Wie ist $\underline{Y}_3$ zu wählen, damit die Strangspannungen an den Verbrauchern ein symmetrisches Spannungssystem bilden?

2) Durch welche Bauelemente in Parallelschaltung kann $\underline{Y}_3$ realisiert werden?

3) Welche Außenleiterströme $\underline{I}_1$; $\underline{I}_2$; $\underline{I}_3$ fließen?

Aufgabe 7.3

An ein Dreileiternetz (400 V; 50 Hz) sind zwei Verbrauchergruppen in Sternschaltung angeschlossen. Welche Spannung $\underline{U}_{AB}$ entsteht zwischen den Knotenpunkten A und B ?

$G_{1A} = 0{,}1$ S; $G_{2A} = 0{,}2$ S; $G_{3A} = 0{,}3$ S

$G_{1B} = 0{,}2$ S; $G_{2B} = 0{,}4$ S; $G_{3B} = 0{,}8$ S

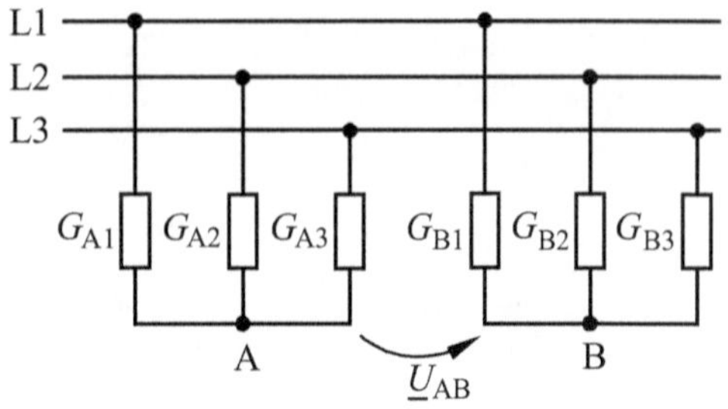

Aufgabe 7.4

In dem Energieversorgungsnetz ist ein Punkt direkt geerdet und die Metallgehäuse der Verbraucher sind über den **Schutzleiter** (PE-Leiter, *protection earth*) direkt mit diesem Punkt verbunden; ein derartiges Netz wird als **TN-Netz** bezeichnet.

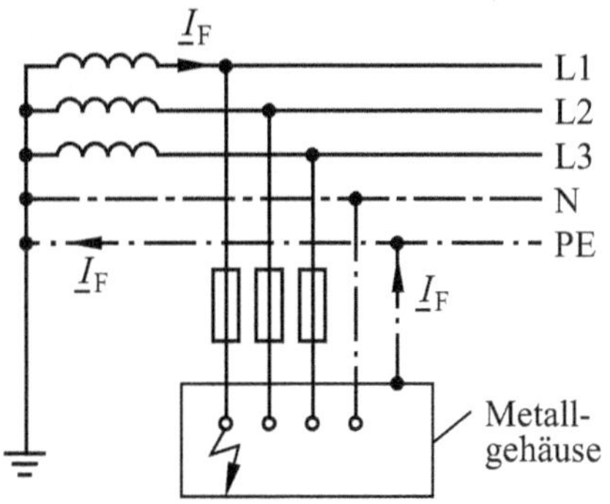

Wird durch einen Fehler ein Außenleiter mit dem Metallgehäuse leitend verbunden, so fließt der **Fehlerstrom** $\underline{I}_F$ und der fehlerbehaftete Teil des Netzes wird durch eine Überstrom-Schutzeinrichtung, z. B. durch eine Sicherung, abgeschaltet.

Der Effektivwert I_F des Fehlerstromes muss dazu mindestens so groß sein wie der Abschaltstrom I_A, der das Ansprechen der Überstrom-Schutzeinrichtung in 0,2 s bewirkt. Die Bedingung lautet:

$$I_A \leq I_F = U_0 / Z_S$$

Hierbei ist U_0 die Nennspannung zwischen einem Außenleiter und dem geerdeten Leiter, und Z_S ist der Scheinwiderstand der **Fehlerschleife**, also des Stromweges von $\underline{I}_F$.

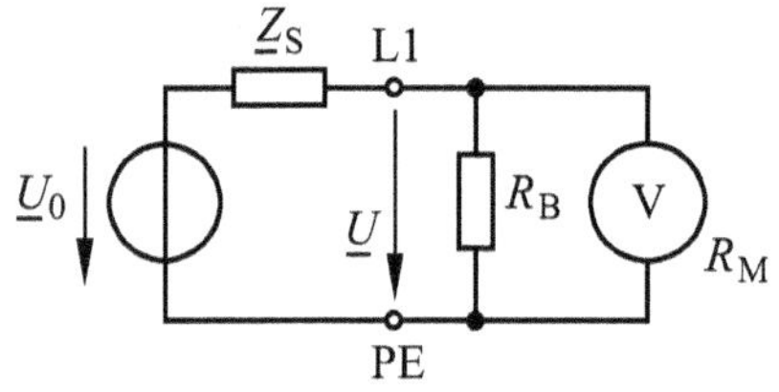

Zur Bestimmung des Scheinwiderstandes Z_S der Fehlerschleife wird zunächst ohne Belastung durch R_B mit dem Spannungsmesser ($R_M \to \infty$) die Spannung 230 V gemessen. Dann wird $R_{B1} = 10\,\Omega$ zugeschaltet und die Spannung $U_1 = 223$ V gemessen; schließlich wird mit $R_{B2} = 20\,\Omega$ die Spannung $U_2 = 226{,}5$ V gemessen.
Berechnen Sie den Scheinwiderstand Z_S und entscheiden Sie, ob die **Abschaltbedingung** des TN-Netzes für $I_A = 320$ A erfüllt ist; rechnen Sie dabei auf 5 Stellen genau.

Aufgabe 7.5
Am Ende einer 400 km langen Drehstrom-Freileitung wird Wirkleistung beim Leistungsfaktor $\cos\varphi = 1$ abgenommen. Am Leitungsende beträgt die Außenleiterspannung 380 kV; 50 Hz. Jeder Strang der Leitung kann als Zweitor mit den folgenden Kettenparametern dargestellt werden:

$$\underline{A}_{11} = \underline{A}_{22} = 0{,}92 + \text{j}\,0{,}0115$$

$$\underline{A}_{12} = 12\,\Omega + \text{j}\,98\,\Omega;\ \underline{A}_{21} = 0{,}98\,\mu\text{S} + \text{j}\,1{,}75\,\text{mS}$$

1) Am Leitungsende wird die Wirkleistung $P_E = 360$ MW abgenommen. Berechnen Sie die Wirk-, Blind- und Scheinleistung am Leitungsanfang. Welche Verluste entstehen auf der Leitung?

2) Bei welcher Wirkleistung am Leitungsende tritt am Leitungsanfang lediglich Wirkleistung auf? Welche Verluste entstehen dabei auf der Leitung?

Lösung 7.1
1) Wir zeichnen zunächst in die Netze Bezugspfeile für die Spannungen zwischen je einem Außenleiter und dem Neutralleiter ein.

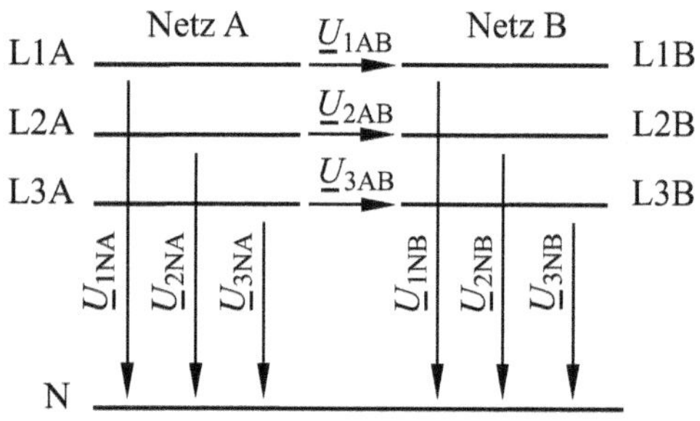

Beim Zeigerdiagramm beginnen wir mit den Außenleiterspannungen des Netzes A. Da $\underline{U}_{12A}$ als Bezugsgröße gilt, zeichnen wir diese Spannung mit dem Betrag 400 V parallel zur reellen Achse. Die beiden anderen Außenleiterspannungen des Netzes A ergeben einen geschlossenen Linienzug, der hier ein gleichseitiges Dreieck ist.

Die Spannungen zwischen je einem Außenleiter und dem Neutralleiter im Netz A weisen zum Mittelpunkt dieses Dreiecks, dem Sternpunkt N. Der Betrag dieser Spannungen ist die Sternspannung:

$$U_{\curlywedge} = \frac{U}{\sqrt{3}} = 230\text{ V}$$

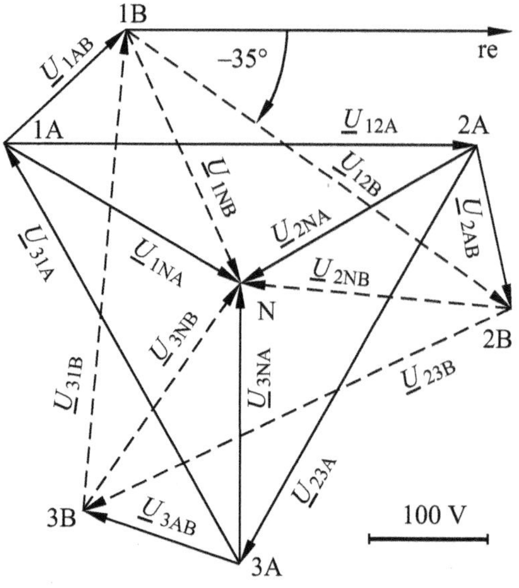

Nun zeichnen wir die gleiche Figur noch einmal um $-35°$ um den Punkt N gedreht und erhalten so das Zeigerdiagramm des Netzes B (gestrichelte Linien).

2) Die Spannung $\underline{U}_{1AB}$ zwischen den Außenleitern L1 der beiden Netze tragen wir vom Punkt 1A zum Punkt 1B ein. Entsprechend verfahren wir mit den übrigen Spannungen $\underline{U}_{2AB}$ und $\underline{U}_{3AB}$.

3) Zur Berechnung der Spannungen zwischen den beiden Netzen lösen wir die Maschengleichung

$$\underline{U}_{1AB} + \underline{U}_{1NB} - \underline{U}_{1NA} = 0$$

nach $\underline{U}_{1AB}$ auf:

$$\underline{Y}_3 = 26{,}5\ \text{mS}\,\underline{/19{,}1°} \qquad (1)$$

Aus dem Zeigerdiagramm lesen wir ab:

$$\underline{U}_{1NA} = 230\ \text{V}\underline{/-30°}\ ;\ \underline{U}_{1NB} = 230\ \text{V}\underline{/-65°}$$

Wir setzen diese Werte in die Gl. (1) ein:

$$\underline{U}_{1AB} = 138{,}3\ \text{V}\underline{/42{,}5°}$$

Da die drei Spannungen $\underline{U}_{1AB}$, $\underline{U}_{2AB}$ und $\underline{U}_{3AB}$ offensichtlich ein symmetrisches System bilden, gegeneinander also um jeweils 120° phasenverschoben sind, ergibt sich:

$$\underline{U}_{2AB} = 138{,}3\ \text{V}\underline{/-77{,}5°}$$

$$\underline{U}_{3AB} = 138{,}3\ \text{V}\underline{/162{,}5°}$$

Lösung 7.2

Bei unsymmetrischer Last in Sternschaltung am Dreileiternetz ist das System der Verbraucherspannungen im Allg. unsymmetrisch. Zwischen dem Knoten K und dem Sternpunkt N des Netzes liegt die Spannung $\underline{U}_{KN}$:

$$\underline{U}_{KN} = \frac{\underline{Y}_1\,\underline{U}_{1N} + \underline{Y}_2\,\underline{U}_{2N} + \underline{Y}_3\,\underline{U}_{3N}}{\underline{Y}_1 + \underline{Y}_2 + \underline{Y}_3} \qquad (1)$$

In einem symmetrischen Spannungssystem ist $\underline{U}_{KN} = 0$. Wir setzen also, um den hierfür nötigen Leitwert $\underline{Y}_3$ zu berechnen, den Zähler der Gleichung gleich Null, lösen die so entstandene Gleichung nach $\underline{Y}_3$ auf und erhalten:

$$\underline{Y}_3 = -\frac{\underline{Y}_1\,\underline{U}_{1N} + \underline{Y}_2\,\underline{U}_{2N}}{\underline{U}_{3N}}$$

Mit den symmetrischen Spannungen $\underline{U}_{1N} = U_{\perp}\underline{/0°}$, $\underline{U}_{2N} = U_{\perp}\underline{/-120°}$ und $\underline{U}_{3N} = U_{\perp}\underline{/120°}$ sowie der Sternspannung $U_{\perp} = 230$ V berechnen wir:

$$\underline{Y}_3 = 26{,}5\ \text{mS}\,\underline{/19{,}1°}$$

2) Wir wandeln $\underline{Y}_3$ in die R-Form um:

$$\underline{Y}_3 = G + \text{j}\,B = (25{,}0 + \text{j}\,8{,}66)\ \text{mS}$$

Da der Leitwert $\underline{Y}_3$ einen positiven Blindanteil B aufweist, wirkt er kapazitiv. Mit diesem Blindleitwert berechnen wir:

$$C = B\,/\,\omega = 27{,}6\ \mu\text{F}$$

Der geforderte Leitwert $\underline{Y}_3$ ist also durch die Parallelschaltung eines OHMschen Widerstandes $40\ \Omega = 1/(25\ \text{mS})$ und eines Kondensators mit der Kapazität $C = 27{,}6\ \mu$F zu realisieren.

3) Mit den symmetrischen Spannungen an den Verbrauchern berechnen wir die Ströme:

$$\underline{I}_1 = \underline{Y}_1\,\underline{U}_{1N} = 2{,}3\ \text{A}\,\underline{/0°}$$

$$\underline{I}_2 = \underline{Y}_2\,\underline{U}_{2N} = 4{,}6\ \text{A}\,\underline{/-60°}$$

$$\underline{I}_3 = \underline{Y}_3\,\underline{U}_{3N} = 6{,}09\ \text{A}\,\underline{/139{,}1°}$$

Wir überprüfen zweckmäßig die Richtigkeit der Rechnung, indem wir die Ströme in die Knotengleichung $\underline{I}_1 + \underline{I}_2 + \underline{I}_3 = 0$ einsetzen, und erhalten einen hinreichend kleinen Wert, der aus Rundungsfehlern herrührt.

Lösung 7.3

Da das Spannungssystem an den Verbrauchergruppen unsymmetrisch ist, gibt es keinen direkten Ansatz zur Berechnung der Spannung $\underline{U}_{AB}$. Die Lösung führt vielmehr über die Knotenspannungen $\underline{U}_{AN}$ bzw. $\underline{U}_{BN}$, die zwischen den Knoten A bzw. B und dem Sternpunkt des Netzes liegen;

wir können ihn uns als hinzugefügten Neutralleiter vorstellen.

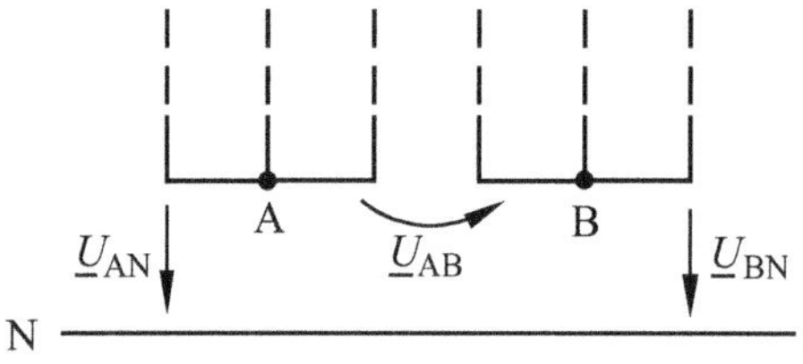

Die Knotenspannungen berechnen wir mit der Gl. (1) der Lösung von Aufgabe 7.2:

$$\underline{U}_{AN} = \frac{G_{1A}\,\underline{U}_{1N} + G_{2A}\,\underline{U}_{2N} + G_{3A}\,\underline{U}_{3N}}{G_{1A} + G_{2A} + G_{3A}}$$

$$\underline{U}_{BN} = \frac{G_{1B}\,\underline{U}_{1N} + G_{2B}\,\underline{U}_{2N} + G_{3B}\,\underline{U}_{3N}}{G_{1B} + G_{2B} + G_{3B}}$$

In diese Gleichungen setzen wir die gegebenen Leitwerte und die symmetrischen Spannungen $\underline{U}_{1N}$, $\underline{U}_{2N}$ und $\underline{U}_{3N}$ ein Damit berechnen wir:

$$\underline{U}_{AN} = 66{,}4\ \text{V}\,\underline{/150°}$$

$$\underline{U}_{BN} = 86{,}9\ \text{V}\,\underline{/139{,}1°}$$

Nun lösen wir die Maschengleichung

$$\underline{U}_{AB} + \underline{U}_{BN} - \underline{U}_{AN} = 0$$

nach $\underline{U}_{AB}$ auf und erhalten:

$$\underline{U}_{AB} = \underline{U}_{AN} - \underline{U}_{BN} = 25{,}1\ \text{V}\,\underline{/-70{,}9°}$$

Lösung 7.4

Ohne Belastung fließt kein Strom und es wird die Quellenspannung $U_0 = 230$ V gemessen.

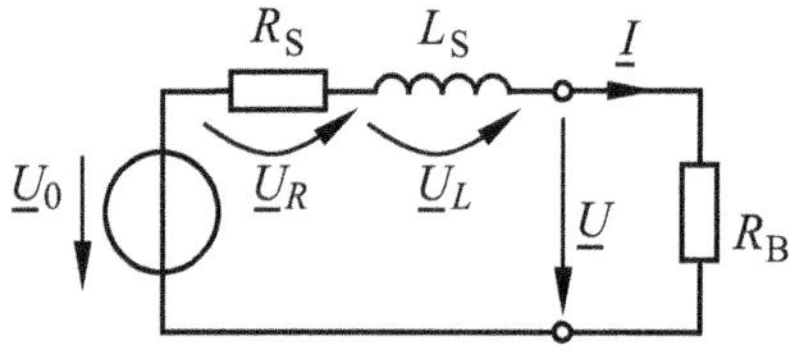

Der Scheinwiderstand Z_S ist der Betrag des komplexen Widerstandes $\underline{Z}_S = R_S + \mathrm{j}\,X_S$, wobei $X_S = \omega L_S$ ein induktiver Blindwiderstand ist. Bei Belastung fließt der Strom $\underline{I}$ durch den Lastwiderstand R_B und es entstehen an R_S bzw. X_S die Spannungsfälle $\underline{U}_R$ bzw. $\underline{U}_L$.

Bei Belastung mit R_{B1} verursacht der Strom $\underline{I}_1$ die Spannungsfälle $\underline{U}_{R1}$ bzw. $\underline{U}_{L1}$ und am Lastwiderstand liegt die Spannung $\underline{U}_1$. Da nur der Effektivwert von $\underline{U}_1$ gegeben ist, entnehmen wir dem (nicht maßstäblichen) Zeigerdiagramm die Gleichung für die Beträge der Spannungen:

$$(U_{R1} + U_1)^2 + U_{L1}^2 = U_0^2$$

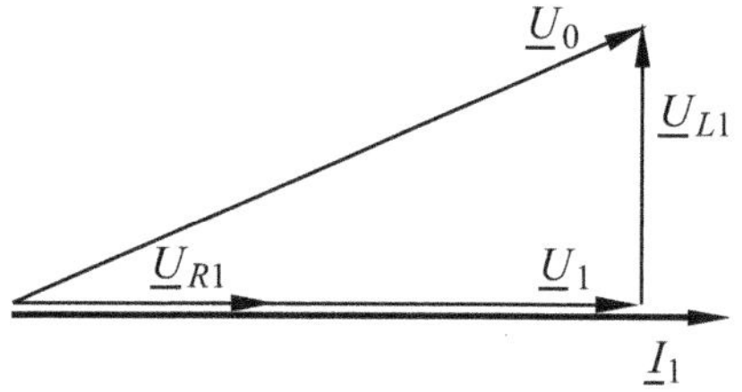

In den Gleichungen $U_{R1} = R_S\,I_1$ und $U_{L1} = X_S\,I_1$ für die unbekannten Spannungen ersetzen wir den Strom I_1 durch U_1/R_{B1}; außerdem bringen wir die Spannung U_1 auf die rechte Gleichungsseite:

$$(R_S + R_{B1})^2 + X_S^2 = \left(\frac{U_0\,R_{B1}}{U_1}\right)^2 \qquad (1)$$

Entsprechend gehen wir bei der Belastung mit R_{B2} vor und erhalten:

$$(R_S + R_{B2})^2 + X_S^2 = \left(\frac{U_0\,R_{B2}}{U_2}\right)^2$$

Von dieser Gleichung subtrahieren wir die Gl. (1):

$$2\,R_S\,R_{B2} + R_{B2}^2 - 2\,R_S\,R_{B1} - R_{B1}^2 = 306{,}08\ \Omega^2$$

Damit berechnen wir den Widerstand R_S:

$$R_S = \frac{306{,}08\ \Omega^2 + R_{B1}^2 - R_{B2}^2}{2\,R_{B2} - 2\,R_{B1}} = 0{,}304\ \Omega$$

Dies setzen wir in die Gl. (1) ein, berechnen den Blindwiderstand $X_S = 0{,}451\ \Omega$ und erhalten den Scheinwiderstand der Fehlerschleife:

$$Z_S = \sqrt{R_S^2 + X_S^2} = 0{,}544\ \Omega$$

Wird durch einen Fehler ein Außenleiter mit dem Metallgehäuse leitend verbunden, so fließt der Fehlerstrom $I_F = U_0 / Z_S = 423$ A, der größer als der Abschaltstrom ist. Die Abschaltbedingung des TN-Netzes ist also erfüllt: Die Überstrom-Schutzeinrichtung schaltet den Fehlerstrom in weniger als 0,2 s ab.

Lösung 7.5

Das Bild zeigt einen Strang der Drehstromleitung, die aus einem Außenleiter und dem nicht vorhandenen, widerstandslos gedachten N-Leiter besteht.

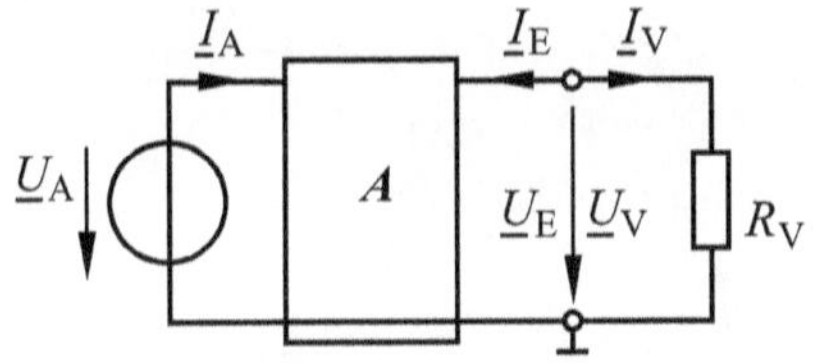

Da am Leitungsende nur Wirkleistung vorliegt, sind die Stranggrößen am Leitungsende reell:

$$U_V = \frac{380\text{ kV}}{\sqrt{3}} = 219{,}4\text{ kV}$$

$$I_V = \frac{P_E}{3\,U_E} = 547\text{ A}$$

Die Kettengleichungen setzen wir für komplexe Größen an:

$$\underline{U}_A = \underline{A}_{11}\,\underline{U}_E + \underline{A}_{12}\cdot(-\underline{I}_E)$$

$$\underline{I}_A = \underline{A}_{21}\,\underline{U}_E + \underline{A}_{22}\cdot(-\underline{I}_E)$$

Mit $\underline{U}_E = \underline{U}_V$ und $\underline{I}_E = -\underline{I}_V$ berechnen wir die Strangspannung und den Strangstrom am Leitungsanfang:

$$\underline{U}_A = 215{,}8\text{ kV}\,\underline{/15{,}1°}\,;\ \underline{I}_A = 637\text{ A}\,\underline{/37{,}8°}$$

Die komplexe Leistung am Leitungsanfang ist:

$$\underline{S}_A = 3\,\underline{U}_A\,\underline{I}_A^* = 412{,}4\text{ MVA}\,\underline{/-22{,}7°}$$

$$\underline{S}_A = 380{,}45\text{ MW} - \text{j}\ 159{,}2\text{ Mvar}$$

Die Leistungen am Leitungsanfang sind:
Wirkleistung 380,45 MW
kapazitive Blindleistung 159,2 Mvar
Scheinleistung 412,4 MVA

Auf der Leitung entstehen 20,34 MW Verluste.

2) Wird am Leitungsende die **natürliche Leistung** P_{Enat} der Freileitung und keine Blindleistung abgenommen, so wird am Leitungsanfang lediglich Wirkleistung eingespeist und es ist die Blindleistung $Q_A = 0$. Dabei gilt:

$$\text{Im}\,\{\underline{U}_A\,\underline{I}_A^*\} = 0$$

Wir ersetzen die Größen $\underline{U}_A$ und $\underline{I}_A$ mithilfe der Kettengleichungen, in die wir die reellen Größen U_V und I_V am Leitungsende einsetzen:

$$\text{Im}\,\{(\underline{A}_{11}\,U_V + \underline{A}_{12}\,I_V)\cdot(\underline{A}_{21}^*\,U_V + \underline{A}_{22}^*\,I_V)\} = 0$$

In diese Gleichung setzen wir die Kettenparameter sowie $I_V = P_{Enat}/(3\,U_V)$ und $U_V = 219{,}4$ kV ein, multiplizieren aus und bilden den Imaginärteil:

$$2{,}08\cdot 10^{-10}\,P_E^2 - 6{,}97\text{ mW}\cdot P_E - 77{,}5\cdot 10^6\text{ W}^2 = 0$$

Die negative Lösung dieser quadratischen Gleichung ist unbrauchbar. Die positive Lösung ist die natürliche Leistung:

$$P_{Enat} = 627{,}66\text{ MW}$$

Bei dieser Leistung am Leitungsende haben die Strangspannung und der Strangstrom am Leitungsanfang folgende Werte:

$$\underline{U}_A = 233{,}9\text{ kV}\,\underline{/24{,}2°}\,;\ \underline{I}_A = 962{,}3\text{ A}\,\underline{/24{,}2°}$$

Bei der zugehörigen Leistung $P_A = 675{,}2$ MW am Anfang der Leitung entsteht auf der Leitung die Verlustleistung 47,54 MW.

Eine Drehstrom-Freileitung wird zweckmäßig mit einer Leistung $P_E < P_{Enat}$ betrieben, weil dann die Verluste geringer als bei P_{Enat} sind und die kapazitive Blindleistung am Leitungsanfang zur Kompensation induktiver Blindleistung von Generatoren und Transformatoren dient.

8 Schaltvorgänge

Aufgabe 8.1

Zum Zeitpunkt $t = 0$, in dem der Schalter geschlossen wird, ist das Grundeintor C_1 auf die Spannung $U_{1,0} = 480$ V geladen; das Grundeintor C_2 ist ungeladen.

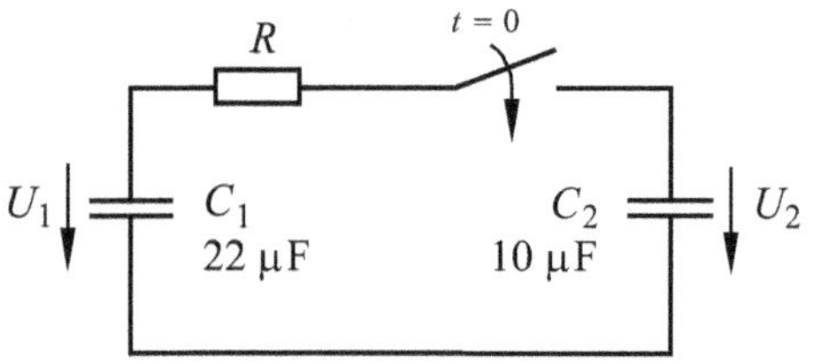

1) Welche Spannungen U_1 und U_2 stellen sich nach dem Ausgleich der Ladungen ein?

2) Welche Energie wird während des Umladens im OHMschen Widerstand R in Wärme umgewandelt?

Aufgabe 8.2

Wie in der Aufgabe 8.1 ist das Grundeintor C_1 zunächst auf die Spannung $U_{1,0} = 480$ V geladen und das Grundeintor C_2 ist ungeladen. Zum Zeitpunkt $t = 0$ wird der Schalter geschlossen.

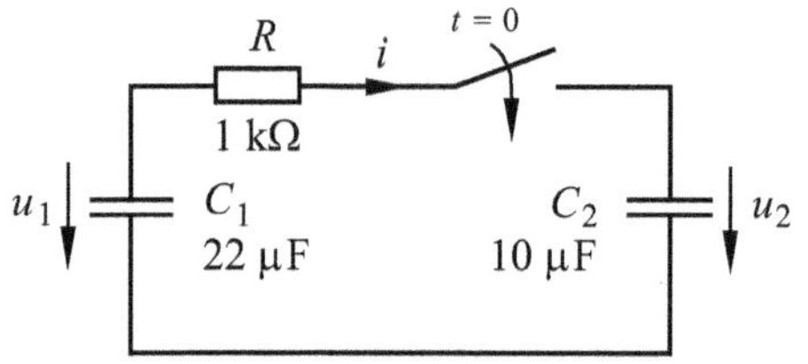

1) Welchen Wert hat die Zeitkonstante τ des Übergangsvorganges?

2) Berechnen Sie mit Differenzialgleichungen die Zeitfunktionen $i(t)$, $u_1(t)$ und $u_2(t)$ und skizzieren Sie diese für $-\tau \leq t \leq 5\,\tau$.

Aufgabe 8.3

Wie in der Aufgabe 8.2 ist das Grundeintor C_1 zunächst auf die Spannung $U_{1,0} = 480$ V geladen und das Grundeintor C_2 ist ungeladen. Zum Zeitpunkt $t = 0$ wird der Schalter geschlossen.

Berechnen Sie die Zeitfunktionen $i{=}f(t)$, $u_1{=}f(t)$, $u_2{=}f(t)$ mithilfe der LAPLACE-Transformation.

Aufgabe 8.4

1) Skizzieren Sie zu der Schaltung in der Aufgabe 8.2 das duale Netz mit den entsprechenden Bezugspfeilen für die Ströme und die Spannungen.

2) Berechnen Sie die Grundeintore des dualen Netzes für die Dualitätskonstante $Z_0 = 1\ \Omega$.

3) Berechnen Sie Zeitfunktionen sämtlicher Ströme und Spannungen im dualen Netz bei einem dem Schaltvorgang in Aufgabe 8.2 entsprechenden Übergangsvorgang.

4) Welche Energie wird während des Übergangsvorganges in Wärme umgewandelt?

Aufgabe 8.5

Der Schalter wird zum Zeitpunkt $t = 0$ geschlossen; zu diesem Zeitpunkt sind die kapazitiven Grundeintore ungeladen.

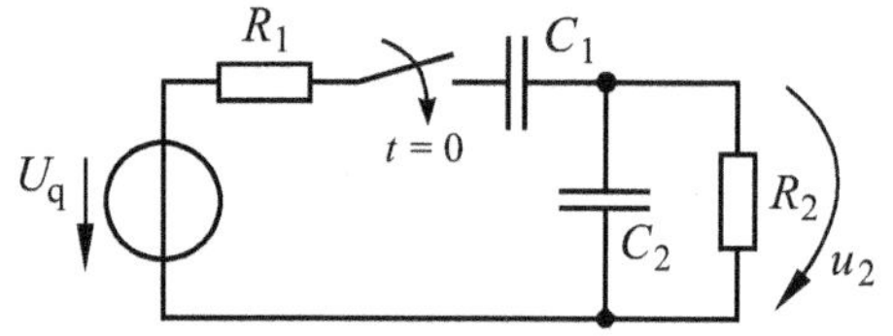

Berechnen Sie die Spannung $u_2(t)$ und stellen Sie diese von $t = 0$ bis 20 µs grafisch dar.

$U_q = 5$ V

$R_1 = 1$ kΩ; $R_2 = 2$ kΩ

$C_1 = 1$ nF; $C_2 = 2$ nF

Aufgabe 8.6

Der Schalter wird zum Zeitpunkt $t = 0$ geschlossen; zu diesem Zeitpunkt enthalten das induktive und das kapazitive Grundeintor keine Energie.

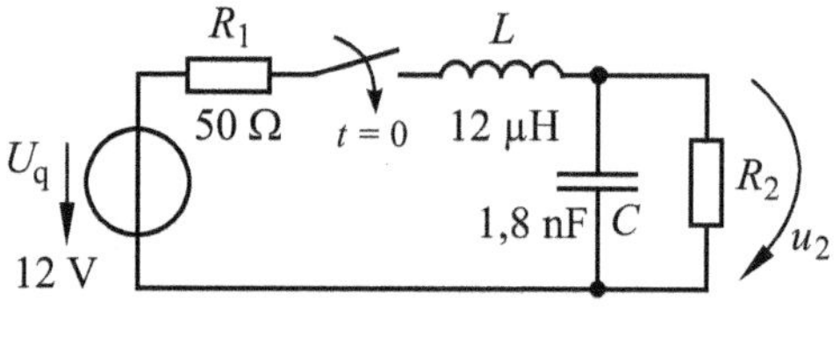

1) Bestimmen Sie für den Bildraum der LAPLACE-Transformation die Übertragungsfunktion $\underline{F}(s) = \underline{U}_2(s)\,/\,\underline{U}_q(s)$.

2) Untersuchen Sie, für welche Werte des Widerstandes R_2 eine Eigenschwingung möglich ist.

3) Berechnen Sie die Spannung $u_2(t)$ und stellen Sie sie von $t = 0$ bis 2,0 µs für $R_2 = 220\ \Omega$ grafisch dar.

Aufgabe 8.7

Der Schalter wird zum Zeitpunkt $t_1 = 0$ geschlossen; zu diesem Zeitpunkt enthalten sowohl das induktive als auch das kapazitive Grundeintor keine Energie. Zum Zeitpunkt $t_2 = 15$ µs wird der Schalter geöffnet.

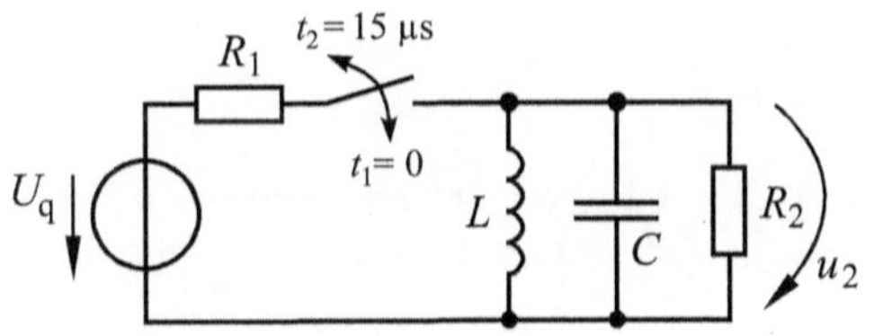

1) Bestimmen Sie die Übertragungsfunktion

$$\underline{F}(s) = \frac{\underline{U}_2(s)}{\underline{U}_q(s)}$$

der Schaltung mit geschlossenem Schalter für den Bildraum der LAPLACE-Transformation.

2) Berechnen Sie die Spannung $u_2(t)$ und stellen Sie sie von $t = 0$ bis 20 µs grafisch dar. Folgende Größen sind gegeben:
$U_q = 1{,}5$ V; $R_1 = R_2 = 1$ kΩ; $L = 10$ µH; $C = 1$ nF

Aufgabe 8.8

Die Schaltung liegt an der eingeschwungenen Wechselspannung $u_1 = 325\ \text{V} \cdot \cos \omega t$, deren Frequenz 50 Hz beträgt. Zum Zeitpunkt $t = 0$ wird der Schalter geöffnet.

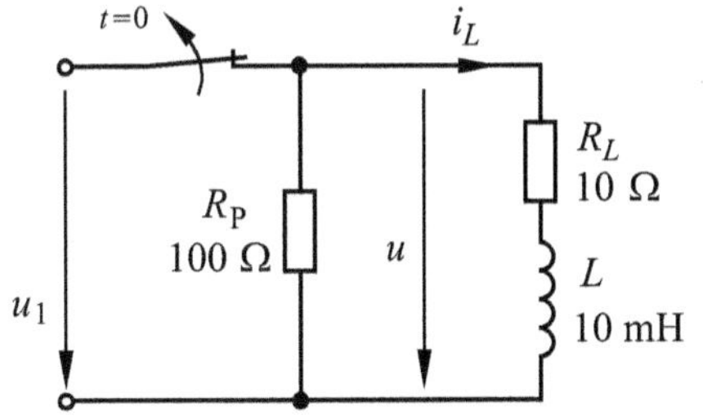

1) Wie verlaufen der Strom $i_L(t)$ und die Spannung $u(t)$ für $t \geq 0$?

2) Zu welchem Zeitpunkt t_0 muss geschaltet werden, damit für jeden Zeitpunkt $t > t_0$ die Spannung u den Wert $u = 0$ V annimmt?

Aufgabe 8.9

Einer Spule mit der Induktivität $L_S = 0{,}25$ H und dem Wicklungswiderstand $R_S = 1{,}2\ \Omega$ ist eine **Freilaufdiode** parallel geschaltet, welche bewirkt, dass der Strom i_S nach dem Öffnen des Schalters weiterhin fließen kann.

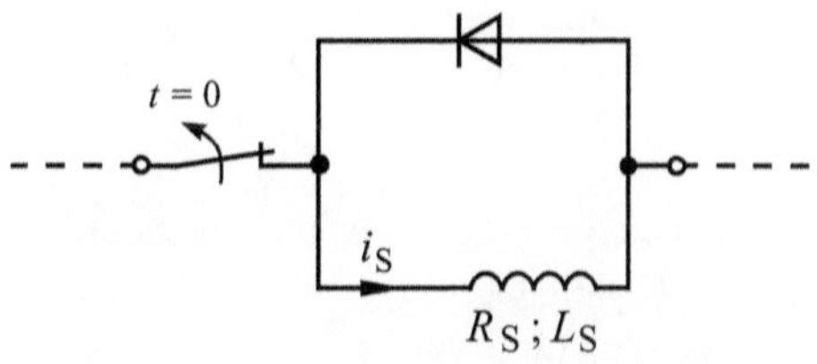

1) Beschreiben Sie das Verhalten der Diode für Ströme $0{,}2\ \text{A} \leq I \leq 2{,}0$ A näherungsweise mit einer linearen Spannungsquelle. Ermitteln Sie die Werte U_{qe} und R_{ie} der Ersatzspannungsquelle.

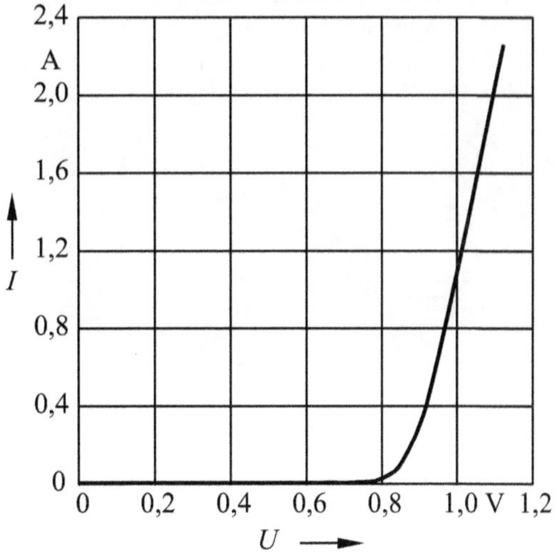

2) Zum Zeitpunkt $t = 0$, in dem der Schalter geöffnet wird, hat der Strom i_S, der durch die Spule fließt, den Wert $i_{S0} = 2{,}0$ A. Berechnen Sie mit der Ersatzspannungsquelle näherungsweise den Verlauf des Stromes i_S für $t \geq 0$.

3) Zu welchem Zeitpunkt t_x ist der Strom näherungsweise auf 10 % des Anfangswertes abgesunken?

Aufgabe 8.10

In einem frei in Luft verlegten Kupferdraht mit dem Querschnitt A = 1,5 mm² fließt der Gleichstrom 24 A. Bei der Berechnung der Temperaturerhöhung soll die Wärmeabgabe an die Umgebung durch den thermischen Widerstand R_{th} zwischen dem Draht (Temperatur ϑ_D) und der Umgebung (Temperatur $\vartheta_U = 20°C$) berücksichtigt werden.

Der thermische Widerstand $R_{th} = 1/(\alpha_K A_D)$ wird durch die Oberfläche A_D des Drahtes und den Konvektionskoeffizienten α_K bestimmt, der für einen in Luft frei ausgespannten Draht einen Wert 10 ... 20 W/(m² K) aufweist.

Zwischen der **Wärmeleitung** und der elektrischen Leitung besteht eine Analogie:

- Die Temperaturdifferenz $\Delta\vartheta = \vartheta_D - \vartheta_U$ entspricht der elektrischen Spannung;
- der Wärmestrom P_W entspricht dem elektrischen Strom.

Damit lässt sich für das beschriebene Problem eine elektrische Ersatzschaltung angeben: Die im Draht entstehende Verlustleistung P_V fließt zum Teil in die **Wärmekapazität** $C_{th} = m\,c$ und erzeugt dort die Temperaturerhöhung $\Delta\vartheta = \vartheta_D - \vartheta_U$; der übrige Teil fließt über den **Wärmewiderstand** R_{th} in die Umgebung.

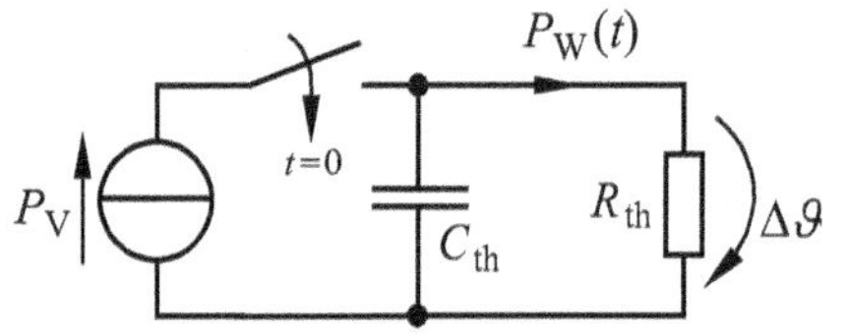

Zusätzlich zu den in der Aufgabe 1.11 genannten Werten sind gegeben:

Temperaturkoeffizient $\alpha_{20} = 3{,}92 \cdot 10^{-3}\,K^{-1}$
Konvektionskoeffizient $\alpha_K = 15\,W/(m^2\,K)$

1) Um welchen Wert $\Delta\vartheta$ steigt die Temperatur des Drahtes in zwei Sekunden unmittelbar nach dem Einschalten, wenn die Widerstandsänderung unberücksichtigt bleibt? Vergleichen Sie das Ergebnis mit dem der Aufgabe 1.11.

2) Um wieviel Prozent ändert sich der Widerstand infolge der in 1) berechneten Temperaturerhöhung? Ist die in 1) erfolgte Vernachlässigung der Widerstandsänderung zulässig?

3) Welche Endtemperatur nimmt der Draht unter Berücksichtigung der Widerstandszunahme an, wenn der Strom lange Zeit fließt?

Aufgabe 8.11

Der Hochspannungs-Kondensator HK mit einem geschichteten Dielektrikum aus Kunststoff-Folien (Index K) und ölimprägniertem Papier (Index P) wird durch ein vereinfachtes Modell nachgebildet, an dem der **Nachladeeffekt** erläutert werden soll.

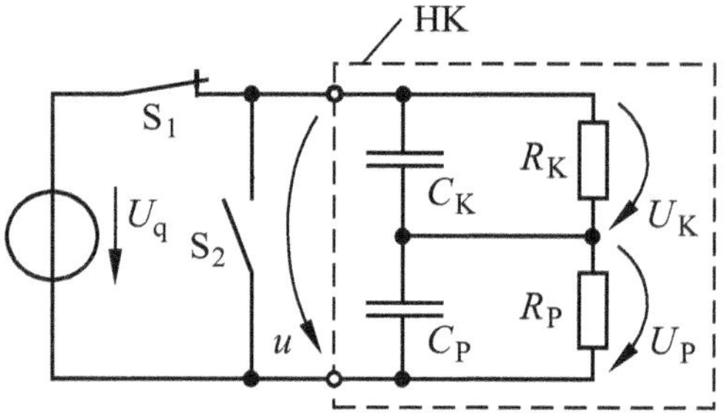

Der Kondensator HK wird zunächst so lange an Gleichspannung geladen (Schalter S_1 geschlossen, Schalter S_2 geöffnet), bis die Spannungen U_K und U_P ihren stationären Endwert erreicht haben. Anschließend wird der von der Quelle getrennte Kondensator HK kurzgeschlossen; dabei ist der Schalter S_1 geöffnet und der Schalter S_2 ist geschlossen. Wird der Schalter S_2 nach kurzer Zeit wieder geöffnet, so entsteht durch den Nachladeeffekt die sog. wiederkehrende Spannung.

Gegeben sind: $C_K = 300$ pF; $C_P = 600$ pF
$R_K = 10^{12}\,\Omega$; $R_P = 10^{10}\,\Omega$

1) Der Kondensator wird an die Gleichspannung $U_q = 20$ kV gelegt. Welche Spannungen U_{K1} und U_{P1} stellen sich im stationären Zustand ein?

2) Wenn der stationäre Zustand erreicht ist, wird der Kondensator von der Quelle getrennt und gleich darauf im Augenblick $t = 0$ kurzgeschlossen. Welche Spannungen U_{K2} und U_{P2} stellen sich am Ende der Kurzschlusszeit $t_K = 10$ s ein?

3) Am Ende der Kurzschlusszeit $t_K = 10$ s wird der Schalter S_2 geöffnet. Welche Spannung $u(t)$ entsteht nun zwischen den Klemmen? Berechnen Sie das Maximum u_{max} dieser Spannung.

Lösung 8.1

1) Vor dem Schalten befindet sich auf dem Grundeintor C_1 die Ladung:

$$Q_{1,0} = C_1\, U_{1,0} = 10{,}56 \text{ mC}$$

Nach dem Schließen des Schalters verteilt sich diese Ladung auf beide Grundeintore, wobei keine Ladung verloren gehen kann:

$$Q_{1,0} = Q_1 + Q_2 = C_1\, U_1 + C_2\, U_2 \qquad (1)$$

Da nach dem Ausgleich der Ladungen kein Strom mehr fließt und daher am Widerstand R keine Spannung abfällt, gilt für $t \to \infty$:

$$U_1 = U_2 = U$$

Wir setzen diese Spannung in die Gl. (1) ein:

$$Q_{1,0} = C_1\, U + C_2\, U$$

Damit berechnen wir die Spannungen, die sich nach dem Ausgleich der Ladungen einstellen:

$$U_1 = U_2 = U = \frac{Q_{1,0}}{C_1 + C_2} = 330 \text{ V}$$

2) Vor dem Umladevorgang enthält das Grundeintor C_1 die Energie:

$$W_{1,0} = \frac{1}{2}\, C_1 U_{1,0}^2 = 2{,}53 \text{ J}$$

Nach Abschluss des Umladevorgangs ($t \to \infty$) ist die gesamte Energie in beiden Grundeintoren:

$$W_\infty = \frac{1}{2}\,(C_1 + C_2)\, U^2 = 1{,}742 \text{ J}$$

Die Energiedifferenz wurde am Widerstand R in Wärme umgewandelt:

$$\Delta W = W_{1,0} - W_\infty = 0{,}792 \text{ J}$$

Man erkennt, dass der Wert des Widerstandes R für den Energieumsatz nicht von Bedeutung ist. Der Wert R beeinflusst lediglich die Zeitspanne, in welcher die Kondensatoren umgeladen werden.

Lösung 8.2

1) Während des Übergangsvorgangs ist in jedem Augenblick die Maschengleichung erfüllt:

$$R\, i + u_2 - u_1 = 0 \qquad (1)$$

Wir differenzieren diese Gleichung nach der Zeit:

$$R \frac{\mathrm{d}i}{\mathrm{d}t} + \frac{\mathrm{d}u_2}{\mathrm{d}t} - \frac{\mathrm{d}u_1}{\mathrm{d}t} = 0$$

Mithilfe der Gleichung für das Grundeintor C ersetzen wir die Differenzialquotienten der Spannungen durch den Strom, wobei wir berücksichtigen, dass an C_1 die Bezugspfeile für Spannung und Strom einander entgegengesetzt sind:

$$R \frac{\mathrm{d}i}{\mathrm{d}t} + i \left(\frac{1}{C_1} + \frac{1}{C_2} \right) = 0 \qquad (2)$$

Der Klammerausdruck ist der Kehrwert der Ersatzkapazität C_e für die Reihenschaltung aus C_1 und C_2. Wir multiplizieren die Gl. (2) mit C_e und erhalten:

$$R\, C_\mathrm{e} \frac{\mathrm{d}i}{\mathrm{d}t} + i = 0 \qquad (3)$$

Der Ausdruck $R\, C_\mathrm{e}$ ist die Zeitkonstante τ des Übergangsvorganges:

$$\tau = R\, C_\mathrm{e} = 6{,}88 \text{ ms}$$

2) Wir lösen die Differenzialgleichung (3) durch Trennung der Variablen:

$$\frac{1}{i}\, \mathrm{d}i = -\frac{1}{\tau}\, \mathrm{d}t$$

Die Integration dieser Gleichung ergibt:

$$\ln i + \ln K_1 = -\frac{t}{\tau}$$

Diese Gleichung lösen wir nach dem Strom auf:

$$i = \frac{1}{K_1} \cdot \mathrm{e}^{-\frac{t}{\tau}} \qquad (4)$$

Die Konstante K_1 berechnen wir aus den Randbedingungen für den Schaltzeitpunkt $t = 0$. Da das Grundeintor C_2 dabei noch keine Ladung trägt, ist $u_{2,0} = 0$ V und nach Gl. (1) gilt:

$$U_{1,0} = R \cdot i_0$$

Wir setzen $i_0 = U_{1,0} / R$ sowie $t = 0$ in die Gl. (4) ein, die wir nach K_1 auflösen:

$$K_1 = \frac{1}{i_0} = \frac{R}{U_{1,0}}$$

Damit lautet die Gl. (4):

$$i = \frac{U_{1,0}}{R} \cdot e^{-\frac{t}{\tau}} = i_0 \cdot e^{-\frac{t}{\tau}} = 0{,}48 \text{ A} \cdot e^{-\frac{t}{\tau}}$$

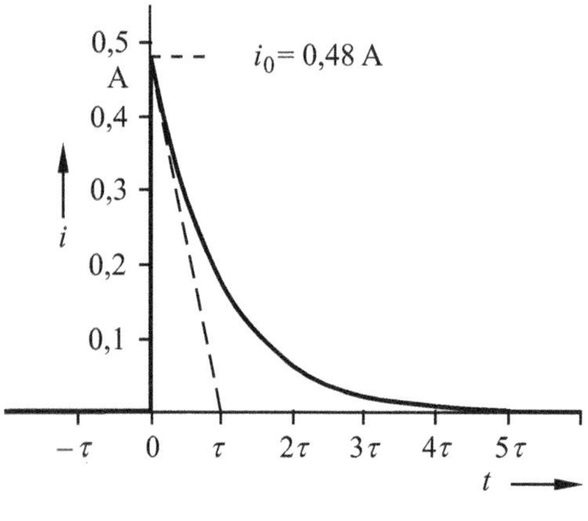

Wir stellen die Gleichung für das Grundeintor C nach der Spannungsänderung um und erhalten die allgemein gültige Gleichung:

$$du = \frac{1}{C} \, i \, dt$$

Wir integrieren sie und erhalten für u_2:

$$u_2 = \frac{1}{C_2} \int i \, dt = \frac{i_0 \cdot (-\tau)}{C_2} \cdot e^{-\frac{t}{\tau}} + K_2$$

Die Integrationskonstante K_2 folgt aus der Anfangsbedingung $u_2 = 0$ für $t = 0$, und wir erhalten mit $K_2 = i_0 \, \tau / C_2$ die Spannung:

$$u_2 = \frac{i_0 \cdot \tau}{C_2} \cdot \left(1 - e^{-\frac{t}{\tau}}\right) = 330 \text{ V} \cdot \left(1 - e^{-\frac{t}{\tau}}\right)$$

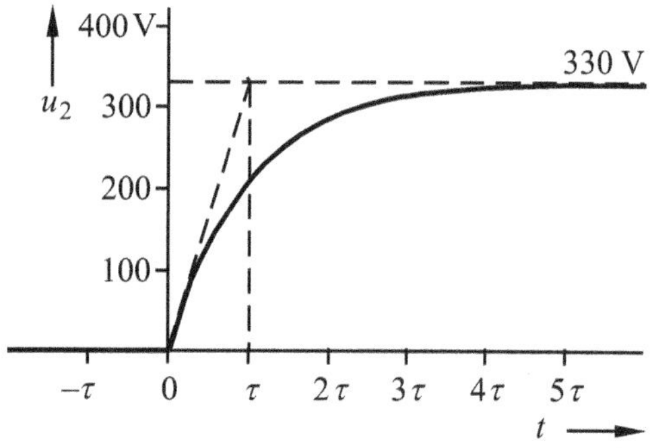

Die Spannung u_1 berechnen wir mit der Gl. (1):

$$u_1 = R \, i + u_2 = 150 \text{ V} \cdot e^{-\frac{t}{\tau}} + 330 \text{ V}$$

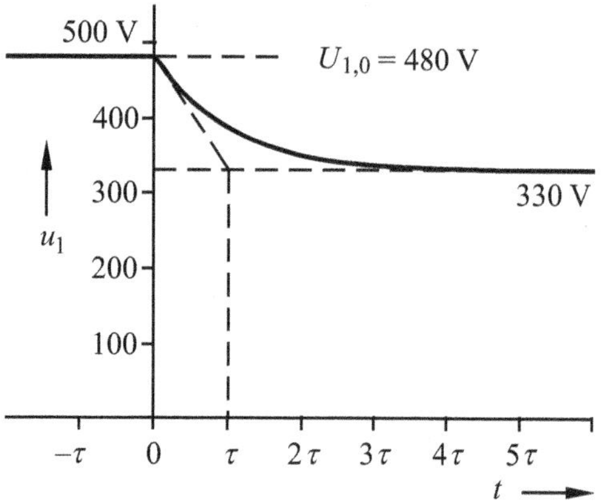

Lösung 8.3

Zunächst zeichnen wir die Ersatzschaltung für den Bildraum, wobei wir für das zum Zeitpunkt $t = 0$ geladene Grundeintor C_1 die Ersatzschaltung verwenden.

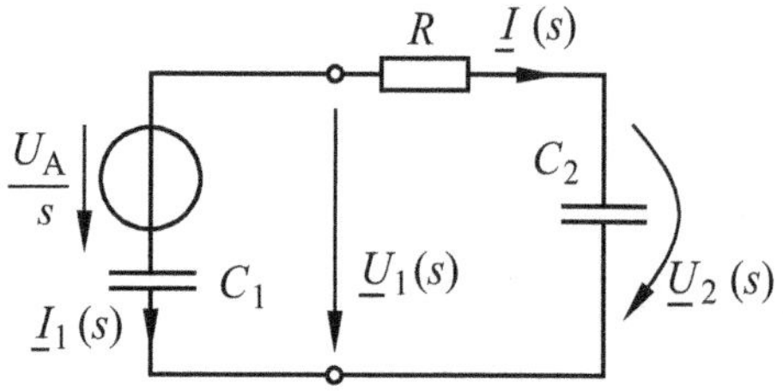

Wir setzen die Eintorgleichungen

$$\underline{U}_1(s) = \frac{U_A}{s} + \frac{\underline{I}_1(s)}{s\,C_1}$$

$$\underline{U}_2(s) = \frac{\underline{I}(s)}{s\,C_2}$$

und die Knotengleichung

$$\underline{I}_1(s) + \underline{I}(s) = 0$$

in die Maschengleichung

$$-\underline{U}_1(s) + R\,\underline{I}(s) + \underline{U}_2(s) = 0$$

ein und erhalten:

$$\frac{\underline{I}(s)}{s\,C_1} + R\,\underline{I}(s) + \frac{\underline{I}(s)}{s\,C_2} = \frac{U_A}{s}$$

Damit berechnen wir den Strom:

$$\underline{I}(s) = \frac{U_A}{s} \cdot \frac{1}{\frac{1}{G} + \frac{1}{s\,C_1} + \frac{1}{s\,C_2}}$$

Diese Gleichung formen wir mit

$$a = \frac{G}{C_1} + \frac{G}{C_2} = 145{,}5\ \text{s}^{-1}$$

um und erhalten:

$$\underline{I}(s) = \frac{G\,U_A}{s + a}$$

Nun lässt sich die Rücktransformation mit der Funktion Nr. 13 aus der Tabelle A6, Band 2 durchführen:

$$i(t) = G\,U_A \cdot \text{e}^{-at} = 0{,}48\ \text{A} \cdot \text{e}^{-at} \qquad (1)$$

Mit der Eintorgleichung für C_2 berechnen wir die Spannung

$$\underline{U}_2(s) = \frac{\underline{I}(s)}{s\,C_2} = \frac{G\,U_A}{C_2} \cdot \frac{1}{s\,(s + a)}$$

und transformieren sie mit der Funktion Nr. 14 aus der Tabelle A6, Band 2 in den Originalraum:

$$u_2(t) = \frac{G\,U_A}{a\,C_2} \cdot \left(1 - \text{e}^{-at}\right) = 330\ \text{V} \cdot \left(1 - \text{e}^{-at}\right) \qquad (2)$$

Zum Schluss berechnen wir die Spannung $u_1(t)$:

$$u_1(t) = R\,i(t) + u_2(t) = 330\ \text{V} + 150\ \text{V} \cdot \text{e}^{-at} \qquad (3)$$

Die Gln. (1 ... 3) gelten nur für $t \geq 0$.

Lösung 8.4

1) Aus der Reihenschaltung in Aufgabe 8.2 wird im dualen Netz eine Parallelschaltung sämtlicher Netzwerkelemente.

Die kapazitiven Grundeintore C sind im dualen Netz induktive Grundeintore L und der Widerstand R wird zum Leitwert G.

Da das duale Netz induktive Speicher an Stelle der kapazitiven Speicher enthält, muss der Schalter für $t < 0$ geschlossen sein und es fließt im induktiven Grundeintor L_1 bei der Spannung $u = 0$ V ein Gleichstrom $I_{1,0}$.

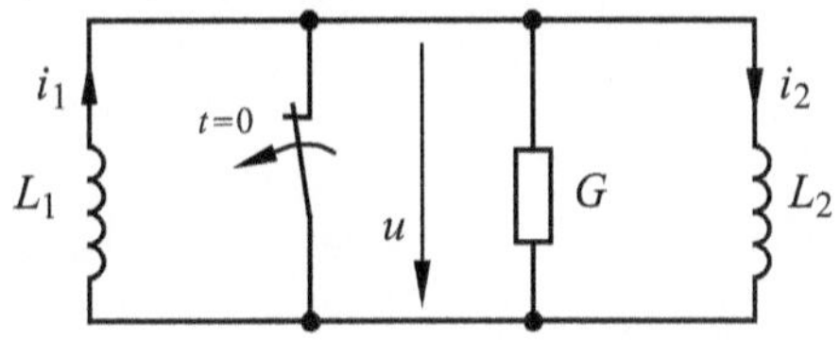

2) Den Anfangsstrom im Speicher L_1 berechnen wir mit der Dualitätskonstanten Z_0:

$$I_{1,0} = \frac{U_{1,0}}{Z_0} = 480\ \text{A}$$

Außerdem berechnen wir die Bauelementewerte:

$$L_1 = C_1\,Z_0^2 = 22\ \mu\text{H}$$

$$L_2 = C_2\,Z_0^2 = 10\ \mu\text{H}$$

$$G = \frac{R}{Z_0^2} = 1000\ \text{S}$$

3) Die Berechnung der Ströme und Spannungen entspricht der Lösung von Aufgabe 8.2. Wir vertauschen lediglich Spannungen und Ströme,

verwenden die dualen Bauelemente und den Knotensatz anstelle des Maschensatzes.

Da als Dualitätskonstante $Z_0 = 1\ \Omega$ gewählt wurde, sind sogar die Zahlenwerte der Ergebnisse identisch; es sind lediglich die Einheiten V und A zu vertauschen.

Während des Übergangsvorganges ist in jedem Augenblick der Knotensatz erfüllt:

$$G\,u + i_2 - i_1 = 0 \qquad (1)$$

Wir differenzieren diese Gleichung nach der Zeit:

$$G\,\frac{\mathrm{d}u}{\mathrm{d}t} + \frac{\mathrm{d}i_2}{\mathrm{d}t} - \frac{\mathrm{d}i_1}{\mathrm{d}t} = 0$$

In dieser Gleichung ersetzen wir die Differenzialquotienten der Ströme mit der Gleichung für die Grundeintore L, wobei wir berücksichtigen, dass an L_1 die Bezugspfeile für Spannung und Strom einander entgegengesetzt sind:

$$G\,\frac{\mathrm{d}u}{\mathrm{d}t} + u\left(\frac{1}{L_1} + \frac{1}{L_2}\right) = 0 \qquad (2)$$

Der Klammerausdruck ist der Kehrwert des Ersatzeintors L_e für die Parallelschaltung aus L_1 und L_2. Wir multiplizieren die Gl. (2) mit L_e und erhalten:

$$G\,L_\mathrm{e}\,\frac{\mathrm{d}u}{\mathrm{d}t} + u = 0 \qquad (3)$$

Der Ausdruck GL_e ist die Zeitkonstante τ des Übergangsvorganges:

$$\tau = G\,L_\mathrm{e} = 6{,}88\ \mathrm{ms}$$

Wir lösen die Differenzialgleichung (3) durch Trennung der Variablen:

$$\frac{1}{u}\,\mathrm{d}u = -\frac{1}{\tau}\,\mathrm{d}t$$

Die Integration dieser Gleichung ergibt:

$$\ln u + \ln K_1 = -\frac{t}{\tau}$$

Damit berechnen wir die Spannung:

$$u = \frac{1}{K_1}\cdot \mathrm{e}^{-\frac{t}{\tau}} \qquad (4)$$

Die Konstante K_1 berechnen wir mit den Randbedingungen für den Schaltzeitpunkt. Da zum Zeitpunkt $t = 0$ durch das Grundeintor L_2 noch kein Strom fließt, gilt mit $i_{2,0} = 0$ nach Gl. (1):

$$I_{1,0} = u_0 \cdot G$$

Wir setzen $u_0 = I_{1,0}/G$ sowie $t = 0$ in die Gl. (4) ein, die wir nach K_1 auflösen:

$$K_1 = \frac{1}{u_0} = \frac{G}{I_{1,0}}$$

Damit lautet die Gl. (4):

$$u = \frac{I_{1,0}}{G}\cdot \mathrm{e}^{-\frac{t}{\tau}} = u_0 \cdot \mathrm{e}^{-\frac{t}{\tau}} = 0{,}48\ \mathrm{V}\cdot \mathrm{e}^{-\frac{t}{\tau}}$$

Nun stellen wir die Gleichung für das Grundeintor L nach der Stromänderung um und erhalten die allgemein gültige Gleichung:

$$\mathrm{d}i = \frac{1}{L}\,u\,\mathrm{d}t$$

Wir integrieren sie und erhalten für i_2:

$$i_2 = \frac{1}{L_2}\int u\,\mathrm{d}t = \frac{u_0\cdot(-\tau)}{L_2}\cdot \mathrm{e}^{-\frac{t}{\tau}} + K_2$$

Die Integrationskonstante K_2 folgt aus der Anfangsbedingung $i_2 = 0$ für $t = 0$, und wir erhalten mit $K_2 = u_0\,\tau/L_2$ den Strom:

$$i_2 = \frac{u_0\cdot\tau}{L_2}\cdot\left(1 - \mathrm{e}^{-\frac{t}{\tau}}\right) = 330\ \mathrm{A}\cdot\left(1 - \mathrm{e}^{-\frac{t}{\tau}}\right)$$

Den Strom i_1 berechnen wir mit der Gl. (1) und erhalten:

$$i_1 = G\,u + i_2 = 150\ \mathrm{A}\cdot \mathrm{e}^{-\frac{t}{\tau}} + 330\ \mathrm{A}$$

Wir zeichnen die Bilder nicht noch einmal, denn sie gleichen denen in der Lösung 8.2; es sind nur an den Ordinaten jeweils die Einheiten Volt und Ampere zu vertauschen.

Lange Zeit nach dem Schalten fließt in den beiden Speichern L_1 und L_2 der Gleichstrom $I_\infty = 330$ A. Für $t \to \infty$ ist der Leitwert G wegen $u = 0$ V stromlos.

4) Vor dem Schalten ist im Grundeintor L_1 die magnetische Energie gespeichert:

$$W_{1,0} = \frac{L_1\, I_{1,0}^2}{2} = 2{,}53 \text{ J}$$

Diese Energie wurde auch für das Grundeintor C_1 in der Aufgabe 8.1 berechnet.

Lange Zeit nach dem Schalten ist in den Grundeintoren L_1 und L_2 insgesamt die magnetische Energie gespeichert:

$$W_\infty = \frac{(L_1 + L_2)\, I_\infty^2}{2} = 1{,}742 \text{ J}$$

Die Energiedifferenz ΔW wird während des Übergangsvorganges im Leitwert G in Wärme umgewandelt:

$$\Delta W = W_{1,0} - W_\infty = 0{,}792 \text{ J}$$

Ein Vergleich mit der Lösung von Aufgabe 8.1 zeigt, dass auch die jeweils in Wärme umgewandelte Energie in den beiden dualen Netzen gleich groß ist.

Lösung 8.5

Wir wenden die LAPLACE-Transformation an und berechnen zunächst die Spannung $\underline{U}_2(s)$ mit der Spannungsteilerregel:

$$\underline{U}_2(s) = \underline{U}_q(s) \cdot \frac{\underline{Z}_2}{\underline{Z}_1 + \underline{Z}_2} = \underline{U}_q(s) \cdot \frac{1}{1 + \underline{Y}_2\, \underline{Z}_1}$$

Die konstante Quellenspannung transformieren wir mit Regel 2 und Funktion 10 (Tabelle A6, Band 2) in den Bildraum:

$$\underline{U}_q(s) = \frac{U_q}{s}$$

Mit $\underline{Z}_1 = R_1 + 1/(s\, C_1)$ und $\underline{Y}_2 = G_2 + s\, C_2$ ergibt sich:

$$\underline{U}_2(s) = \frac{U_q}{s\left[1 + \left(R_1 + \frac{1}{s\, C_1}\right)(G_2 + s\, C_2)\right]}$$

Wir multiplizieren aus und führen einen Koeffizientenvergleich mit der Funktion 46 (Tab. A6, Band 2) durch:

$$\underline{U}_2(s) = \frac{K}{s^2 + 2as + b^2}$$

Dabei ergibt sich:

$$K = \frac{U_q}{R_1 C_2} = 2{,}5 \cdot 10^6 \ \frac{\text{V}}{\text{s}}$$

$$2a = \frac{1}{R_1 C_2} + \frac{G_2}{C_2} + \frac{1}{R_1 C_1} = 1{,}75 \cdot 10^6 \text{ s}^{-1}$$

$$b^2 = \frac{G_2}{R_1\, C_1\, C_2} = 0{,}25 \cdot 10^{12} \text{ s}^{-2}$$

Wegen $a^2 > b^2$ liegt der erste Fall vor und wir berechnen die Größen W, λ_1 und λ_2:

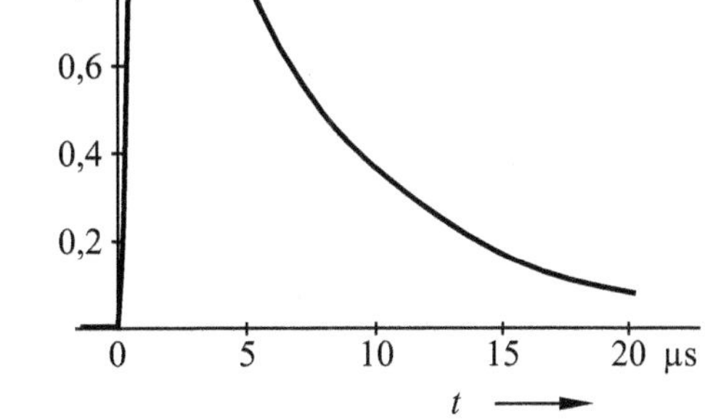

$$W = \sqrt{a^2 - b^2} = 0{,}718 \cdot 10^6\,\mathrm{s}^{-1}$$

$$\lambda_1 = -a + W = -0{,}1569 \cdot 10^6\,\mathrm{s}^{-1}$$

$$\lambda_2 = -a - W = -1{,}593 \cdot 10^6\,\mathrm{s}^{-1}$$

Das Ergebnis lautet:

$$u_2(t) = 1{,}741\,\mathrm{V} \cdot (\mathrm{e}^{\lambda_1 t} - \mathrm{e}^{\lambda_2 t})$$

Lösung 8.6

1) Wir wenden die LAPLACE-Transformation an und fassen die in Reihe geschalteten Eintore R_1 und L zusammen:

$$\underline{Z}_1 = R_1 + s\,L \qquad (1)$$

Entsprechend fassen wir die parallel geschalteten Eintore R_2 und C zusammen:

$$\underline{Y}_2 = G_2 + s\,C \qquad (2)$$

Die Spannung $\underline{U}_2(s)$ berechnen wir mit der Spannungsteilerregel:

$$\underline{U}_2(s) = \underline{U}_q(s)\,\frac{\underline{Z}_2}{\underline{Z}_1 + \underline{Z}_2} = \underline{U}_q(s)\,\frac{1}{1 + \underline{Y}_2\,\underline{Z}_1} \qquad (3)$$

Die Übertragungsfunktion lautet:

$$\underline{F}(s) = \frac{\underline{U}_2(s)}{\underline{U}_q(s)} = \frac{1}{1 + \underline{Y}_2\,\underline{Z}_1}$$

Mit den Gln. (1 und 2) ergibt sich:

$$\underline{F}(s) = \frac{1}{1 + R_1 G_2 + (G_2 L + R_1 C)s + L\,C\,s^2}$$

2) Wir transformieren die konstante Quellenspannung mit der Regel 2 und der Funktion 10 (Tabelle A6, Band 2) in den Bildraum:

$$\underline{U}_q(s) = \frac{U_q}{s}$$

Dies setzen wir mit den Gln. (1 und 2) in die Gl. (3) ein:

$$\underline{U}_2(s) = \frac{\dfrac{U_q}{L\,C}}{s\left[s^2 + \left(\dfrac{G_2}{C} + \dfrac{R_1}{L}\right)s + \dfrac{1 + R_1 G_2}{L\,C}\right]}$$

Ein Koeffizientenvergleich mit der Funktion 48 (Tabelle A6, Band 2) liefert:

$$2\,a = \frac{G_2}{C} + \frac{R_1}{L}\,; \quad b^2 = \frac{1 + R_1 G_2}{L\,C} \qquad (4)$$

Eine Eigenschwingung mit der Eigen-Kreisfrequenz ω_d ist für $a^2 < b^2$ möglich. Wir setzen die Gln. (4) in diese Bedingung ein:

$$\left(\frac{G_2}{2\,C} + \frac{R_1}{2\,L}\right)^2 < \frac{1 + R_1 G_2}{L\,C}$$

Wir multiplizieren aus und sortieren die Terme:

$$\frac{L}{4\,C}\,G_2^2 - \frac{R_1}{2}\,G_2 + \frac{C R_1^2}{4\,L} < 1 \qquad (5)$$

Zur Untersuchung dieser Ungleichung lösen wir die quadratische Gleichung

$$\frac{L}{4\,C}\,G_2^2 - \frac{R_1}{2}\,G_2 + \frac{C R_1^2}{4\,L} - 1 = 0$$

und erhalten als brauchbare Lösung:

$$G_2 = 32\,\mathrm{mS}$$

Die Ungleichung (5) ist für $G_2 < 32$ mS erfüllt; dies bedeutet, dass eine Eigenschwingung dann entsteht, wenn der Widerstand $R_2 > 31{,}3\,\Omega$ ist.

3) Für $R_2 = 220\,\Omega$ berechnen wir mit den Gln. (4):

$$2\,a = 6{,}69 \cdot 10^6\,\mathrm{s}^{-1}$$

$$b^2 = 5{,}68 \cdot 10^{13}\,\mathrm{s}^{-2}$$

Die Eigen-Kreisfrequenz ist:

$$\omega_d = \sqrt{b^2 - a^2} = 6{,}75 \cdot 10^6\,\mathrm{s}^{-1}$$

Nun transformieren wir die Spannung

$$\underline{U}_2(s) = \frac{\frac{U_q}{L\,C}}{s[s^2 + 2as + b^2]}$$

für $a^2 < b^2$ in den Originalraum zurück:

$$u_2 = \frac{U_q}{L C\, b^2}\left[1 - \left(\cos\omega_d t + \frac{a}{\omega_d}\sin\omega_d t\right) e^{-at}\right]$$

Wir berechnen die Spannung für mehrere Zeitpunkte und tragen sie über der Zeit auf.

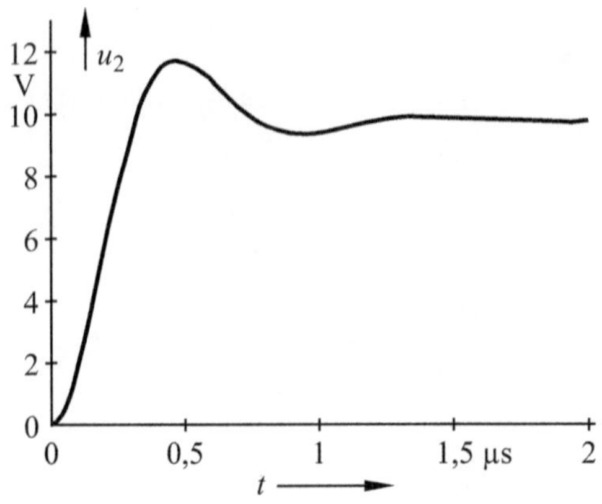

Die Spannung u_2 setzt sich aus einem idealen Sprung zum Zeitpunkt $t = 0$ auf den Wert

$$u_\infty = \frac{U_q}{L C\, b^2} = \frac{U_q\, R_2}{R_1 + R_2} = 9{,}78\ \text{V}$$

und einer mit der Zeitkonstanten $\tau = 1/a$ abklingenden Sinusschwingung zusammen. Sie erreicht den stationären Endwert u_∞ annähernd zum Zeitpunkt $4\,\tau = 1{,}2$ µs.

Lösung 8.7

1) Wir wenden die LAPLACE-Transformation an und fassen die parallel geschalteten Eintore R_2, L und C zusammen:

$$\underline{Y}_2 = G_2 + s\,C + \frac{1}{sL}$$

Die Spannung $\underline{U}_2(s)$ berechnen wir mit der Spannungsteilerregel:

$$\underline{U}_2(s) = \underline{U}_q(s) \cdot \frac{\underline{Z}_2}{R_1 + \underline{Z}_2} = \underline{U}_q(s) \cdot \frac{1}{1 + \underline{Y}_2\, R_1}$$

Damit ergibt sich die Übertragungsfunktion:

$$\underline{F}(s) = \frac{1}{1 + R_1 G_2 + s\, C R_1 + \frac{R_1}{sL}}$$

2) Wir transformieren die konstante Quellenspannung mit Regel 2 und Funktion 10 (Tabelle A6, Band 2) in den Bildraum:

$$\underline{U}_q(s) = \frac{U_q}{s}$$

Mit der Übertragungsfunktion setzen wir an:

$$\underline{U}_2(s) = \underline{U}_q(s) \cdot \underline{F}(s) = \frac{\frac{U_q}{C R_1}}{s^2 + \frac{1 + R_1 G_2}{C R_1}\, s + \frac{1}{L\,C}}$$

Ein Koeffizientenvergleich mit der Funktion 46 (Tabelle A6, Band 2) liefert:

$$2a = \frac{1 + R_1 G_2}{C R_1} = 2 \cdot 10^6\,\text{s}^{-1}$$

$$b^2 = \frac{1}{L\,C} = 10^{14}\,\text{s}^{-2}$$

Wegen $a^2 < b^2$ ergibt die Rücktransformation für $0 \le t \le 15$ µs:

$$u_2(t) = \frac{U_q}{\omega_d\, C R_1} \cdot e^{-at} \cdot \sin\omega_d t$$

Für $a^2 < b^2$ entsteht eine Eigenschwingung mit der Eigen-Kreisfrequenz:

$$\omega_d = \sqrt{b^2 - a^2} = 9{,}95 \cdot 10^6\,\text{s}^{-1}$$

Zum Zeitpunkt $t_2 = 15$ µs hat die Spannung u_2 den vernachlässigbar kleinen Augenblickswert:

$$u_2\big|_{t_2 = 15\,\mu\text{s}} = -46{,}1\ \text{nV}$$

Wenn zum Zeitpunkt t_2 der Schalter geöffnet wird, ist das kapazitive Eintor ungeladen. Die Spannung U_q liegt am Widerstand R_1 und der Strom $I_A = U_q/R_1 = 1{,}5$ mA fließt durch das induktive Eintor.

Für das zum Schaltzeitpunkt stromdurchflossene Grundeintor L verwenden wir die Ersatzschaltung mit einer Stromquelle.

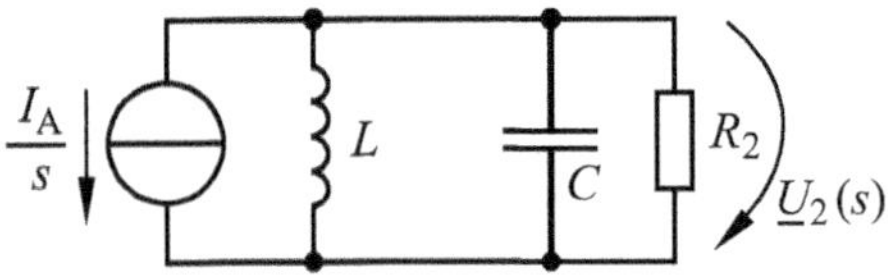

Nun lösen wir die Knotengleichung

$$\frac{I_A}{s} + \frac{\underline{U}_2(s)}{sL} + sC\,\underline{U}_2(s) + G_2\,\underline{U}_2(s) = 0$$

nach $\underline{U}_2(s)$ auf und formen die entstehende Gleichung so um, dass die höchste Potenz von s im Nenner den Koeffizienten 1 besitzt:

$$\underline{U}_2(s) = \frac{-\frac{I_A}{C}}{s^2 + \frac{G_2}{C}s + \frac{1}{LC}}$$

Vor der Rücktransformation mit der Funktion 46 (Tabelle A6, Band 2) nehmen wir wieder einen Koeffizientenvergleich vor:

$$2a = \frac{G_2}{C} = 10^6\,\text{s}^{-1};\; b^2 = \frac{1}{L\,C} = 10^{14}\,\text{s}^{-2}$$

Wegen $a^2 < b^2$ ergibt die Rücktransformation für $t > 15$ µs:

$$u_2(t) = -\frac{I_A}{\omega_d C} \cdot e^{-a(t-15\,\mu s)} \cdot \sin\omega_d(t - 15\,\mu s)$$

Für $a^2 < b^2$ entsteht eine Eigenschwingung mit der Eigen-Kreisfrequenz:

$$\omega_d = \sqrt{b^2 - a^2} = 9{,}99 \cdot 10^6\,\text{s}^{-1}$$

Schließlich berechnen wir die Spannung $u_2(t)$ und tragen sie als Funktion der Zeit auf.

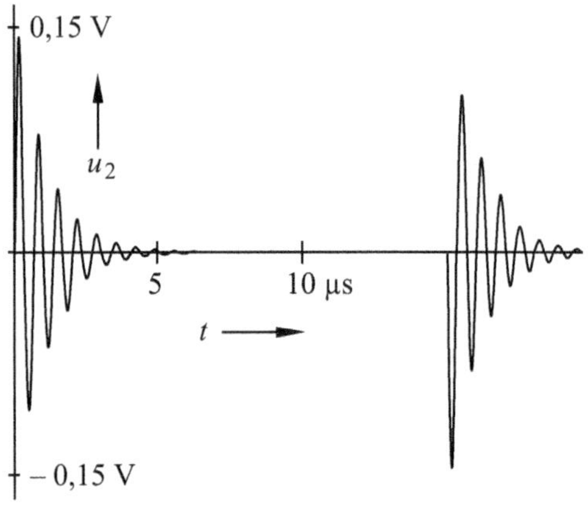

Lösung 8.8

Zunächst wollen wir den Anfangswert I_A des Stromes im Schaltaugenblick $t = 0$ ermitteln.

Vor dem Schalten fließt in dem induktiven Zweig ein Sinusstrom mit der Amplitude:

$$\hat{i}_L = \frac{\hat{u}_1}{Z} = \frac{\hat{u}_1}{\sqrt{R_L^2 + (\omega L)^2}} = 31\text{ A}$$

Der Phasenverschiebungswinkel der Reihenschaltung ist:

$$\varphi = \arctan\frac{X_L}{R_L} = 0{,}304\text{ rad} = 17{,}4°$$

Der Sinusstrom eilt vor dem Schalten der Spannung nach. Die Spannung ist gegen den Strom um den Winkel φ phasenverschoben. Damit hat der Strom die Zeitfunktion:

$$i_L = 31\text{ A} \cdot \cos(\omega t - 0{,}304) \qquad (1)$$

Wir berechnen für den Schaltaugenblick $t = 0$ den Anfangswert $I_A = 29{,}6$ A. Da der Endwert des Stromes $I_E = 0$ ist, klingt der Strom i_L nach einer e-Funktion ab:

$$i_L(t) = I_A \cdot e^{-\frac{t}{\tau}} = 29{,}6\text{ A} \cdot e^{-\frac{t}{\tau}} \qquad (2)$$

Die Zeitkonstante ist:

$$\tau = \frac{L}{R_L + R_P} = 90{,}9\text{ µs}$$

Der Strom i_L fließt nach dem Schalten durch den Widerstand R_p und erzeugt dort die Spannung:

$$u(t) = -i_L(t) \cdot R_P = -2{,}96\ \text{kV} \cdot e^{-\frac{t}{\tau}}$$

Im Schaltaugenblick $t = 0$ hat die Spannungsschwingung ihren Maximalwert $\hat{u} = 325$ V. Von hier springt sie auf den sehr hohen negativen Wert – 2960 V und klingt dann nach einer e-Funktion bis auf null Volt ab.

2) Die Spannung u kann für $t > 0$ nur dann null Volt bleiben, wenn nach dem Schalten kein Strom i_L fließt. Der Anfangswert I_A in Gl. (2) muss hierfür null sein. Dies ist der Fall, wenn das Argument der cos-Funktion in der Gl. (1) im Schaltaugenblick den Wert $\pi/2$ hat:

$$\cos(\omega t_0 - 0{,}304) = \cos(\pi/2) = 0$$

Wir lösen diese Gleichung nach t_0 auf:

$$t_0 = \frac{\frac{\pi}{2} + 0{,}304}{\omega} = 5{,}97\ \text{ms}$$

Beim Schalten im Nulldurchgang des Stromes i_L werden hohe selbstinduktive Spannungen vermieden.

Lösung 8.9

1) Wir lesen auf der Diodenkennlinie die Punkte (1,1 V; 2,0 A) und (0,89 V; 0,2 A) ab. Damit bestimmen wir die lineare Spannungsquelle, deren *I*-*U*-Kennlinie durch diese Punkte verläuft. Der Ersatzinnenwiderstand dieser Quelle ist:

$$R_{ie} = \frac{\Delta U}{\Delta I} \approx 0{,}117\ \Omega$$

Die Gerade durch die beiden Punkte der Diodenkennlinie schneidet die *U*-Achse im Punkt (U_{qe}; 0). Damit berechnen wir:

$$U_{qe} = 1{,}1\ \text{V} - R_{ie} \cdot 2{,}0\ \text{A} \approx 0{,}867\ \text{V}$$

2) Wir ersetzen die Spule durch eine Reihenschaltung aus R_S und L_S und die Diode durch eine lineare Spannungsquelle. Diese Ersatzschaltung ist nur für einen Strom i_S gültig, der den Wert 0,2 A nicht unterschreitet.

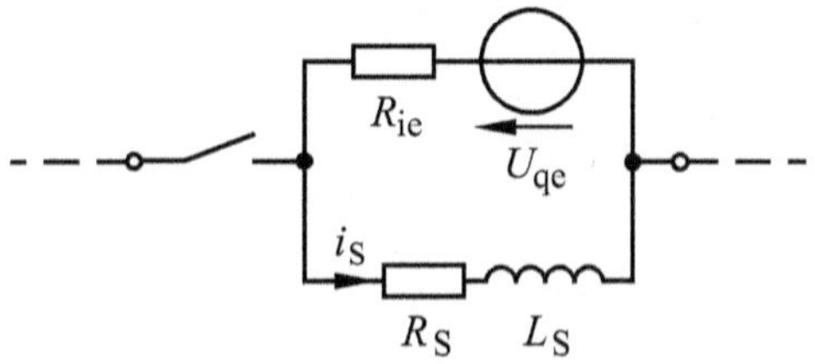

Der Strom i_S, der durch die Reihenschaltung aus R_S und L_S fließt, ist von der Zeit t abhängig. Hierfür setzen wir an:

$$i_S = I_E + (I_A - I_E) \cdot e^{-\frac{t}{\tau}}$$

Dabei ist I_A der Strom, der zum Zeitpunkt $t = 0$ fließt, es ist also $I_A = i_{S0} = 2{,}0$ A.

Für $t \to \infty$ ist das Grundeintor L_S nicht mehr wirksam, weil sich der Strom i_S nicht mehr ändert. Die ideale Spannungsquelle liefert dann den Strom:

$$I_E = \frac{U_{qe}}{R_{ie} + R_S} = 0{,}658\ \text{A}$$

Dieser Stromwert ist nur eine Hilfsgröße für die Berechnung; er kann nicht erreicht werden, weil die lineare Ersatzschaltung nur für Ströme im Bereich $0{,}2\ \text{A} \le i_S \le 2{,}0\ \text{A}$ gültig ist.

Für die Berechnung der Zeitkonstanten τ fassen wir die in Reihe geschalteten Widerstände R_S und R_{ie} zum Ersatzwiderstand $R_E = 1{,}317\ \Omega$ zusammen, bilden den Kehrwert G_E und berechnen damit:

$$\tau = G_E L_S = 0{,}19\ \text{s}$$

Dies setzen wir in die Gleichung für den zeitabhängigen Strom ein:

$$i_S = -0{,}658\ \text{A} + 2{,}658\ \text{A} \cdot e^{-\frac{t}{0{,}19\ \text{s}}}$$

3) Wir setzen $t = t_x$ und $i_S = 0{,}2$ A in die Gleichung für den Strom ein:

$$0{,}2\,\text{A} = -0{,}658\,\text{A} + 2{,}658\,\text{A} \cdot e^{-\frac{t_x}{0{,}19\,\text{s}}}$$

Diese Gleichung lösen wir nach t_x auf und berechnen:

$$t_x = -\tau \cdot \ln \frac{0{,}858}{2{,}658} = 0{,}215\,\text{s}$$

Lösung 8.10

1) Da an jedem Teilstück des Drahtes pro Länge die gleiche Leistung erzeugt und die gleiche Temperaturerhöhung hervorgerufen wird, betrachten wir zweckmäßig ein Drahtstück der Länge $l = 1$ m; es hat die Oberfläche:

$$A_D = \pi\, d\, l = \pi \sqrt{\frac{4A}{\pi}}\, l = 4{,}34 \cdot 10^{-3}\,\text{m}^2$$

Damit erhalten wir den Wärmewiderstand:

$$R_{th} = \frac{1}{\alpha_K A_D} = 15{,}36\,\frac{\text{K}}{\text{W}}$$

Das Drahtstück der Länge $l = 1$ m hat die Masse:

$$m = A\, l\, \rho = 0{,}0135\,\text{kg}$$

Damit berechnen wir die Wärmekapazität:

$$C_{th} = m\, c = 5{,}27\,\frac{\text{J}}{\text{K}}$$

Die thermische Zeitkonstante ist:

$$\tau = R_{th}\, C_{th} = 80{,}8\,\text{s}$$

Bei der Temperatur 20 °C hat der Widerstand des Drahtstückes den Wert:

$$R_{20} = \frac{l}{\gamma_{20} A} = 11{,}9\,\text{m}\Omega$$

Damit berechnen wir die Verlustleistung, die bei der Temperatur 20 °C im Drahtstück entsteht:

$$P_V = R_{20} \cdot I^2 = 6{,}86\,\text{W}$$

Nun beginnen wir mit der Berechnung des Übergangsvorganges, der einem Schaltvorgang in der elektrischen Ersatzschaltung entspricht. Für den Zeitpunkt $t = 0$ hat die Temperaturdifferenz den Anfangswert:

$$\Delta\vartheta_A = 0$$

Für $t \to \infty$ hat die Temperaturdifferenz bei konstanter Leistung P_V den Wert:

$$\Delta\vartheta_E = P_V\, R_{th} = 105{,}3\,\text{K} \qquad (1)$$

Bei diesem Schaltvorgang mit *einem* Energiespeicher ändert sich die Temperatur exponenziell. Wir setzen für die Zustandsgröße an:

$$\Delta\vartheta(t) = \Delta\vartheta_E \left(1 - e^{-\frac{t}{\tau}}\right) \qquad (2)$$

Für $t = 2$ s erhalten wir:

$$\Delta\vartheta = 2{,}57\,\text{K}$$

Von diesem Wert weicht der in der Aufgabe 1.11 berechnete Wert um 1,242 % ab. Je länger aber der Strom fließt, desto stärker macht sich die Wärmeabgabe an die Umgebung bemerkbar.

Die Lösung nach Gl. (2) kann nur für $t \ll \tau$ verwendet werden, da die Verlustleistung und der Widerstand des Drahtes zunehmen und nicht mehr näherungsweise als konstant angesehen werden können.

2) Mit dem Temperaturkoeffizienten α_{20} berechnen wir den Widerstand, der bei der Temperatur $\vartheta = 22{,}57$ °C vorliegt:

$$R_\vartheta = R_{20}\,[\,1 + \alpha_{20}\,\Delta\vartheta\,] = 12{,}02\,\text{m}\Omega$$

Die Widerstandserhöhung beträgt nur 1 %; ihre Vernachlässigung erscheint hier als zulässig.

3) Fließt der Strom lange Zeit, so ist die Widerstandsänderung nicht mehr vernachlässigbar klein und die Verlustleistung nimmt einen größeren Wert als den in 1) berechneten an.

Für den Endwert des Drahtwiderstandes gilt:

$$R_E = R_{20}(1 + \alpha_{20}\,\Delta\vartheta_E) \tag{3}$$

Die Verlustleistung erreicht im Widerstand R_E den Wert:

$$P_V = R_E \cdot I^2 \tag{4}$$

Wir setzen die Gln. (3 und 4) in die Gl. (1) ein und berechnen:

$$\Delta\vartheta_E = \frac{R_{th} I^2 R_{20}}{1 - R_{th} I^2 R_{20}\,\alpha_{20}} = 179{,}3\ \text{K}$$

Für $t \rightarrow \infty$ erreicht der Draht schließlich die Temperatur:

$$\vartheta_E = \vartheta_U + \Delta\vartheta_E = 199{,}3\ °\text{C}$$

Lösung 8.11

1) Im stationären Zustand sind die Grundeintore C_K und C_P auf die Spannung U_{K1} bzw. U_{P1} aufgeladen und es fließt kein Strom durch C_K bzw. C_P.
Die Widerstände R_K und R_P bilden einen unbelasteten Spannungsteiler:

$$U_{P1} = \frac{U_q R_P}{R_K + R_P} = 198\ \text{V}$$

$$U_{K1} = U_q - U_{P1} = 19{,}8\ \text{kV}$$

2) Wir zeichnen die Ersatzschaltung für den Bildraum der LAPLACE-Transformation, wobei wir durch die idealen Spannungsquellen berücksichtigen, dass die Grundeintore C_K und C_P zum Schaltzeitpunkt geladen sind.

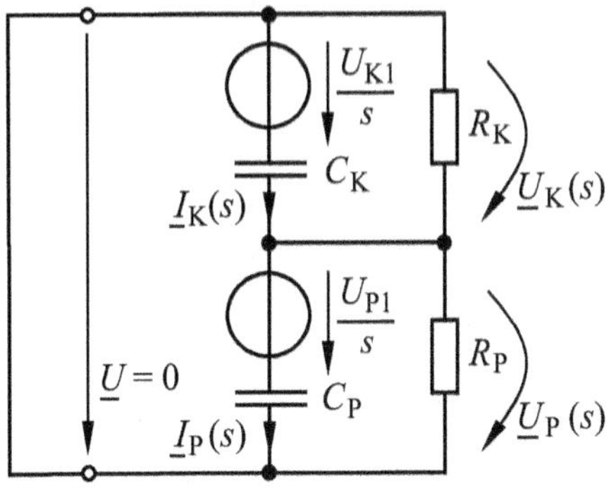

Nun lösen wir die Gleichungen

$$\underline{U}_K(s) = \frac{U_{K1}}{s} + \frac{\underline{I}_K(s)}{s C_K}$$

$$\underline{U}_P(s) = \frac{U_{P1}}{s} + \frac{\underline{I}_P(s)}{s C_P}$$

nach den Strömen auf und setzen sie mit der Maschengleichung

$$\underline{U}_K(s) + \underline{U}_P(s) = 0$$

in die Knotengleichung

$$\underline{I}_K(s) + G_K\,\underline{U}_K(s) = \underline{I}_P(s) + G_P\,\underline{U}_P(s)$$

ein, die wir nach $\underline{U}_P(s)$ auflösen:

$$\underline{U}_P(s) = \frac{C_P U_{P1} - C_K U_{K1}}{s(C_P + C_K) + G_P + G_K}$$

Vor der Rücktransformation formen wir diese Funktion so um, dass die höchste Potenz von s im Nenner den Koeffizienten 1 erhält, und setzen die Zahlenwerte ein:

$$\underline{U}_P(s) = \frac{\dfrac{C_P U_{P1} - C_K U_{K1}}{C_P + C_K}}{s + \dfrac{G_P + G_K}{C_P + C_K}} = \frac{-6{,}47\ \text{kV}}{s + 0{,}1122\ \text{s}^{-1}}$$

Nun können wir mit

$$a = 0{,}1122\ \text{s}^{-1}$$

die Rücktransformation vornehmen (Funktion Nr. 13, Tab. A6,Band 2):

$$u_P(t) = -6{,}47\ \text{kV} \cdot e^{-at}$$

Für $t_K = 10$ s berechnen wir:

$$U_{P2} = u_P\Big|_{t_K} = -2{,}11\ \text{kV}$$

Mit der Maschengleichung erhalten wir:

$$U_{K2} = 2{,}11\ \text{kV}$$

3) Nun zeichnen wir die Ersatzschaltung für den leerlaufenden Hochspannungs-Kondensator HK, wobei wir wieder berücksichtigen, dass die Grundeintore C_K und C_P zum Schaltzeitpunkt geladen sind.

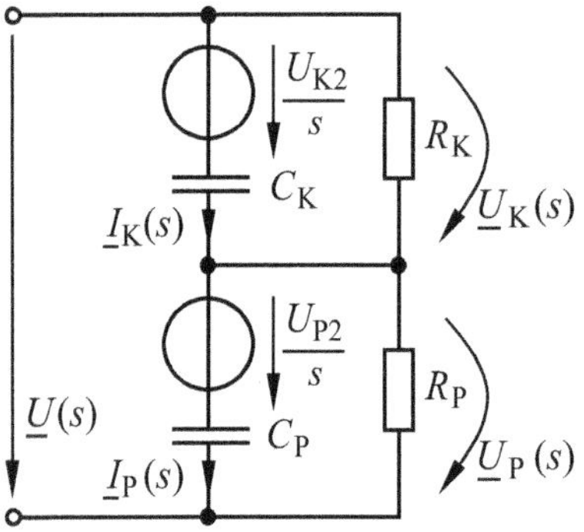

Die Gleichungen der Zweige mit je einem Kondensator setzen wir entsprechend den Gln. (1) an:

$$\underline{U}_K(s) = \frac{U_{K2}}{s} + \frac{\underline{I}_K(s)}{s C_K}$$

$$\underline{U}_P(s) = \frac{U_{P2}}{s} + \frac{\underline{I}_P(s)}{s C_P}$$

In diese Gleichungen setzen wir die Knotengleichungen

$$\underline{I}_K(s) + G_K\, \underline{U}_K(s) = 0$$

$$\underline{I}_P(s) + G_P\, \underline{U}_P(s) = 0$$

ein, lösen nach den Spannungen auf und setzen in die Maschengleichung

$$\underline{U}(s) = \underline{U}_K(s) + \underline{U}_P(s)$$

ein; dadurch erhalten wir:

$$\underline{U}(s) = \frac{U_{K2}}{s + \frac{G_K}{C_K}} + \frac{U_{P2}}{s + \frac{G_P}{C_P}}$$

Mit

$$a = \frac{G_K}{C_K} = \frac{1}{300\ \text{s}}\ ; \quad b = \frac{G_P}{C_P} = \frac{1}{6\ \text{s}}$$

transformieren wir die Spannung $\underline{U}(s)$ in den Originalraum zurück (Funktion Nr. 13, Tab. A6, Band 2):

$$u(t) = 2{,}11\ \text{kV} \cdot \left(\text{e}^{-at} - \text{e}^{-bt}\right)$$

Im Maximum ist die Steigung dieser Funktion gleich Null:

$$\frac{\text{d}u}{\text{d}t} = 0 = 2{,}11\ \text{kV} \cdot \left(-a \cdot \text{e}^{-a t_{\max}} + b \cdot \text{e}^{-b t_{\max}}\right)$$

Wir lösen die Gleichung

$$-a \cdot \text{e}^{-a t_{\max}} + b \cdot \text{e}^{-b t_{\max}} = 0$$

nach der Zeit $t_{\max}$ auf, zu der das Maximum $u_{\max}$ der Spannung $u(t)$ vorliegt:

$$t_{\max} = \frac{\ln \frac{b}{a}}{b - a} = 24\ \text{s}$$

Dies setzen wir in die Gleichung für $u(t)$ ein und erhalten:

$$u_{\max} = 1905\ \text{V}$$

Die wiederkehrende Spannung kann also gefährlich sein. In der Hochspannungstechnik müssen daher Geräte mit großen Kapazitäten (z. B. Kondensatoren, Kabel) ständig kurzgeschlossen bleiben, wenn sie nicht in Betrieb sind.

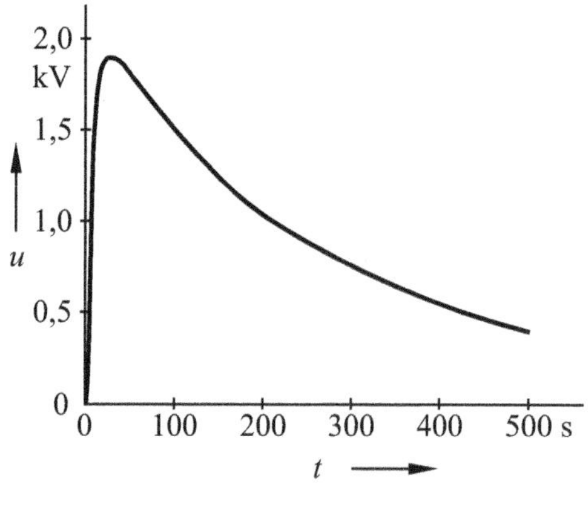

9 Nichtsinusförmige Größen

Aufgabe 9.1

Die Klemmenspannung eines Eintors wird durch ihr Amplituden- und Phasenspektrum beschrieben.

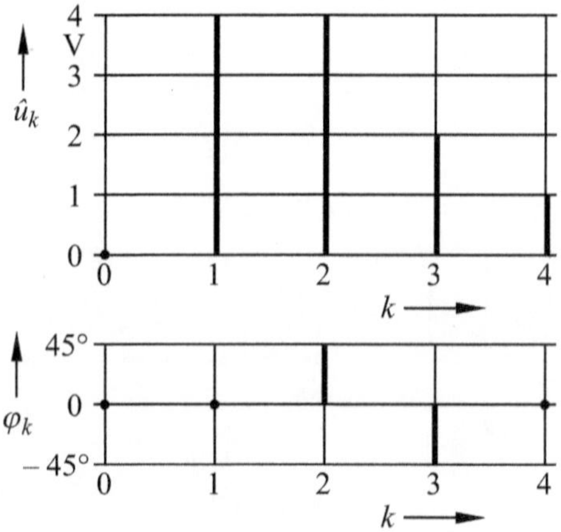

Die Grundschwingung hat die Kreisfrequenz ω_1. In die Widerstandsortskurve sind einige Vielfache $\omega_k = k\,\omega_1$ dieser Kreisfrequenz eingetragen.

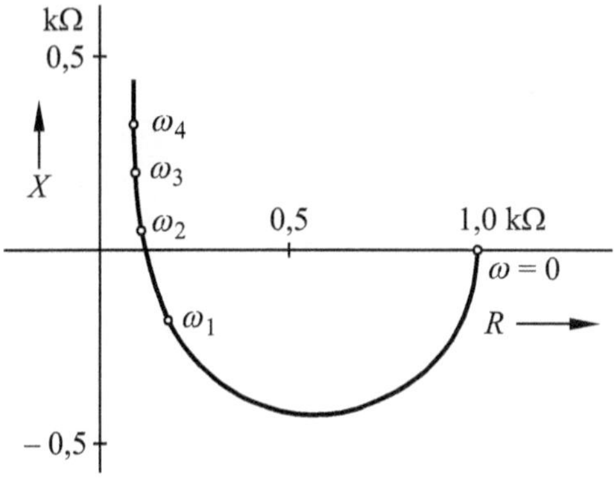

1) Berechnen Sie das Spektrum des Stromes.

2) Welchen Klirrfaktor hat die Spannung, welchen Klirrfaktor hat der Strom?

3) Berechnen Sie die Wirkleistung des Eintors.

Aufgabe 9.2

Die periodische Quellenspannung $u_q(t)$ setzt sich aus zwei Teilschwingungen zusammen:

$\hat{u}_{q1} = 100\text{ V};\ \omega_1 = 10^5\text{ s}^{-1}$

$\hat{u}_{q5} = 10\text{ V};\ \omega_5 = 5\,\omega_1$

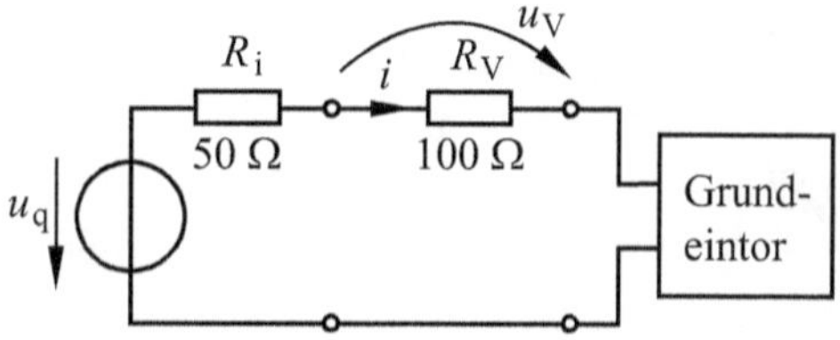

1) Welchen Klirrfaktor hat die Quellenspannung?

2) An der linearen Quelle wird eine Reihenschaltung aus dem Widerstand R_V und einem Grundeintor betrieben. Der Klirrfaktor der Spannung u_V ist halb so groß wie der Klirrfaktor der Quellenspannung. Bestimmen Sie das unbekannte Grundeintor.

Aufgabe 9.3

Die Grundschwingung der Klemmenspannung $u(t)$ des Eintors hat die Frequenz $f_1 = 800$ Hz.

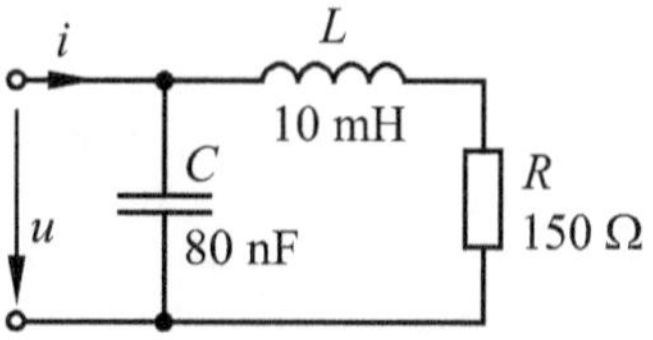

Die Spannung $u(t)$ wird durch folgende Fourier-Koeffizienten beschrieben:

k		0	1	2	3	4	5
u_{ak}	V	15	7	5	3	2	1
u_{bk}	V	–	4	–3	–1	0	0,5

1) Berechnen Sie das Amplituden- und das Phasenspektrum der Spannung $u(t)$.

2) Welche Effektivwerte haben die Spannung u und der Strom i?

3) Berechnen Sie die Schein-, die Wirk- und die Blindleistung des Eintors.

Aufgabe 9.4

Die zeitlich unbeschränkte Spannung $u(t)$ wird mit einem **Antialiasingfilter** bandbegrenzt. Die bandbegrenzte Spannung $u_b(t)$ wird mit der Frequenz $f_a = 100$ kHz abgetastet. Die zuletzt ermittelten 7 Abtastwerte $u(n\,T_A)$ werden jeweils zur Berechnung des Spektrums der DFT verwendet.

1) Wie groß darf die Grenzfrequenz des Antialiasingfilters höchstens sein?

2) Skizzieren Sie den Zeitverlauf der Fensterfunktion, die der Auswahl der 7 Abtastwerte zugrunde liegt.

3) Bestimmen Sie das Spektrum zu den im Augenblick vorliegenden Abtastwerten:

n	–3	–2	–1	0	1	2	3
$u(n\,T_A)$	0	1 V	2 V	3 V	4 V	5 V	6 V

4) Führen Sie die Rücktransformation durch.

Aufgabe 9.5

Zum Zeitpunkt $t = 0$ wird das RC-Glied an die ideale Rechteck-Spannungsquelle angeschlossen. Bestimmen Sie die zeitabhängige Spannung u_C.

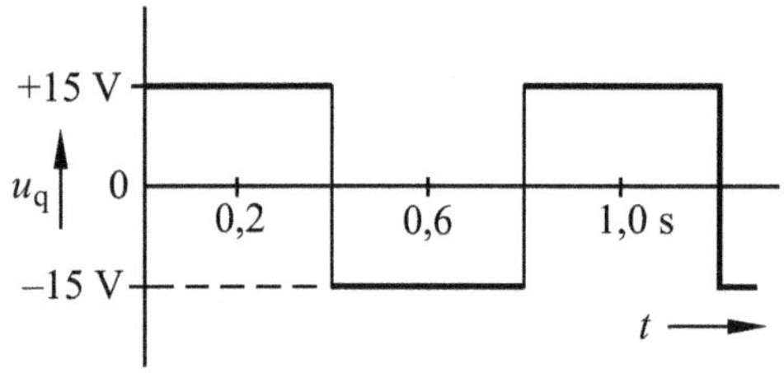

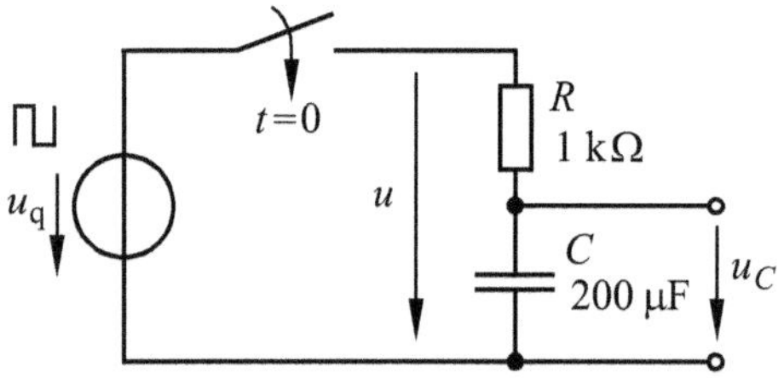

Aufgabe 9.6

Vor dem Schaltzeitpunkt $t = 0$ liegt die Reihenschaltung von L und R_3 an der idealen Gleichspannungsquelle mit der Quellenspannung $U_{q1} = 15$ V; dabei hat der Strom i den stationären Endwert erreicht.

Zum Zeitpunkt $t = 0$ wird der kurzschließende Schalter von der Gleichspannungsquelle auf die Impulsquelle umgeschaltet.

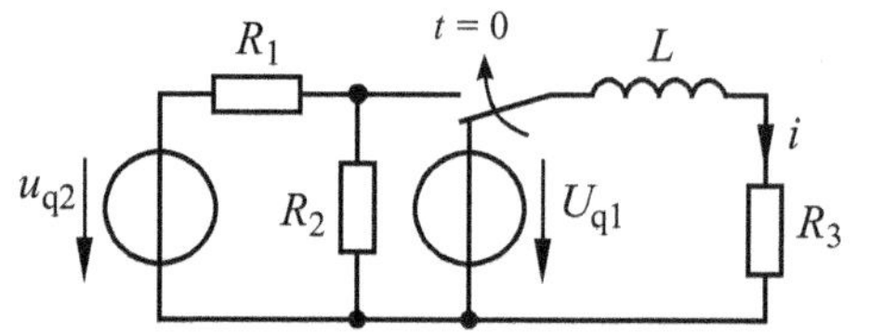

1) Berechnen Sie den Strom für die Zeitspanne $0 \le t \le 3$ ms. Gegeben sind: $R_1 = 22\ \Omega$; $R_2 = 18\ \Omega$; $R_3 = 10\ \Omega$; $L = 22$ mH.

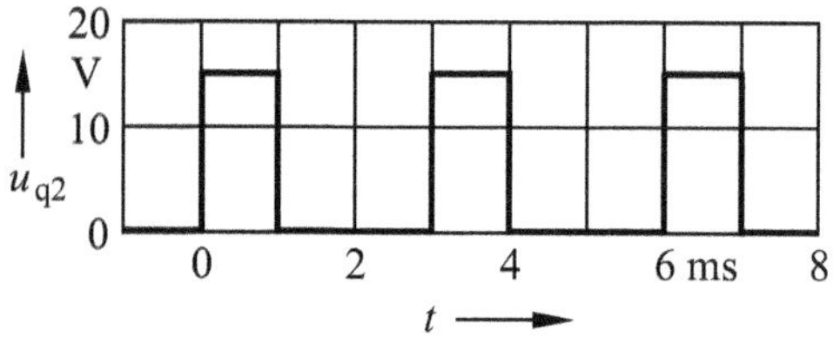

2) Welche Schwingungsbreite hat der Strom i im eingeschwungenen Zustand (d. h. für $t \to \infty$)?

Aufgabe 9.7

Zwei Impulsquellen speisen einen kapazitiv wirkenden Verbraucher.

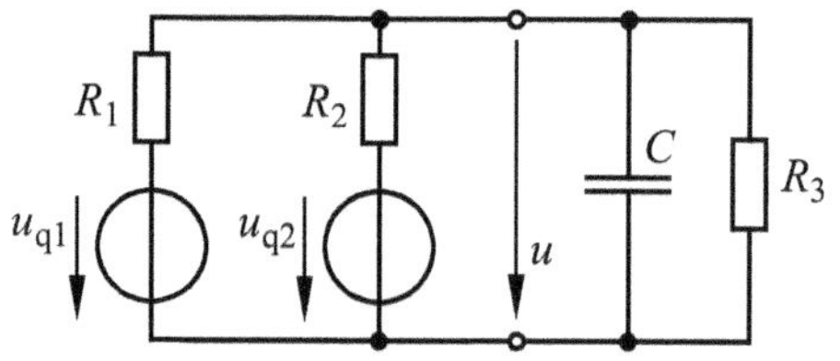

Jede Impulsquelle wird durch ihr Liniendiagramm beschrieben.

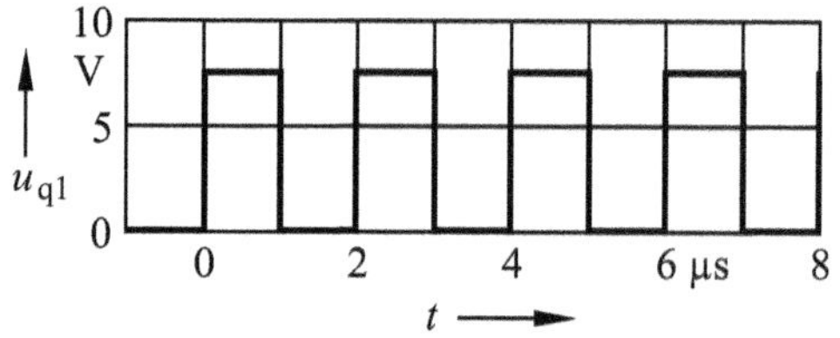

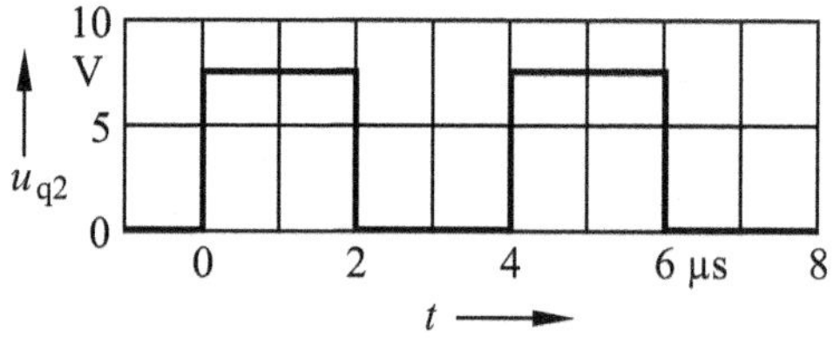

Berechnen Sie die Spannung u für:

$R_1 = R_2 = R_3 = 50\ \Omega$; $C = 6$ nF

Aufgabe 9.8
Die Schaltung begrenzt die Ausgangsspannung auf $|u_A| \leq 15$ V. Am Eingang liegt die Spannung $u_E = 20\text{ V} \cdot \sin \omega t$ mit der Frequenz 50 Hz.

1) Berechnen Sie die Zeitpunkte, zwischen denen die **Begrenzerschaltung** innerhalb einer Periode wirksam ist.

2) Berechnen Sie den Effektivwert der Ausgangsspannung $u_A(t)$.

Aufgabe 9.9
Die **Einpulsschaltung** aus einer Diode und einem Grundeintor C mit der Kapazität 10 µF ist mit dem OHMschen Widerstand $R = 1$ kΩ belastet. Die Sinusspannung u_E mit der Frequenz 50 Hz hat den Scheitelwert $\hat{u}_E = 325$ V.

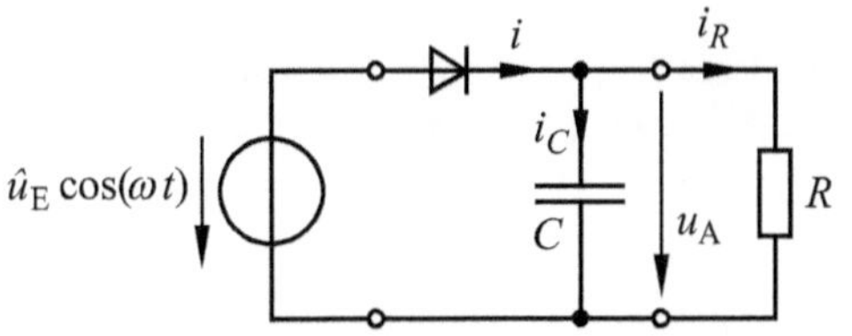

Für eine Näherungsrechnung sollen der Spannungsabfall der in Durchlassrichtung betriebenen Diode und ihr Sperrstrom vernachlässigt werden. Die Diode soll als spannungsgesteuerter Schalter angesehen werden, der für $u_E \geq u_A$ geschlossen und ansonsten offen ist. Es soll lediglich der eingeschwungene Zustand untersucht werden, in dem die Spannungen periodisch sind.

1) Zum Zeitpunkt t_2 geht die Diode vom Durchlassbereich in den Sperrbereich über, der Strom hat dabei den Wert $i = 0$. Berechnen Sie den Zeitpunkt t_2 und den zugehörigen Spannungswert u_2.

2) Zum Zeitpunkt t_3 geht die Diode in den Durchlassbereich über, und es ist $u_A = u_3$. Berechnen Sie den Zeitpunkt t_3 und die zugehörige Spannung u_3.

Aufgabe 9.10
Die Schaltung wird an einer linearen Sinusquelle ($\hat{u}_q = 40$ V; $f = 50$ Hz; $R_i = 150\ \Omega$) betrieben.

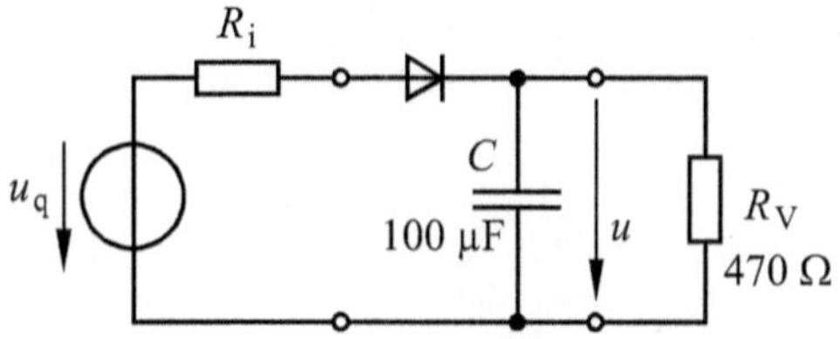

Die Diode soll wie in Aufgabe 9.9 durch einen Schalter ersetzt werden, der für $u_q \geq u$ geschlossen und sonst offen ist. Berechnen Sie die Spannung $u(t)$ für den eingeschwungenen Zustand.

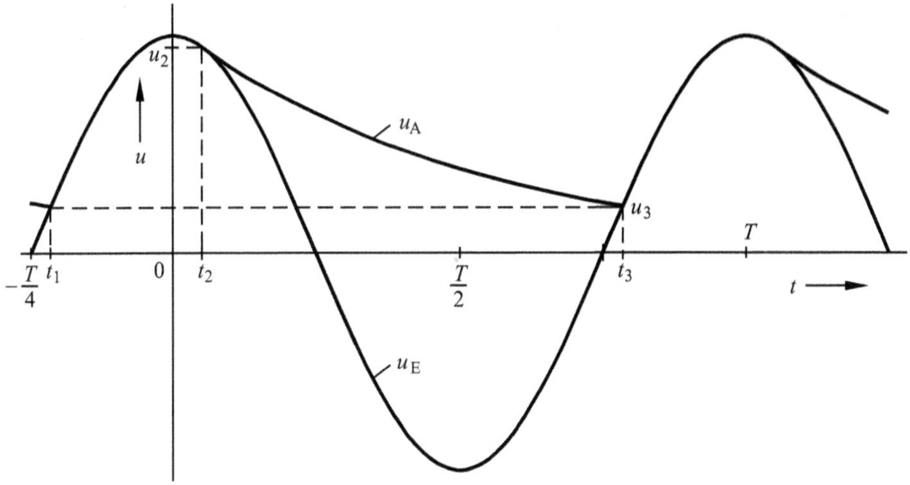

Lösung 9.1

1) Wir bestimmen den Widerstand des Eintors, indem wir in die Ortskurve Strahlen vom Ursprung des Achsenkreuzes zu den mit Frequenzwerten benannten Punkten einzeichnen. Der Abstand des jeweiligen Punktes vom Ursprung ist dem Scheinwiderstand proportional; der Winkel des Strahles ist der Winkel des komplexen Widerstandes.

Für die Amplitude und den Nullphasenwinkel einer Teilschwingung des Stromes gilt:

$$\hat{i}_k = \frac{\hat{u}_k}{Z_k}\ ;\ \varphi_{ik} = \varphi_{uk} - \varphi_{Zk}$$

	k	0	1	2	3	4
Z_k	Ω	1000	250	125	220	340
φ_{Zk}	°	–	−45	25	65	75
$\hat{i}_k$	mA	0	16	32	9,1	2,94
φ_{ik}	°	–	45	20	−110	−75

2) Der Klirrfaktor ist der Quotient aus dem Effektivwert *sämtlicher Oberschwingungen* und dem Effektivwert der *Gesamtschwingung*. Für den Strom setzen wir an:

$$k_i = \frac{\sqrt{I_2^2 + I_3^2 + I_4^2}}{\sqrt{I_1^2 + I_2^2 + I_3^2 + I_4^2}}$$

Wir erweitern den Bruch mit dem Faktor $\sqrt{2}$ und berechnen:

$$k_i = \frac{\sqrt{\hat{i}_2^2 + \hat{i}_3^2 + \hat{i}_4^2}}{\sqrt{\hat{i}_1^2 + \hat{i}_2^2 + \hat{i}_3^2 + \hat{i}_4^2}} = 0{,}902$$

Dementsprechend setzen wir den Klirrfaktor der Spannung an:

$$k_u = \frac{\sqrt{U_2^2 + U_3^2 + U_4^2}}{\sqrt{U_1^2 + U_2^2 + U_3^2 + U_4^2}} = 0{,}753$$

3) Die Wirkleistung ist die Summe der Wirkleistungen aller Teilschwingungen:

$$P = \sum_{k=1}^{4} U_k\, I_k \cos(\varphi_{uk} - \varphi_{ik}) = 84{,}9\ \text{mW}$$

Lösung 9.2

1) Der Klirrfaktor ist der Quotient aus dem Effektivwert *sämtlicher Oberschwingungen* und dem Effektivwert der *Gesamtschwingung*:

$$k_{uq} = \frac{\sqrt{U_{q5}^2}}{\sqrt{U_{q1}^2 + U_{q5}^2}} = \frac{\sqrt{\hat{u}_{q5}^2}}{\sqrt{\hat{u}_{q1}^2 + \hat{u}_{q5}^2}} = 0{,}0995$$

2) Da die Schaltung aus linearen Eintoren besteht, enthalten der Strom i und sämtliche Spannungen lediglich die Teilschwingungen der Quellenspannung. Für den Klirrfaktor der Spannung u_V gilt gemäß Aufgabenstellung:

$$k_{uV} = \frac{\sqrt{U_{V5}^2}}{\sqrt{U_{V1}^2 + U_{V5}^2}} = 0{,}5\ k_{uq} = 0{,}04975$$

Mit dieser Gleichung berechnen wir das Quadrat des Quotienten aus U_{V1} und U_{V5}:

$$\left(\frac{U_{V1}}{U_{V5}}\right)^2 = 403$$

Am OHMschen Widerstand R_V gilt Entsprechendes für die Teilschwingungen des Stromes:

$$\left(\frac{I_1}{I_5}\right)^2 = 403$$

Wir ersetzen den Effektivwert jeder Stromschwingung durch den Quotienten aus Quellenspannung und Scheinwiderstand:

$$\left(\frac{U_{q1}}{U_{q5}}\right)^2 \cdot \left(\frac{Z_5}{Z_1}\right)^2 = 403$$

Mit dem Quotienten

$$\frac{U_{q1}}{U_{q5}} = 10$$

ergibt sich:

$$\left(\frac{Z_5}{Z_1}\right)^2 = 4{,}03$$

Der Strom fließt durch die Reihenschaltung aus R_i, R_V und $\underline{Z}_G$, wobei $\underline{Z}_G$ der komplexe Widerstand des Grundeintors ist.
Der Scheinwiderstand Z der Reihenschaltung ist bei der hohen Frequenz größer als bei der niedrigen. Da die OHMschen Widerstände frequenzunabhängig sind, wächst offensichtlich der Scheinwiderstand Z_G mit der Frequenz.
Es handelt sich also um ein Grundeintor L, das bei der Kreisfrequenz ω_1 den Scheinwiderstand $\omega_1 L$ und bei der Kreisfrequenz $5\,\omega_1$ den Scheinwiderstand $5\,\omega_1 L$ aufweist. Wir setzen an:

$$\frac{(R_i+R_V)^2+(5\,\omega_1 L)^2}{(R_i+R_V)^2+(\omega_1 L)^2}=4{,}03$$

Diese Gleichung lösen wir nach der Induktivität L auf und berechnen:

$L = 0{,}57$ mH

Lösung 9.3

1) Mit den Gleichungen

$$\hat{u}_k=\sqrt{u_{ak}^2+u_{bk}^2}$$

$$\varphi_k=-\arctan\frac{u_{bk}}{u_{ak}}$$

berechnen wir die Amplituden und die Nullphasenwinkel der Klemmenspannung $u(t)$.

k		0	1	2	3	4	5
u_{ak}	V	15	7	5	3	2	1
u_{bk}	V	–	4	–3	–1	0	0,5
$\hat{u}_k$	V	15	8,06	5,83	3,16	2	1,12
φ_{uk}	°	–	–29,7	31,0	18,4	0	–26,6

2) Zunächst berechnen wir den Effektivwert der Spannung:

$$U=\sqrt{\sum_{k=0}^{5}U_k^2}=\sqrt{U_0^2+\frac{1}{2}\sum_{k=1}^{5}\hat{u}_k^2}=16{,}8\text{ V}$$

Der Gleichanteil des Stromes ist:

$I_0 = U_0/R = 100$ mA

Für die Berechnung des Stromes und der Leistung benötigen wir den Leitwert des Eintors bei den Frequenzen der Teilschwingungen:

$$\underline{Y}_k=\mathrm{j}\,\omega_k C+\frac{1}{R+\mathrm{j}\,\omega_k L}=Y_k\,\underline{/\varphi_{Yk}}$$

Mit $\hat{i}_k = Y_k\,\hat{u}_k$ berechnen wir die Amplituden der Teilschwingungen des Stromes.

k		1	2	3	4	5
Y_k	mS	6,21	5,13	3,94	2,86	1,98
φ_k	°	–15,0	–26,4	–32,7	–33,6	–27,8
$\hat{i}_k$	mA	50,0	29,9	12,46	5,73	2,21

Der Effektivwert des Stromes ist:

$$I=\sqrt{\sum_{k=0}^{5}I_k^2}=\sqrt{I_0^2+\frac{1}{2}\sum_{k=1}^{5}\hat{i}_k^2}=108{,}6\text{ mA}$$

3) Die Scheinleistung ist:

$S = U\,I = 1{,}824$ VA

Für die Wirkleistung setzen wir an:

$$P=U_0 I_0+\frac{1}{2}\sum_{k=1}^{5}\hat{u}_k\,\hat{i}_k\cos(\varphi_{uk}-\varphi_{ik})$$

Diese Gleichung formen wir um und berechnen:

$$P=U_0 I_0+\frac{1}{2}\sum_{k=1}^{5}\hat{u}_k\,\hat{i}_k\cos(-\varphi_{Yk})=1{,}795\text{ W}$$

Da das Vorzeichen der Blindleistung nicht definiert ist, können wir nur den Betrag der Blindleistung berechnen:

$$|Q|=\sqrt{S^2-P^2}=0{,}323\text{ var}$$

Lösung 9.4

1) Die Abtastfrequenz muss mindestens doppelt so hoch sein wie die höchste im Signal enthaltene Frequenz. Die Grenzfrequenz des Antialiasingfilters muss deshalb kleiner als 50 kHz sein.

Reale Tiefpassfilter übertragen, wenn auch stark abgeschwächt, auch Frequenzen, die etwas größer als die Grenzfrequenz sind. Aus diesem Grund sollte die Grenzfrequenz deutlich niedriger als 50 kHz gewählt werden, z. B. 25 kHz.

2) Die Abtastfrequenz 100 kHz bedeutet, dass die Spannung mit dem Abtastintervall $T_A = 10\ \mu s$ abgetastet wird. Es werden jeweils $2N + 1 = 7$ Abtastwerte verwendet; daraus ergibt sich mit der Zahl $N = 3$ die Beobachtungszeit:

$$T = (2N + 1)\,T_A = 70\ \mu s$$

Zu den Abtastzeitpunkten $t_n = n\,T_A$; $(-N \le n \le N)$ muss die Fensterfunktion den Wert $w(t) = 1$ aufweisen. Die vor und nach den 7 Abtastwerten bestimmten Abtastwerte müssen unterdrückt werden und es muss für sie $w(t) = 0$ gelten:

$$w(n\,T_A) = 1; \quad -N \le n \le N$$

$$w(k\,T_A) = 0; \quad -\infty < k < -N; \quad N < k < \infty$$

Der Verlauf von $w(t)$ zwischen den genannten Zeitpunkten ist unerheblich, weil in diesen Intervallen keine Abtastwerte genommen werden.

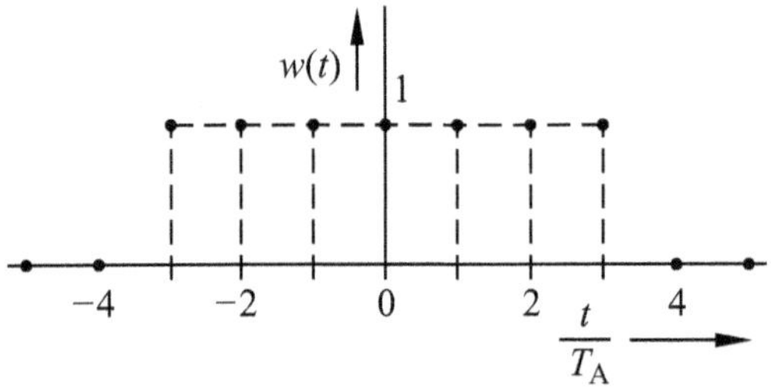

3) Die kleinste Kreisfrequenz ω_1 des Spektrums ergibt sich aus der Beobachtungszeit:

$$\omega_1 = 2\,\pi/T = 8{,}98 \cdot 10^4\,s^{-1}$$

Dies entspricht der Frequenz $f_1 = 14{,}29$ kHz.

Aus den 7 Abtastwerten lassen sich die Werte der komplexen Spektraldichte $\underline{U}_d(j\,\omega_k)$ für die Kreisfrequenzen $k\,\omega_1$ mit $k = 0; 1; 2; 3$ berechnen:

$$\underline{U}_d(j\omega_k) = \frac{1}{\sqrt{2\pi}} \sum_{n=-N}^{N} u_n \cdot e^{-j k \omega_1 t_n}\,T_A$$

So lautet z. B. die Gleichung für $\omega_3 = 3\,\omega_1$:

$$\underline{U}_d(j\omega_3) = \frac{T_A}{\sqrt{2\pi}} \sum_{n=-3}^{3} u_n \cdot e^{-j\,2\pi\,3n/7}$$

Wir berechnen den Betrag U_k und den Winkel φ_k der komplexen Spektraldichte $\underline{U}_{d,k} = \underline{U}_d(j\,\omega_k)$ für die Ordnungszahlen $0 \le k \le 3$ und tragen die Ergebnisse mit der zugehörigen Frequenz in die Tabelle ein.

k		0	1	2	3
f	kHz	–	14,29	28,6	42,9
$U_{d,k}$	µV/Hz	83,8	32,2	17,86	14,32
$\varphi_{d,k}$	°	0	−90	90	−90

Die Werte der komplexen Spektraldichte für die negativen Ordnungszahlen sind die konjugiert komplexen Werte der entsprechenden positiven Ordnungszahlen:

$$\underline{U}_d(j\,\omega_{-k}) = \underline{U}_d^*(j\,\omega_k); \quad k = 1; 2; 3$$

Weitere Werte der komplexen Spektraldichte für $k < -3$ und $k > 3$, die eine periodische Fortsetzung des Spektrums ergeben, sind physikalisch ohne Bedeutung.

4) Die Rücktransformation führen wir für die Zeitpunkte $t_n = n\,T_A$; $(-3 \le n \le 3)$ mit einer Gleichung durch, die z. B. für $n = 2$ lautet:

$$u_{r2} = u_r(2T_A) = \frac{\omega_1}{\sqrt{2\pi}} \sum_{k=-3}^{3} \underline{U}_d(jk\omega_1) \cdot e^{j\,4\pi k/7}$$

Der Summand mit der Ordnungszahl $k = 0$ ist reell. Die Summanden mit gleichem $|k|$ sind zueinander konjugiert komplex und ihre Summe ist ebenfalls reell. Somit ist auch die Gesamtsumme reell.

Die sieben Ergebniswerte $u_{r\,n}$ stimmen mit den Abtastwerten u_n überein. Sie beschreiben die Periode einer Spannung mit der Periodendauer 70 µs. Nur diese Periode entspricht der Realität; weitere Spannungswerte, die man mit $n < -3$ und $n > 3$ erhalten könnte, haben keine physikalische Bedeutung.

Lösung 9.5

Nach dem Schließen des Schalters im Augenblick $t = 0$ folgt die Spannung u_C der Zeitfunktion:

$$u_C = U_E + (U_A - U_E) \cdot e^{-\frac{t}{\tau}} \qquad (1)$$

Mit $U_A = 0$ V und $U_E = 15$ V erhalten wir:

$$u_C = 15\,\text{V} - (15\,\text{V}) \cdot e^{-\frac{t}{\tau}}$$

Dabei ist τ die Zeitkonstante des Ausgleichvorgangs:

$$\tau = R\,C = 0{,}2\ \text{s}$$

Der stationäre Endwert 15 V würde nach etwa $4\,\tau = 0{,}8$ s erreicht; dies geschieht hier jedoch nicht, da schon nach 0,4 s die Eingangsspannung auf den negativen Wert −15 V springt.

Die Spannung u_C erreicht zum Zeitpunkt $t = 0{,}4$ s den folgenden Wert:

$$u_C = 15\,\text{V} - (15\,\text{V}) \cdot e^{-\frac{0{,}4}{0{,}2}} = 12{,}97\ \text{V}$$

Dies ist der Anfangswert einer neuen e-Funktion nach Gl. (1), in die wir nun $U_{A1} = 12{,}97$ V und $U_E = -15$ V einsetzen; zum Zeitpunkt des nächsten Eingangsspannungssprunges hat sie den Wert:

$$u_C = -15\,\text{V} + (27{,}97\,\text{V}) \cdot e^{-\frac{0{,}4}{0{,}2}} = -11{,}215\ \text{V}$$

Setzen wir diesen Anfangswert $U_{A2} = -11{,}215$ V zusammen mit $U_E = +15$ V wiederum in die Gl. (1) ein, so erreichen wir beim nächsten Sprung die Spannung $U_{A3} = +11{,}452$ V.

Auf diese Weise fahren wir fort und erhalten durch fortgesetztes Anwenden der Gl. (1) weitere Anfangswerte:

$$U_{A4} = -11{,}420\ \text{V};\ U_{A5} = +11{,}424\ \text{V};$$

$$U_{A6} = -11{,}424\ \text{V};\ U_{A7} = +11{,}424\ \text{V usw.}$$

Nach dem 7. Schaltvorgang ändern sich die Beträge der jeweils erreichten Spannungswerte nur noch in der 4. Nachkommastelle. Der eingeschwungene Zustand ist praktisch erreicht.

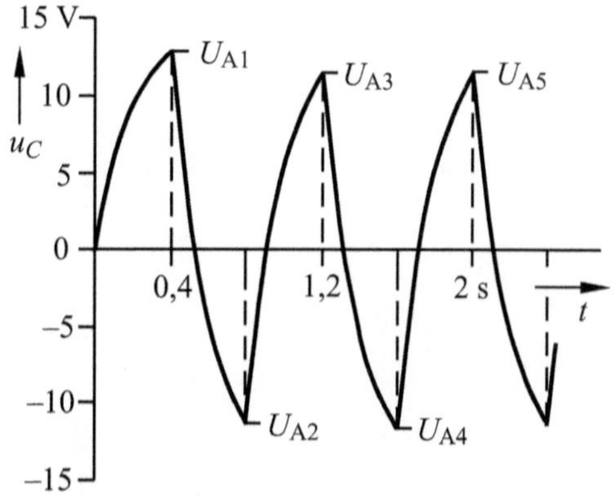

Lösung 9.6

1) Zum Zeitpunkt $t = 0$ fließt der Strom:

$$i\big|_{t=0} = \frac{U_{q1}}{R_3} = 1{,}5\ \text{A}$$

Für die Berechnung des Stromes, der nach dem Schaltzeitpunkt fließt, ersetzen wir die Impulsquelle und die Widerstände R_1 und R_2 durch ihre Ersatzquelle.

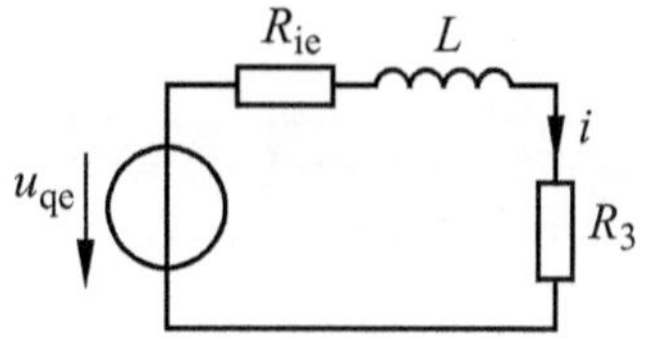

Die Ersatzquellenspannung ist:

$$u_{qe} = u_{q2}\,\frac{R_2}{R_1 + R_2} = 0{,}45\,u_{q2}$$

Die Ersatzquelle erzeugt also Impulse der Spannung $\hat{u}_{qe} = 6{,}75$ V.

Der Ersatzinnenwiderstand ist:

$$R_{ie} = \frac{1}{G_1 + G_2} = 9{,}9\ \Omega$$

Mit dem Widerstand

$$R_E = R_{ie} + R_3 = 19{,}9\ \Omega$$

berechnen wir die Zeitkonstante:

$$\tau = \frac{L}{R_E} = 1{,}106 \text{ ms}$$

Zum Zeitpunkt $t = 0$ hat der Strom den Anfangswert $I_A = 1{,}5$ A; im Zeitabschnitt 0 ... 1 ms strebt er dem Endwert I_E zu:

$$I_E = \frac{U_{qe}}{R_E} = 0{,}339 \text{ A} \qquad (1)$$

Damit berechnen wir die Zeitfunktion:

$$i = 0{,}339 \text{ A} + (1{,}161 \text{ A}) \cdot e^{-\frac{t}{\tau}}$$

Zum Zeitpunkt $t = 1$ ms erreicht der Strom den Wert:

$$I_1 = 0{,}809 \text{ A}$$

Im Zeitabschnitt 1 ... 3 ms strebt der Strom dem Endwert $I_E = 0$ zu und es gilt:

$$i = (0{,}809 \text{ A}) \cdot e^{-\frac{t-1 \text{ ms}}{\tau}}$$

2) Im eingeschwungenen Zustand steigt der Strom während des Impulses, der 1 ms dauert, vom Anfangswert i_{min} auf den Wert i_{max} an; dabei strebt er gemäß Gl. (1) dem Endwert $I_E = 0{,}339$ A zu. Wir setzen an:

$$i_{max} = I_E + (i_{min} - I_E) \cdot e^{-\frac{1 \text{ ms}}{\tau}} \qquad (2)$$

Während der Impulspause, die 2 ms dauert, fällt der Strom vom Anfangswert i_{max} auf den Wert i_{min} ab; dabei strebt er dem Endwert $I_E = 0$ zu. Hierfür setzen wir an:

$$i_{min} = i_{max} \cdot e^{-\frac{2 \text{ ms}}{\tau}} \qquad (3)$$

Wir setzen die Gl. (3) in die Gl. (2) ein und berechnen den Strom i_{max}:

$$i_{max} = \frac{I_E \left(1 - e^{-\frac{1 \text{ ms}}{\tau}}\right)}{1 - e^{-\frac{3 \text{ ms}}{\tau}}} = 216 \text{ mA}$$

Dies setzen wir in die Gl. (3) ein und erhalten:

$$i_{min} = 35{,}4 \text{ mA}$$

Die Schwingungsbreite ist die Differenz aus i_{max} und i_{min}:

$$i_{pp} = i_{max} - i_{min} = 180{,}8 \text{ mA}$$

Lösung 9.7

Wir wenden den Überlagerungssatz an; dies ist zulässig, weil die Schaltung ein lineares Netz ist.

Zunächst betrachten wir die Impulsquelle mit der Quellenspannung u_{q1} und ersetzen die zweite Quelle durch einen Kurzschluss.

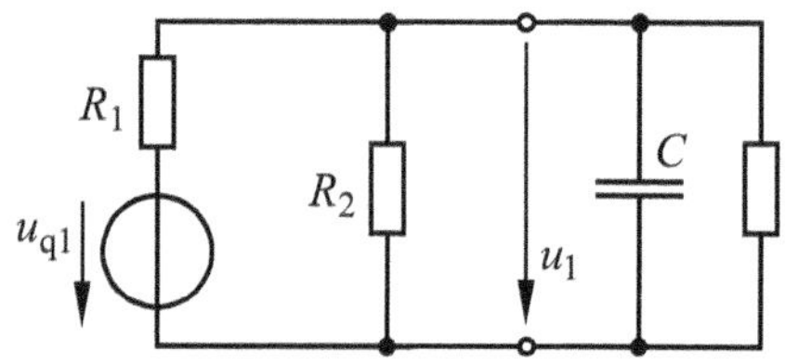

Für die Berechnung des Spannung u_1 ersetzen wir die Impulsquelle und die Widerstände durch ihre Ersatzquelle.

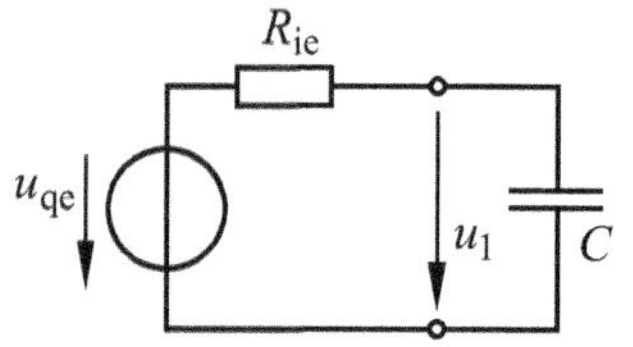

Die Ersatzquellenspannung berechnen wir mit der Spannungsteilerregel:

$$u_{qe} = \frac{u_{q1}}{1 + R_1(G_2 + G_3)} = \frac{u_{q1}}{3}$$

Der Widerstand R_{ie} ist:

$$R_{ie} = \frac{1}{G_1 + G_2 + G_3} = 16{,}67 \ \Omega$$

Damit berechnen wir die Zeitkonstante:

$$\tau = R_{ie}\, C = 0{,}1 \ \mu\text{s}$$

Während der Impulsdauer steigt die Spannung u_1 gemäß Gl. (1, Lösung der Aufgabe 9.5) vom Anfangswert $U_A = 0$ auf den Endwert $U_E = 2{,}5$ V an:

$$u_1 = 2{,}5\ \text{V} - (2{,}5\ \text{V}) \cdot e^{-\frac{t}{\tau}}$$

Den Endwert hat die Spannung u_1 nach etwa vier Zeitkonstanten erreicht. Während der Impulspause fällt die Spannung u_1 vom Anfangswert $U_A = 2{,}5$ V auf den Endwert $U_E = 0$ ab:

$$u_1 = (2{,}5\ \text{V}) \cdot e^{-\frac{t}{\tau}}$$

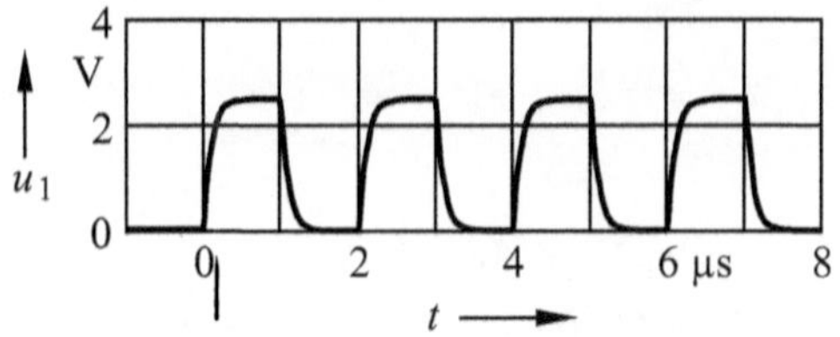

Nun betrachten wir die Impulsquelle mit der Quellenspannung u_{q2} und ersetzen die erste Quelle durch einen Kurzschluss.

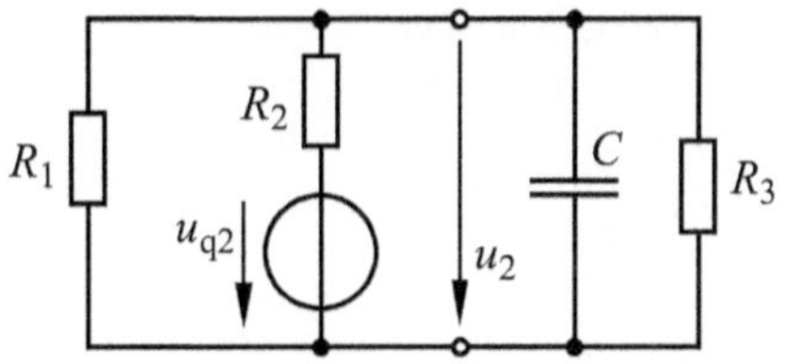

Für die Berechnung der Spannung u_2 ersetzen wir wieder die Impulsquelle und die Widerstände durch ihre Ersatzquelle.

Die Ersatzquellenspannung berechnen wir mit der Spannungsteilerregel:

$$u_{qe} = \frac{u_{q2}}{1 + R_2(G_1 + G_3)} = \frac{u_{q2}}{3}$$

Da auch hier der Widerstand $R_{ie} = 16{,}67\ \Omega$ ist, ergibt sich die gleiche Zeitkonstante $\tau = 0{,}1$ µs.

Während der Impulsdauer steigt die Spannung u_2 gemäß Gl. (1, Lösung der Aufgabe 9.5) vom Anfangswert $U_A = 0$ auf den Endwert $U_E = 2{,}5$ V an:

$$u_2 = 2{,}5\ \text{V} - (2{,}5\ \text{V}) \cdot e^{-\frac{t}{\tau}}$$

Den Endwert hat die Spannung u_2 nach etwa vier Zeitkonstanten erreicht. Während der Impulspause fällt die Spannung u_2 vom Anfangswert $U_A = 2{,}5$ V auf den Endwert $U_E = 0$ ab:

$$u_2 = (2{,}5\ \text{V}) \cdot e^{-\frac{t}{\tau}}$$

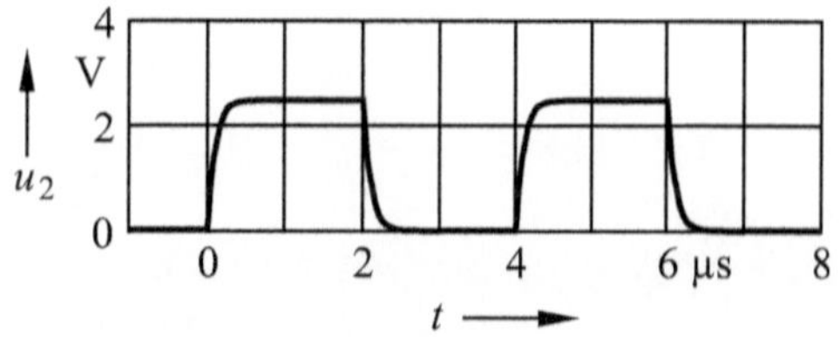

Zum Schluss überlagern wir die beiden Spannungen u_1 und u_2 zur Spannung $u = u_1 + u_2$ und zeichnen das Liniendiagramm.

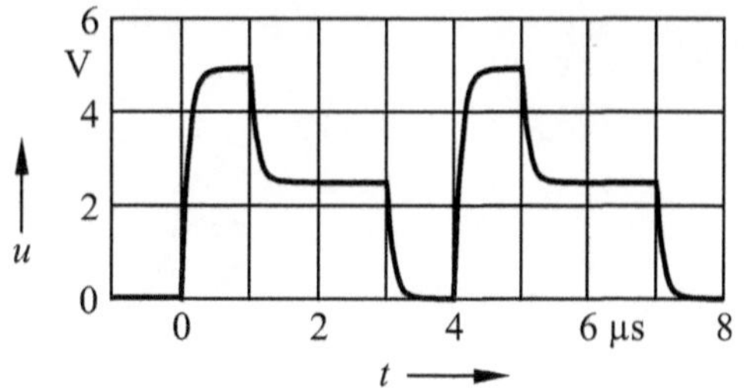

Lösung 9.8

1) Die Sinusspannung mit dem Scheitelwert $\hat{u} = 20$ V hat zum Zeitpunkt t_1 den Augenblickswert $u_1 = 15$ V:

$$u_1 = 15\ \text{V} = \hat{u} \sin \omega t_1$$

Wir lösen diese Gleichung zunächst nach dem Argument der Sinus-Funktion auf, das wir im Bogenmaß berechnen:

$$\omega t_1 = \arcsin \frac{u_1}{\hat{u}} = \arcsin 0{,}75 = 0{,}848$$

Mit $\omega = 314\ \text{s}^{-1}$ ergibt sich $t_1 = 2{,}7$ ms.
Für $T = 20$ ms berechnen wir auf Grund der Symmetrie der Funktion $u_A(t)$ die Zeitpunkte:

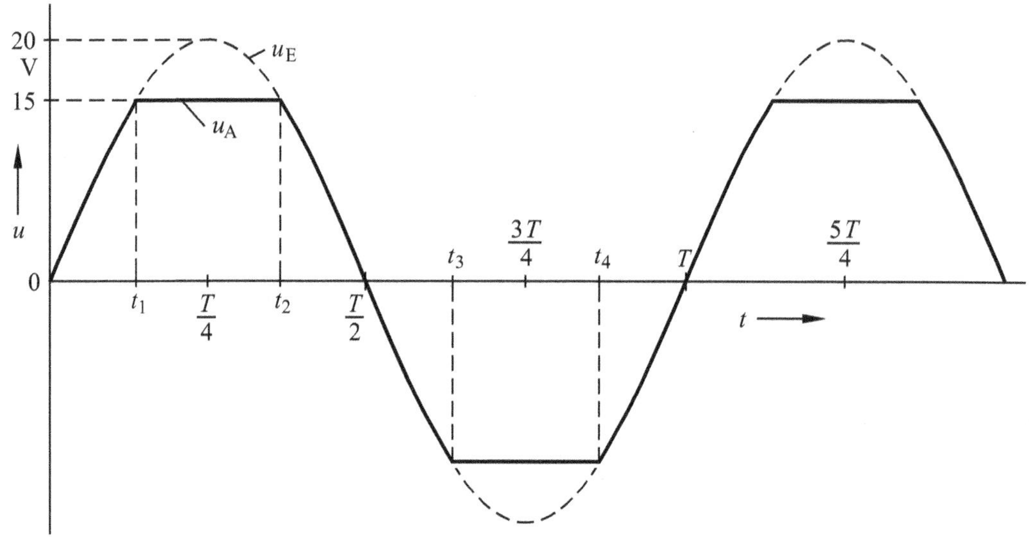

$t_2 = T/2 - t_1 = 7{,}3$ ms

$t_3 = 12{,}7$ ms

$t_4 = 17{,}3$ ms

2) Zur Berechnung des Effektivwertes setzen wir an:

$$U_A = \sqrt{\frac{1}{T}\int_0^T u_A^2 \, dt} \tag{1}$$

Wegen der Symmetrie von u_A^2 brauchen wir nicht über die gesamte Periodendauer zu integrieren. Die Rechnung läßt sich dadurch vereinfachen, dass wir über ein Viertel der Periode integrieren und das Ergebnis mit dem Faktor 4 multiplizieren:

$$\int_0^T u_A^2 \, dt = 4\int_0^{T/4} u_A^2 \, dt$$

Wir berücksichtigen nun, dass $u_A(t)$ nicht stetig ist, und teilen deshalb das Integral in zwei Teile auf. Zwischen $t = 0$ und t_1 ist $u_A(t)$ sinusförmig, zwischen t_1 und $T/4$ ist $u_A = u_1 = 15$ V:

$$\int_0^{T/4} u_A^2 \, dt = \int_0^{t_1} \hat{u}^2 \sin^2 \omega t \, dt + \int_{t_1}^{T/4} u_1^2 \, dt$$

Das erste Teilintegral berechnen wir z. B. mit einem Mathematikprogramm:

$$\int_0^{t_1} \hat{u}^2 \sin^2 \omega t \, dt = 0{,}224 \text{ V}^2\text{s}$$

Das zweite Teilintegral liefert:

$$\int_{t_1}^{T/4} u_1^2 \, dt = u_1^2 \cdot \left(\frac{T}{4} - t_1\right) = 0{,}518 \text{ V}^2\text{s}$$

Der Wert des gesamten Integrals für eine Viertelperiode ist $0{,}7415$ V^2 s. Wir setzen das Vierfache dieses Wertes in die Gl. (1) ein und erhalten den Effektivwert:

$U_A = 12{,}18$ V

Lösung 9.9

1) Für die Zeitspanne $t_1 \leq t \leq t_2$ arbeitet die Diode im Durchlassbereich. Da hierbei der Spannungsabfall an der Diode unberücksichtigt bleiben soll, ist in dieser Zeitspanne die Ausgangsspannung gleich der Eingangsspannung der Schaltung:

$u_A = u_E = \hat{u}_E \cos \omega t$

Damit setzen wir die Eintorgleichungen an:

$$i_R = G\,u_A = G\,\hat{u}_E \cos(\omega t)$$

$$i_C = C\,\frac{du_A}{dt} = -\omega C\,\hat{u}_E \sin(\omega t)$$

Diese beiden Ströme setzen wir für $t = t_2$ in die Knotengleichung $i = i_R + i_C = 0$ ein:

$$G\,\hat{u}_E \cos\omega t_2 - \omega C\,\hat{u}_E \sin\omega t_2 = 0 \qquad (1)$$

Diese Gleichung lösen wir nach dem gesuchten Zeitpunkt auf und berechnen:

$$t_2 = \frac{1}{\omega} \arctan \frac{1}{\omega C R} = 0{,}981 \text{ ms}$$

Damit ergibt sich der zugehörige Spannungswert:

$$u_2 = 325 \text{ V} \cdot \cos\omega t_2 = 310 \text{ V}$$

2) Für die Zeitspanne $t_2 \le t \le t_3$ arbeitet die Diode im Sperrbereich und der Kondensator entlädt sich über den Widerstand. Wir setzen die Spannug am Eintor C für $t_2 \le t \le t_3$ an:

$$u_C = U_E + (U_A - U_E) \cdot e^{-\frac{t-t_2}{\tau}}$$

Mit $U_A = u_2$ und $U_E = 0$ ergibt sich:

$$u_C = u_2 \cdot e^{-\frac{t-t_2}{\tau}}$$

Die Zeitkonstante ist:

$$\tau = R\,C = 0{,}01 \text{ s}$$

Zum Zeitpunkt t_3 sind die Spannungen u_A und u_E gleich. Wir setzen an:

$$u_2 \cdot e^{-\frac{t_3-t_2}{\tau}} = \hat{u}_E \cdot \cos\omega t_3$$

Diese nichtlineare Gleichung lässt sich z. B. mit einem Mathematikprogramm lösen; für das Intervall $10 \text{ ms} \le t \le 20 \text{ ms}$ erhalten wir:

$$t_3 = 15{,}7 \text{ ms}$$

Damit berechnen wir die Spannung :

$$u_3 = 325 \text{ V} \cdot \cos\omega t_3 = 71{,}1 \text{ V}$$

Lösung 9.10

Wie in der Aufgabe 9.9 gibt es in jeder Periode zwei Zeitabschnitte: Von t_1 bis t_2 arbeitet die Diode im Durchlassbereich; von t_2 bis t_3 arbeitet sie im Sperrbereich.

Zu den Schaltzeitpunkten t_1 und t_2 ist jeweils die Spannung am Kondensator gleich der Spannung der idealen Sinusquelle:

$$u_q(t_1) = u(t_1) = u_1$$

$$u_q(t_2) = u(t_2) = u_2$$

Wir berechnen die Spannung u für den Zeitabschnitt $t_1 \ldots t_2$ mit der LAPLACE-Transformation. Diese ist nur für $t \ge 0$ definiert; deshalb bezeichnen wir die Zeit dieses Abschnitts mit

$$t^* = t - t_1$$

und transformieren die Sinusspannung

$$\hat{u}_q \cos\omega t = \hat{u}_q \cos\omega(t^* + t_1) = \hat{u}_q \cos(\omega t^* + \varphi_1)$$

der Quelle mit der Funktion 38 und der Regel 2 (Tabelle A6, Band 2) in den Bildraum:

$$\underline{U}_q(s) = \hat{u}_q \cdot \frac{s \cos\varphi_1 - \omega \sin\varphi_1}{s^2 + \omega^2} \qquad (1)$$

Das Grundeintor C ist zum Schaltzeitpunkt geladen.

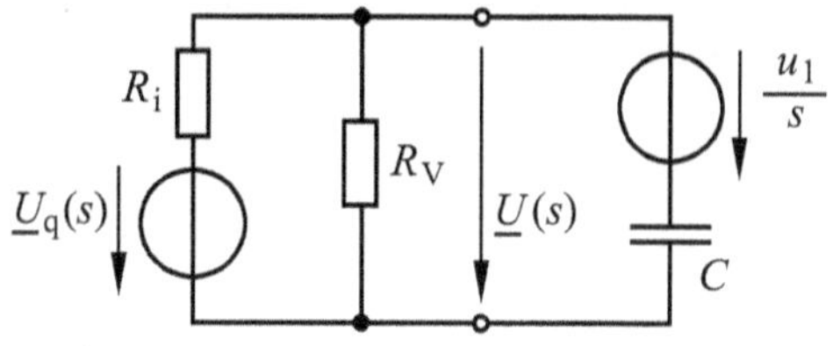

Wir ersetzen das geladene Grundeintor durch seine Ersatzschaltung für den Bildraum.

Nun berechnen wir die Spannung $\underline{U}(s)$ für den Bildraum mit dem Überlagerungssatz und sehen zunächst nur die Spannung im Zweig 1 und dann die Spannung im Zweig 3 als wirksam an:

$$\underline{U}(s) = \underline{U}_{(1)}(s) + \underline{U}_{(3)}(s)$$

Die Rücktransformation mit der Regel 1 liefert:

$$u(t^*) = u_{(1)}(t^*) + u_{(3)}(t^*) \quad (2)$$

Wir können deshalb die beiden Spannungen $\underline{U}_{(1)}$ und $\underline{U}_{(3)}$ unabhängig voneinander ermitteln und in den Originalraum transformieren. Die Überlagerung führen wir dann im Originalraum durch.

Wir beginnen mit der Sinusquelle, ersetzen die Quelle im Zweig 3 durch einen Kurzschluss und fassen die Parallelschaltung aus R_V und C zum Leitwert $\underline{Y}_V$ zusammen. Mit der Spannungsteilerregel setzen wir an:

$$\underline{U}_{(1)}(s) = \frac{\underline{Z}_V \underline{U}_q(s)}{R_i + \underline{Z}_V} = \frac{\underline{U}_q(s)}{1 + R_i \underline{Y}_V}$$

Für die Rücktransformation setzen wir den Leitwert $\underline{Y}_V = G_V + s\,C$ ein und formen die entstehende Gleichung so um, dass die Variable s ohne Faktor steht:

$$\underline{U}_{(1)}(s) = \frac{\underline{U}_q(s)}{R_i C} \cdot \frac{1}{s + \dfrac{1 + R_i G_V}{R_i C}}$$

Wir setzen die Gl. (1) ein und verwenden die Abkürzungen:

$$K_1 = \frac{\hat{u}_q}{R_i C} = 2{,}67 \cdot 10^3 \ \frac{\text{V}}{\text{s}}$$

$$a = \frac{1 + R_i G_V}{R_i C} = 87{,}9 \ \text{s}^{-1}$$

Damit ergibt sich:

$$\underline{U}_{(1)}(s) = K_1 \cdot \frac{s \cos\varphi_1 - \omega \sin\varphi_1}{s^2 + \omega^2} \cdot \frac{1}{s + a}$$

Für die Rücktransformation verwenden wir die Regel 2 und die Funktion 45 (Tabelle A6, Band 2). Mit der Abkürzung

$$\psi_1 = \varphi_1 - \gamma = \varphi_1 - \arctan\frac{\omega}{a}$$

erhalten wir:

$$u_{(1)}(t^*) = K_1 \cdot \frac{\cos(\omega t^* + \psi_1) - \cos\psi_1 \cdot e^{-at^*}}{\sqrt{a^2 + \omega^2}} \quad (3)$$

Zur Berechnung der Spannung $u_{(3)}(t^*)$ ist die LAPLACE-Transformation nicht erforderlich. Wir ersetzen die Sinusquelle durch einen Kurzschluss und fassen die parallel geschalteten Widerstände zum Leitwert

$$G_P = G_i + G_V = 8{,}79 \text{ mS}$$

zusammen. Der auf die Spannung $U_A = u_1$ aufgeladene Kondensator entlädt sich mit der Zeitkonstanten

$$\tau = R_P\, C = 11{,}37 \text{ ms}$$

auf den stationären Endwert $U_E = 0$ V; damit erhalten wir:

$$u_{(3)}(t^*) = u_1 \cdot e^{-\frac{t^*}{\tau}} \quad (4)$$

Nun setzen wir die Gln. (3 und 4) in die Gl. (2) ein und erhalten die Spannung u für $0 \le t^* \le t_2 - t_1$:

$$u(t^*) = K_1 \cdot \frac{\cos(\omega t^* + \psi_1) - \cos\psi_1 \cdot e^{-at^*}}{\sqrt{a^2 + \omega^2}} + u_1 \cdot e^{-\frac{t^*}{\tau}}$$

Zum Zeitpunkt $t = t_2$ nimmt die Spannung u den Wert $u = u_2$ an; wir verwenden die Abkürzung $t_2^* = t_2 - t_1$ und setzen an:

$$u_2 = K_1 \frac{\cos(\omega t_2^* + \psi_1) - \cos\psi_1 \cdot e^{-at_2^*}}{\sqrt{a^2 + \omega^2}} + u_1 \cdot e^{-\frac{t_2^*}{\tau}} \quad (5)$$

Im Zeitabschnitt von t_2 bis $t_3 = t_1 + T$ ist die Diode gesperrt und der Kondensator entlädt sich über den Widerstand R_V. Mit $U_A = u_2$, $U_E = 0$ V und $\tau_2 = R_V\, C = 47$ ms erhalten wir:

$$u(t) = u_2 \cdot e^{-\frac{t - t_2}{\tau_2}} \quad (6)$$

Zum Zeitpunkt $t_3 = t_1 + T$ nimmt die Spannung u den Wert u_1 an:

$$u_1 = u_2 \cdot \mathrm{e}^{-\frac{T+t_1-t_2}{\tau_2}} \qquad (7)$$

Die Gln. (5 und 7) bilden mit den Gleichungen

$$u_1 = \hat{u}_q \cos(\omega t_1)$$

$$u_2 = \hat{u}_q \cos(\omega t_2)$$

ein transzendentes Gleichungssystem. Wir lösen es mit einem Mathematikprogramm und erhalten:

$t_1 = -3{,}81$ ms; $u_1 = 14{,}595$ V

$t_2 = 3{,}41$ ms; $u_2 = 19{,}1566$ V

Die Werte u_1 und u_2 sind nicht die Extremwerte der Spannung $u(t)$. Da der Kondensator erst geladen wird, wenn die Quelle einen Strom liefert, der größer ist als der Strom durch den Widerstand R_V, wird der Kondensator nach dem Zeitpunkt t_1 noch kurze Zeit entladen. Dies gilt auch für eine kurze Zeitspanne vor dem Zeitpunkt t_2.

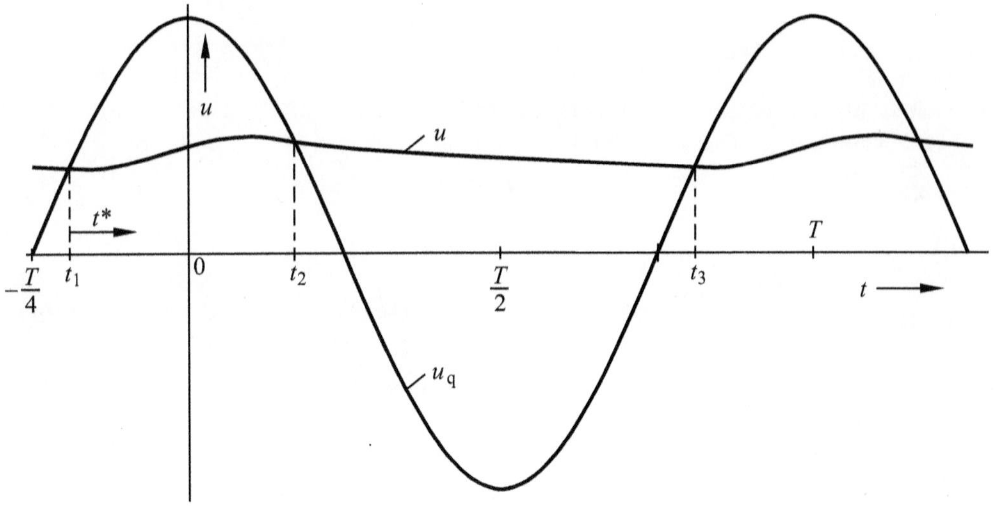

10 Elektrische Felder

Aufgabe 10.1

Eine halbzylindrische Rinne aus Kupfer (Länge $l = 60$ cm; Radius $r_a = 5$ cm) ist mit einem Elektrolyten (Leitfähigkeit $\gamma = 0{,}6 \cdot 10^{-3}$ S/cm) gefüllt. In ihrer Mittelachse befindet sich ein Kupferdraht (Länge $l = 60$ cm; Radius $r_i = 0{,}5$ mm), aus welchem der Gleichstrom $I = 30$ mA durch den Elektrolyten zur Rinne fließt.

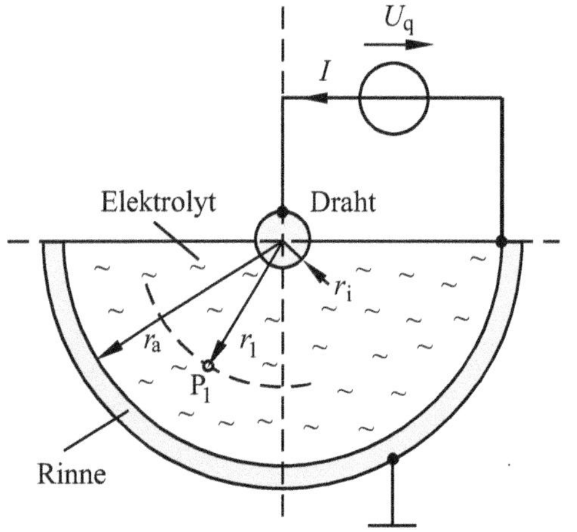

1) Welche Stromdichte herrscht im Punkt P_1, der auf einer Äquipotenzialfläche mit dem Radius $r_1 = 3$ cm liegt?

2) Welchen Betrag und welche Richtung hat dort die elektrische Feldstärke?

3) Welche Quellenspannung U_q hat die ideale Gleichspannungsquelle?

4) Innerhalb der Rinne wird ein halbzylindrisches Kupferdrahtnetz mit dem Radius $r_2 = 2$ cm koaxial angeordnet. Auf welchem Potenzial liegt dieses Netz?

5) Welche elektrische Energie verliert ein zweiwertiges, negatives Ion, das sich vom Drahtnetz zum Draht bewegt?

Aufgabe 10.2

In den Punkten P_1 (3; 0) und P_2 (0; 2) des Koordinatensystems befinden sich im leeren Raum zwei Punktladungen $Q_1 = 5 \cdot 10^{-9}$ C und $Q_2 = 4 \cdot 10^{-9}$ C. Die negative Gegenladung wird auf der unendlich fernen Hüllkugel gedacht.

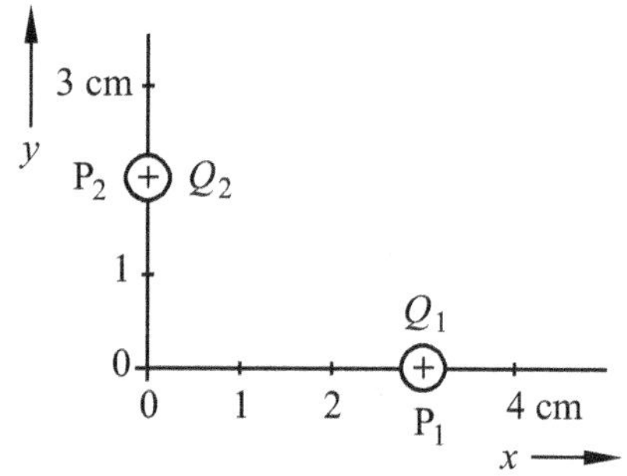

1) Welche elektrische Feldstärke herrscht im Punkt P_0 (0; 0)?

2) Welche Kraft wirkt auf ein Elektron, das sich am Punkt P_0 befindet?

3) Welchen Winkel bildet der Kraftvektor mit der positiven x-Achse?

4) Auf welchem Potenzial liegt der Punkt P_0?

5) Welche Arbeit wird verrichtet, wenn ein Elektron aus dem Unendlichen in den Punkt P_0 gebracht wird?

Aufgabe 10.3

Die Kapazität eines Plattenkondensators mit dem Dielektrikum Luft wird zu 280 pF gemessen. Die Platten sind quadratisch, die Kantenlänge beträgt 40 cm. Das inhomogene Randfeld des Plattenkondensators soll unberücksichtigt bleiben.

1) Wie groß ist der Plattenabstand?

2) Zwischen die Platten wird eine 3 mm dicke Glasplatte eingebracht; danach nimmt die Kapazität den Wert 590 pF an. Welche Permittivitätszahl hat das Glas?

Aufgabe 10.4

Der Innen- und der Außenleiter einer Koaxialleitung können als koaxiale Zylinder angesehen werden. Der Innenleiter hat den Radius r_i, der Außenleiter den Radius r_a.

1) Geben Sie den Zusammenhang zwischen der elektrischen Feldstärke E im Feldraum und der Spannung U zwischen den Elektroden an.

2) Bei welchem Radius hat die elektrische Feldstärke E im Feldraum den größten Wert E_{max}?

3) Stellen Sie die Funktion $E_{max} = f(r_i)$ für Werte im Bereich $0{,}1\,r_a \leq r_i \leq 0{,}8\,r_a$ grafisch dar.

4) Wie muss r_i gewählt werden, damit E_{max} den kleinstmöglichen Wert annimmt?

Aufgabe 10.5

Zwei Metallplatten mit der Fläche $A = 1{,}2\ \text{m}^2$ und dem Abstand $l_1 = 1$ mm bilden einen Plattenkondensator (Feldmedium Luft), an welchem die Spannung $U = 1500$ V liegt. Die rechte Platte wird mit der konstanten Geschwindigkeit $\upsilon = 0{,}1$ m/s so lange verschoben, bis der Abstand $l_2 = 0{,}5$ mm beträgt.

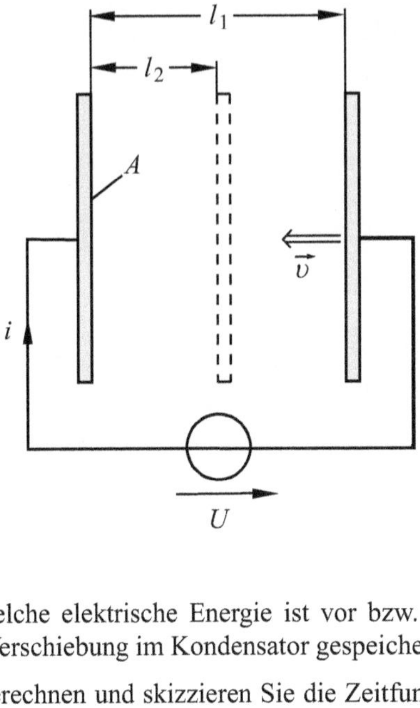

1) Welche elektrische Energie ist vor bzw. nach der Verschiebung im Kondensator gespeichert?

2) Berechnen und skizzieren Sie die Zeitfunktion $i(t)$ der Stromstärke während der Verschiebung.

3) Welche elektrische Energie wird dem Kondensator während der Verschiebung zugeführt?

4) Welche mechanische Arbeit wird während der Verschiebung verrichtet?

Die Übergangsvorgänge zwischen Ruhe und gleichförmiger Bewegung sowie der Randeffekt des Kondensators sollen als vernachlässigbar angesehen werden.

Aufgabe 10.6

Zwei zylindrische Metallrohre haben die gleiche Länge $a = 0{,}2$ m. Das Rohr mit dem Durchmesser $d_i = 5$ cm ist in das Rohr mit dem Durchmesser $d_a = 5{,}1$ cm koaxial bis zur Überdeckung $a/2$ hineingeschoben.

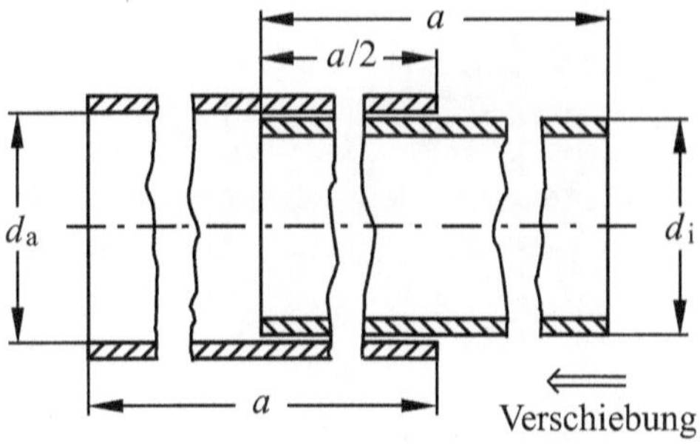

1) Welche Kapazität hat diese Anordnung? (Randeffekte vernachlässigbar; Feldmedium Luft)

2) An die Metallrohre wird eine ideale Spannungsquelle $U = 200$ V angeschlossen. Welcher Betrag der Ladung wird hierdurch auf jedes der Rohre verschoben?

3) Das innere Rohr wird nun so weit in axialer Richtung verschoben, bis eine vollständige Überdeckung der beiden Rohre gegeben ist. Welche Kapazität hat die Anordnung in diesem Endzustand?

4) Stellen Sie eine allgemeine Gleichung für den Zusammenhang zwischen der Geschwindigkeit des inneren Rohres während der Verschiebung und der Stromstärke in der Leitung zur Quelle auf.

5) Welchen Wert hat die Stromstärke bei der Geschwindigkeit $\upsilon = 0{,}02$ m / s ?

6) Welche elektrische Energie erhält die Anordnung während der Verschiebung des inneren Rohres? Welche Energie ist nach der Verschiebung zusätzlich im elektrischen Feld gespeichert?

Aufgabe 10.7

Mithilfe des **kapazitiven Sensors** soll die Höhe h des Wasserstandes in einem Gefäß überwacht werden. Hierzu wird die Kapazität C eines aus zwei koaxialen Rohren ($d_i = 40$ mm; $d_a = 42$ mm; $l = 700$ mm) gebildeten Kondensators gemessen.

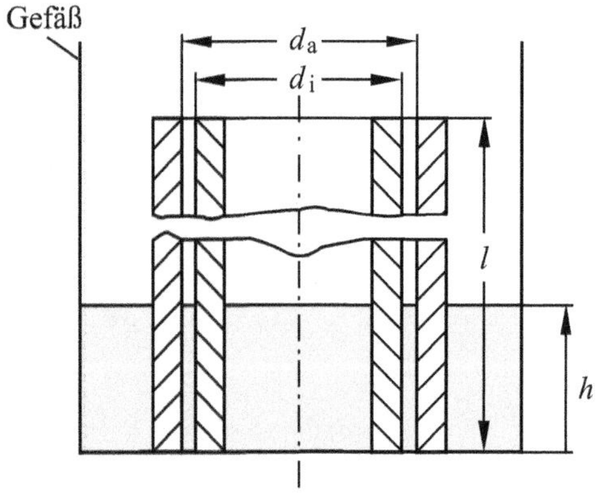

1) Geben Sie den Zusammenhang $C = f(h)$ in allgemeiner Form an und skizzieren Sie die Funktion in einem Koordinatensystem. Tragen Sie in diese Zeichnung die Werte C_{min} für $h = 0$ und C_{max} für $h = l$ ein.

2) Zwischen welchen Werten C_{min} und C_{max} liegt der Messbereich? Welche Kapazität hat der Sensor beim Füllstand $h = 80$ mm?

Aufgabe 10.8

In einem **Oszilloskop** bewegen sich Elektronen als Strahl auf der Mittelachse des Systems, bevor sie die **Ablenkplatten** erreichen. Dabei durchläuft jedes Elektron vor dem Erreichen der Ablenkplatten die Spannung $U_z = 3{,}2$ kV.

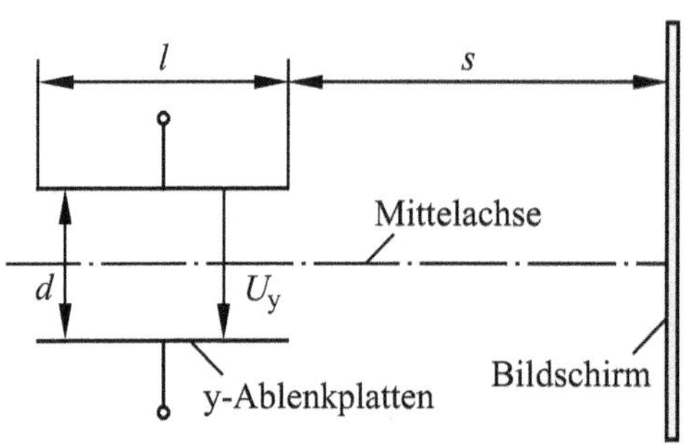

1) Welche Geschwindigkeit v_z erreicht ein Elektron, das mit der Anfangsgeschwindigkeit $v_A = 0$ startet?

2) Das elektrostatische Feld zwischen den Ablenkplatten soll als homogen angenommen werden; das inhomogene Randfeld bleibe unberücksichtigt.
An den Platten (Abstand $d = 6$ mm) liegt die Spannung $U_y = 150$ V. In welche Richtung wird der Elektronenstrahl abgelenkt? Welche Beschleunigung erfährt jedes Elektron?

3) Berechnen Sie den Verlauf des Elektronenstrahls zwischen den Platten.

4) Welchen Abstand y_M von der Mittelachse hat der Elektronenstrahl nach dem Durchlaufen des Feldes zwischen den Ablenkplatten? ($l = 26$ mm)

5) Um welchen Winkel wird der Elektronenstrahl abgelenkt?

6) Welche Ablenkung aus der Mittelachse erfährt der Elektronenstrahl auf dem Bildschirm, der von den Platten den Abstand $s = 220$ mm hat?

7) Berechnen Sie in allgemeiner Form die **Ablenkempfindlichkeit**, die als Quotient aus der y-Ablenkung und der Ablenkspannung U_y definiert ist. Welchen Wert hat die Ablenkempfindlichkeit?

Aufgabe 10.9

Das Leiterseil einer Freileitung, das sich in der Höhe $h = 6$ m über dem Erdboden befindet, hat den Durchmesser $d = 22$ mm. Zwischen dem Leiterseil und dem Erdboden, der als ebene leitfähige Fläche angenommen werden soll, liegt die Gleichspannung $U = 110$ kV.

Der Durchhang des Seiles soll unberücksichtigt bleiben.

1) Berechnen Sie allgemein die elektrische Feldstärke $E = f(y)$ auf der lotrechten Linie unter dem Leiterseil. Am Erdboden hat die Koordinate y den Wert $y = 0$, in der Mitte des Leiterseils hat sie den Wert $y = h$.

2) Welche elektrische Feldstärke E_L herrscht am unteren Rand des Leiterseils bei $y = h - d/2$?

3) Welche Feldstärke E_0 herrscht am Erdboden lotrecht unter dem Leiterseil?

4) Welche elektrische Feldstärke E_1 entsteht auf der lotrechten Linie unter dem Leiterseil im Punkt P_1 in der Kopfhöhe eines Menschen $h_1 = 1{,}8$ m über dem Erdboden?

5) Welche Spannung U_1 entsteht zwischen dem Punkt P_1 und dem Erdboden?

6) Berechnen Sie den Verlauf der Äquipotenziallinie für das Potenzial im Punkt P_1.

7) Welche Folgen ergeben sich für einen Menschen, der so unter dem Leiterseil steht, dass der Punkt P_1 auf seinem Scheitel liegt?

Aufgabe 10.10

Die Leiter einer 380-kV-Drehstromleitung bilden ein gleichseitiges Dreieck mit der Seitenlänge a = 7,5 m, dessen Basis sich in der Höhe h = 8 m über dem Erdboden befindet. Der Durchmesser eines Leiterseils beträgt 22 mm.

Die Außenleiterspannungen sind symmetrisch. Der Durchhang der Leiterseile soll unberücksichtigt bleiben.

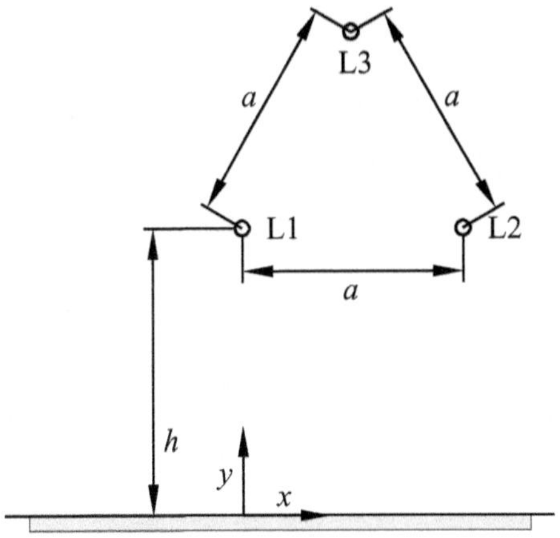

1) Welche Sternspannung liegt zwischen einem Außenleiter und Erde?

2) Zum Zeitpunkt $t = 0$ nimmt die Spannung zwischen dem Außenleiter L1 und Erde den positiven Scheitelwert an.

Welche Augenblickswerte haben die Spannungen zwischen den Leitern L1, L2, L3 und Erde zum Zeitpunkt $t = 0$?

3) Welche elektrische Feldstärke entsteht in 1,8 m Höhe über dem Erdboden lotrecht unter dem Leiter L1 zum Zeitpunkt $t = 0$?

Lösung 10.1

1) Da die Leitfähigkeit des Kupferdrahtes wesentlich größer als die des Elektrolyten ist, bildet sich in der Rinne ein parallelebenes, radialhomogenes elektrisches Strömungsfeld aus.

Weil der Stromdichtevektor $\vec{J}$ auf jeder Halbzylinderfläche mit dem Radius r senkrecht steht und dort auch überall den gleichen Betrag hat, gilt für die Stromstärke:

$$I = \int_A \vec{J} \cdot d\vec{A} = J \cdot A = J \cdot \pi r l$$

Wir lösen diese Gleichung nach der Stromdichte auf und setzen den Radius r_1 ein:

$$J_1 = \frac{I}{\pi r_1 l} = 0{,}5305 \, \frac{\text{A}}{\text{m}^2}$$

2) Die elektrische Feldstärke E ist der Quotient aus der Stromdichte J und der elektrischen Leitfähigkeit γ:

$$E_1 = \frac{J_1}{\gamma} = 8{,}84 \, \frac{\text{V}}{\text{m}}$$

Der Feldstärkevektor weist vom hohen zum niedrigen Potenzial, im Falle des radialhomogenen Feldes also in Richtung eines Radiusstrahles vom Draht zur Rinne.

3) Die Quellenspannung ist gleich der Spannung zwischen Draht und Rinne. Wir erhalten sie aus dem elektrischen Feld im Elektrolyten durch Integration. Als Integrationsweg wählen wir einen radialen Strahl; da der Feldvektor stets in Richtung dieses Integrationsweges zeigt, können wir von den Vektoren auf die Beträge übergehen:

$$U_q = \int_{r_i}^{r_a} E \cdot dr = \int_{r_i}^{r_a} \frac{I}{\pi l \gamma} \cdot \frac{1}{r} \, dr$$

Wir lösen das Integral, setzen die Grenzen ein und erhalten:

$$U_q = \frac{I}{\pi l \gamma} \cdot \ln \frac{r_a}{r_i} \tag{1}$$

Mit den gegebenen Werten berechnen wir:

$$U_q = 1{,}222 \text{ V}$$

4) Wegen der Zylindersymmetrie der gesamten Anordnung stellt das Drahtnetz eine Äquipotenzialfläche dar; das elektrische Feld wird also von ihm nicht beeinflusst.

Das Potenzial φ_2 des Drahtnetzes ist seine Spannung gegen Masse. Wir verwenden die Gl. (1) entsprechend und erhalten:

$$\varphi_2 = \frac{I}{\pi\, l\, \gamma} \cdot \ln \frac{r_a}{r_2} = 0{,}243 \text{ V}$$

5) Ein negatives, zweiwertiges Ion besitzt die Ladung $Q = -2e$, wobei e die Elementarladung $e = 1{,}602 \cdot 10^{-19}$ C ist.
Das Ion bewegt sich unter dem Einfluss der COULOMB-Kraft im elektrischen Feld in Richtung auf den Draht zu und verliert dabei die elektrische Energie:

$$\Delta W = -2\, e\, (\varphi_2 - \varphi_i) = 0{,}314 \cdot 10^{-18} \text{ J}$$

Diese Energie wird im Elektrolyten in Wärme umgewandelt.

Lösung 10.2
1) Eine Punktladung Q ruft im Abstand r die elektrische Feldstärke hervor:

$$E = \frac{|Q|}{\varepsilon_0 \cdot 4\,\pi\, r^2}$$

Wir setzen die Ladungen Q_1 bzw. Q_2 sowie ihre Abstände r_1 und r_2 vom Ursprung des Koordinatensystems in diese Gleichung ein und berechnen mit $\varepsilon_0 = 8{,}8542 \cdot 10^{-12}$ As/(V m):

$$E_1 = 49{,}9 \text{ kV/m}; \quad E_2 = 89{,}9 \text{ kV/m}$$

Da beide Punktladungen positiv sind, weisen die von ihnen erzeugten Feldstärkevektoren $\vec{E}$ jeweils radial von der Punktladung zur Fernkugel. Deshalb addieren wir die Feldstärkevektoren im Punkt (0; 0).

Aus der Abbildung erkennt man, dass der Betrag des Feldvektors im Punkt P_0 den Wert hat:

$$E_0 = \sqrt{E_1^2 + E_2^2} = 102{,}8 \text{ kV/m}$$

Der Winkel des Feldvektors zur x-Achse ist:

$$\alpha = \arctan\,(E_2/E_1) - 180° = -119°$$

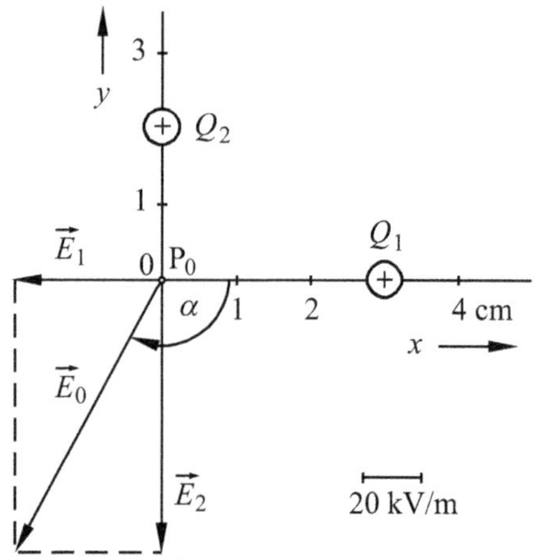

2) Die COULOMB-Kraft auf die Ladung $-e$ des Elektrons ist:

$$\vec{F} = -e\,\vec{E}_0$$

Wegen des negativen Vorzeichens der Ladung wirkt die Kraft gegen die Richtung des Feldstärkevektors; ihren Betrag berechnen wir mit der Elementarladung $e = 1{,}602 \cdot 10^{-19}$ As:

$$F = e\, E_0 = 16{,}47 \cdot 10^{-15} \text{ N}$$

3) Wegen der Gegenrichtung der Kraft zum Feldstärkevektor ist ihr Winkel zur positiven x-Achse:

$$\alpha_F = \alpha + 180° = 60{,}9°$$

4) Das Potenzial eines Punktes im Abstand r von einer Punktladung Q ist:

$$\varphi = \frac{Q}{\varepsilon_0 \cdot 4\,\pi\, r}$$

Potenziale sind skalare Größen und lassen sich daher skalar addieren. Wir setzen die gegebenen Abstände und Ladungen ein und addieren die Potenziale:

$$\varphi_0 = \varphi_1 + \varphi_2 = \frac{1}{4\,\pi\,\varepsilon_0}\left(\frac{Q_1}{r_1} + \frac{Q_2}{r_2}\right) = 3{,}3\ \text{kV}$$

Dies ist die Spannung $U_{0\infty}$ zwischen dem Punkt P_0 und der Fernkugel.

5) Wir berechnen zunächst die Energieänderung:

$$W_{12} = Q\,U_{12}$$

Der Punkt 1 liegt hier im Unendlichen, dort herrscht das Potenzial $\varphi_\infty = 0$ V; der Punkt 2 ist der Ursprung des Koordinatensystems mit dem Potenzial φ_0:

$$W_{\infty 0} = -\,e\,(\varphi_\infty - \varphi_0) = -\,e \cdot (-\varphi_0)$$

Wir erhalten das Ergebnis:

$$W_{\infty 0} = 0{,}528 \cdot 10^{-15}\ \text{J}$$

Die elektrische Energie der Ladung wird um $W_{\infty 0}$ verringert, denn die Ladung bewegt sich auf das höhere Potenzial zu. Dabei wird mechanische Arbeit verrichtet und das Elektron wird im Feld beschleunigt.

Lösung 10.3

1) Wir lösen die Gleichung für die Kapazität des Plattenkondensators nach dem Plattenabstand l auf und berechnen mit $\varepsilon_r = 1$:

$$l = \frac{\varepsilon_0\,\varepsilon_r\,A}{C} = 5{,}06\ \text{mm}$$

2) Die gemessene Kapazität 590 pF ist die Kapazität einer Reihenschaltung von zwei Kondensatoren mit den Dielektrika Luft bzw. Glas. Für die Reihenschaltung der Kondensatoren gilt:

$$\frac{1}{C_L} + \frac{1}{C_G} = \frac{1}{590\ \text{pF}}$$

Die Dicke l_L der Luftschicht ist nach dem Einbringen der Glasplatte um $l_G = 3$ mm kleiner als der Plattenabstand:

$$l_L = l - l_G = 2{,}06\ \text{mm}$$

Mit der Kapazität

$$C_L = \frac{\varepsilon_0\,A}{l_L} = 688\ \text{pF}$$

des Kondensators mit dem Dielektrikum Luft berechnen wir die Kapazität des Kondensators mit dem Dielektrikum Glas:

$$C_G = \frac{1}{\dfrac{1}{590\ \text{pF}} - \dfrac{1}{C_L}} = 4{,}15\ \text{nF} = \frac{\varepsilon_0\,\varepsilon_{rG}\,A}{l_G}$$

Wir lösen diese Gleichung nach der Permittivitätszahl des Glases auf und berechnen:

$$\varepsilon_{rG} = \frac{l_G\,C_G}{\varepsilon_0\,A} = 8{,}78$$

Lösung 10.4

1) Die Koaxialleitung stellt einen Zylinderkondensator dar. Für die elektrische Feldstärke E gilt:

$$E = \frac{Q}{\varepsilon_r\,\varepsilon_0 \cdot 2\,\pi\,r\,l}$$

Die Spannung U zwischen dem Innenradius r_i und dem Außenadius r_a ist:

$$U = \int_{r_i}^{r_a} E\,\mathrm{d}r = \frac{Q}{\varepsilon_r\,\varepsilon_0 \cdot 2\,\pi\,l}\,\ln\frac{r_a}{r_i}$$

Wir lösen nach Q auf und setzen in die Gleichung für die Feldstärke ein:

$$E = \frac{U}{r\,\ln\dfrac{r_a}{r_i}}$$

2) Da die Feldstärke dem Radius r umgekehrt proportional ist, nimmt sie den maximalen Wert E_{max} beim kleinsten Wert des Radius, also bei $r = r_i$ an:

$$E_{max} = \frac{U}{r_i \ln \frac{r_a}{r_i}}$$

3) Wir tragen die maximale Feldstärke E_{max} über dem Radius r_i des Innenzylinders auf.

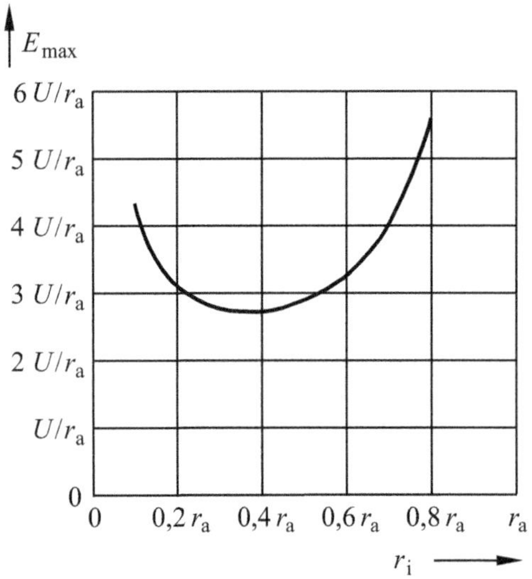

4) Da der Zähler des Bruches, der E_{max} beschreibt, von r_i unabhängig ist, liegt das Minimum von E_{max} beim Maximum des Nenners:

$$N = r_i \ln(r_a/r_i)$$

Dieses Maximum bestimmen wir dadurch, dass wir die Ableitung des Nenners gleich Null setzen:

$$\frac{dN}{dr_i} = \ln \frac{r_a}{r_i} - 1 = 0$$

Wir lösen diese Gleichung nach r_i auf und berechnen den Radius $r_{i,min}$:

$$r_{i,min} = \frac{r_a}{e} = \frac{r_a}{2{,}72} = 0{,}368\ r_a$$

Bei einem Zylinderkondensator nimmt die Feldstärke an der Oberfläche des Innenleiters den kleinstmöglichen Wert an, wenn der Durchmesser d_i des Innenleiters als das 0,368-fache des Durchmessers d_a des Außenleiters gewählt wird.

Lösung 10.5

1) Wir setzen die Gleichung für die Kapazität des Plattenkondensators mit $\varepsilon_r = 1$ in die Gleichung für die Energie $W = 0{,}5\,C\,U^2$ ein und erhalten die beim Abstand l_1 gespeicherte Energie:

$$W_{C1} = \frac{\varepsilon_0 A U^2}{2\, l_1} = 11{,}95 \text{ mJ}$$

Da die Energie bei konstanter Spannung umgekehrt proportional zum Plattenabstand ist, gilt beim Abstand $l_2 = l_1 / 2$:

$$W_{C2} = 2\ W_{C1} = 23{,}9 \text{ mJ}$$

2) Die Stromstärke i ist gleich der zeitlichen Ladungsänderung. Infolge der Verschiebung ändert sich die Kapazität C der Anordnung und wir berechnen mit $Q = C\,U$ und der Gleichung für die Kapazität:

$$i(t) = \frac{dQ}{dt} = U \frac{dC}{dt} = \varepsilon_0 A U \cdot \frac{d}{dt}\left(\frac{1}{l}\right)$$

Der Plattenabstand l ist zum Zeitpunkt t:

$$l = l_1 - \upsilon\, t$$

Wir setzen dies in die Gleichung für $i(t)$ ein und berechnen:

$$i(t) = \varepsilon_0 A U \cdot \frac{\upsilon}{(l_1 - \upsilon t)^2} \qquad (1)$$

Die Bewegung beginnt zum Zeitpunkt $t = t_1 = 0$; hierfür berechnen wir mit der Gl. (1) den Strom i_1 für den Plattenabstand l_1:

$$i_1 = 1{,}594 \text{ mA}$$

Der Plattenabstand l_2 wird bei der gegebenen Geschwindigkeit zum Zeitpunkt $t_2 = 5$ ms erreicht. Hierfür berechnen wir mit der Gl. (1):

$$i_2 = 6{,}38 \text{ mA}$$

Wir setzen noch weitere Werte für die Zeit t in die Gl. (1) ein und tragen $i(t)$ auf.

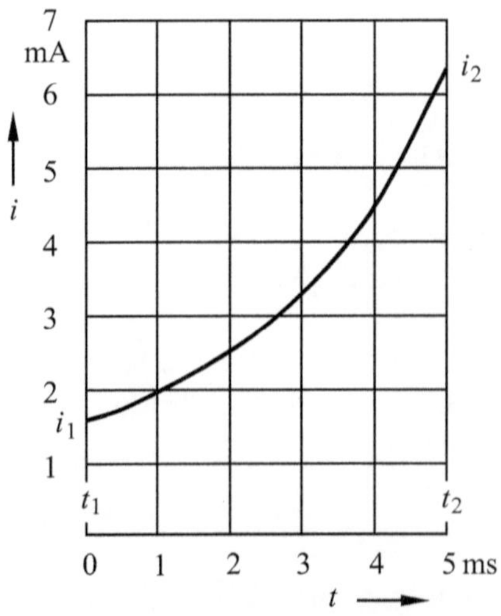

3) Dem Kondensator wird die elektrische Energie zugeführt:

$$W_{\mathrm{el}} = U \int_{t_1}^{t_2} i \,\mathrm{d}t$$

Wir setzen die Gl. (1) in diesen Ausdruck ein:

$$W_{\mathrm{el}} = \varepsilon_0 A U^2 \upsilon \int_{t_1}^{t_2} \frac{1}{(l_1 - \upsilon t)^2} \,\mathrm{d}t \qquad (2)$$

Das Integral hat die Lösung:

$$\int_{t_1}^{t_2} \frac{1}{(l_1 - \upsilon t)^2} \,\mathrm{d}t = \frac{1}{\upsilon}\left(\frac{1}{l_1 - \upsilon t_2} - \frac{1}{l_1 - \upsilon t_1}\right)$$

Wir setzen dies in die Gl. (2) ein und berechnen:

$$W_{\mathrm{el}} = \varepsilon_0 A U^2 \left(\frac{1}{l_1 - \upsilon t_2} - \frac{1}{l_1 - \upsilon t_1}\right) = 23{,}9 \text{ mJ}$$

4) Die der Anordnung zugeführte elektrische Energie W_{el} hat den doppelten Betrag wie die Differenz der vor bzw. nach der Verschiebung gespeicherten Feldenergie:

$$W_{\mathrm{el}} = 2\,(W_{C2} - W_{C1})$$

Dies bedeutet, dass während der Verschiebung die mechanische Arbeit $W_{\mathrm{mech}} = 11{,}95$ mJ verrichtet wurde, dass also $W_{\mathrm{mech}} = W_{\mathrm{el}}/2$ ist; wir wollen dies überprüfen.

Auf jede Platte des Kondensators wirkt die Kraft:

$$F = \frac{\varepsilon_0 A E^2}{2}$$

Die elektrische Feldstärke E ändert sich während der Verschiebung nach der Zeitfunktion:

$$E = \frac{U}{l} = \frac{U}{l_1 - \upsilon t}$$

Dies oben eingesetzt ergibt:

$$F = \frac{\varepsilon_0 A U^2}{2\,(l_1 - \upsilon t)^2} \qquad (3)$$

Während der Verschiebung um $\mathrm{d}l$ in Richtung der Kraft wird die mechanische Arbeit $\mathrm{d}W = F\,\mathrm{d}l$ verrichtet; damit erhalten wir mit Gl. (3) und mit $\mathrm{d}l = \upsilon\,\mathrm{d}t$:

$$W_{\mathrm{mech}} = \frac{\varepsilon_0 A U^2 \upsilon}{2} \int_{t_1}^{t_2} \frac{1}{(l_1 - \upsilon t)^2} \,\mathrm{d}t$$

Der Vergleich mit der Gl. (2) zeigt, dass die Bedingung $W_{\mathrm{mech}} = W_{\mathrm{el}}/2 = 11{,}95$ mJ tatsächlich erfüllt ist.

Lösung 10.6

1) Die Anordnung stellt einen Zylinderkondensator dar. Für dessen Kapazität gilt:

$$C = \frac{2\,\pi\,\varepsilon_{\mathrm{r}}\,\varepsilon_0 \cdot l}{\ln \dfrac{r_{\mathrm{a}}}{r_{\mathrm{i}}}} \qquad (1)$$

Da nur die sich überdeckenden Flächen zur Kapazität beitragen können, setzen wir für die Länge $l = a/2$ ein.

Mit den übrigen gegebenen Größen und $\varepsilon_{\mathrm{r}} = 1$ berechnen wir:

$C_1 = 281$ pF

2) Die Ladung ist das Produkt aus Kapazität und Spannung:

$$Q = C \cdot U \tag{2}$$

Der Kondensator C_1 trägt die Ladung:

$$Q_1 = 281 \cdot 10^{-12}\ \mathrm{F} \cdot 200\ \mathrm{V} = 56{,}2\ \mathrm{nC}$$

Diese Ladung wird von dem einen auf das andere Rohr verschoben. Das Rohr, das mit dem Pluspol der Spannungsquelle verbunden ist, wird dabei positiv, das andere negativ geladen.

3) Für die Kapazität bei einer vollständigen Überdeckung der Rohre gilt ebenfalls die Gl. (1); als Länge setzen wir jetzt $l = a$ ein. Wegen des linearen Zusammenhangs zwischen C und l hat die Kapazität im Endzustand den Wert:

$$C_2 = 2\ C_1 = 562\ \mathrm{pF}$$

4) Sobald das innere Rohr verschoben wird, ändert sich die Kapazität C der Anordnung. Hierdurch ändert sich auch die Ladung des Kondensators und es fließt in der Zuleitung der Strom:

$$i = \frac{\mathrm{d}Q}{\mathrm{d}t} = \frac{\mathrm{d}(C\,U)}{\mathrm{d}t} \tag{3}$$

Die Spannung U sowie sämtliche Größen in der Gl. (1) für die Kapazität außer l sind zeitlich konstant und können vor den Differenzialquotienten gezogen werden. Damit erhalten wir aus Gl. (3) das Ergebnis:

$$i(t) = \frac{2\,\pi\,\varepsilon_0\,U}{\ln\frac{r_a}{r_i}} \cdot \frac{\mathrm{d}l}{\mathrm{d}t} = \frac{2\,\pi\,\varepsilon_0\,U\,\upsilon}{\ln\frac{r_a}{r_i}} \tag{4}$$

5) Wir setzen die Geschwindigkeit $\upsilon = 0{,}02$ m/s in die Gl. (4) ein und berechnen die Stromstärke:

$$i = 11{,}24\ \mathrm{nA}$$

6) Die elektrische Energie, die der Anordnung beim Verschieben des Innenrohres um $a/2$ insgesamt zugeführt wird, berechnen wir für konstante Spannung mit der während des Verschiebens bewegten Ladung:

$$W_q = U\,(Q_2 - Q_1) = U^2\,(C_2 - C_1)$$

Mit den gegebenen Größen ergibt sich:

$$W_q = 11{,}24\ \mu\mathrm{J}$$

Die im elektrischen Feld gespeicherte elektrische Energie beträgt vor der Verschiebung:

$$W_{el} = \frac{1}{2}\,C_1\,U^2 = 5{,}62\ \mu\mathrm{J}$$

Nach der Verschiebung hat sich die Kapazität und damit auch die im Feld gespeicherte Energie verdoppelt. Die zusätzlich gespeicherte Energie hat also den Betrag:

$$\Delta W_{el} = 5{,}62\ \mu\mathrm{J}$$

Der Anordnung ist offenbar ein Energiebetrag zugeführt worden, der doppelt so hoch ist wie der im Feld zusätzlich gespeicherte. Der Energiebetrag 5,62 µJ ist in mechanische Energie umgewandelt worden, denn die Verschiebung hat unter dem Einfluss COULOMBscher Kräfte stattgefunden, welche das innere Rohr in das äußere hineinziehen.

Lösung 10.7

1) Der abgebildete Sensor ist ein Zylinderkondensator, für dessen Kapazität gilt:

$$C = \frac{2\,\pi\,\varepsilon_r\,\varepsilon_0 \cdot l}{\ln\frac{r_a}{r_i}} \tag{1}$$

In der gegebenen Anordnung sind zwei Zylinderkondensatoren parallel geschaltet, und zwar einer mit dem Feldmedium Wasser ($\varepsilon_r = \varepsilon_{rW}$) und der Länge $l_W = h$ sowie ein weiterer mit dem Feldmedium Luft ($\varepsilon_r = 1$) und der Länge $l_L = l - h$.

Die Kapazitäten der parallel geschalteten Kondensatoren addieren wir und erhalten die Ersatzkapazität der gesamten Anordnung.

Wir setzen die gegebenen Werte in die Gl. (1) ein und erhalten:

$$C = \frac{2\,\pi\,\varepsilon_0 \cdot (l-h)}{\ln \frac{r_a}{r_i}} + \frac{2\,\pi\,\varepsilon_0\,\varepsilon_{rW}\,h}{\ln \frac{r_a}{r_i}} \qquad (2)$$

Zur Abkürzung führen wir zweckmäßig die längenbezogene Kapazität

$$C' = \frac{2\,\pi\,\varepsilon_0}{\ln \frac{r_a}{r_i}} \qquad (3)$$

ein und vereinfachen damit die Gl. (2):

$$C = C'\,[h\,(\varepsilon_{rW} - 1) + l] \qquad (4)$$

Dies ist die gesuchte Funktion $C = f(h)$; sie ist die Gleichung einer Geraden mit dem Achsenabschnitt C_{min} für $h = 0$ und dem Maximalwert $C = C_{max}$ für $h = l$.

Bei der Funktion $C = f(h)$ sind nur Funktionswerte für $0 \le h \le l$ definiert.

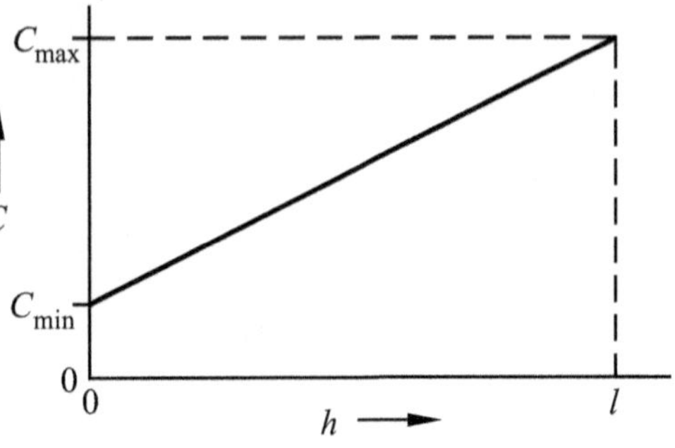

2) Wir berechnen mit der elektrischen Feldkonstanten ε_0 die längenbezogene Kapazität nach Gl. (3):

$$C' = 1{,}14\ \frac{\text{nF}}{\text{m}}$$

Zur Berechnung der kleinsten Kapazität C_{min} setzen wir den Wert $h = 0$ für die Höhe in die Gl. (4) ein und erhalten:

$$C_{min} = C'\,l = 798\ \text{pF}$$

Zur Berechnung der maximalen Kapazität setzen wir die Höhe $h = l$ in die Gl. (4) ein. Mit der Permittivitätszahl $\varepsilon_{rW} = 80{,}8$ für Wasser ergibt sich:

$$C_{max} = C' \cdot \varepsilon_{rW} \cdot l = 64{,}5\ \text{nF}$$

Für den Füllstand $h = 80$ mm ergibt sich mit der Gl. (4) die Kapazität:

$$C = C' \cdot (0{,}08\ \text{m} \cdot 79{,}8 + 0{,}7\ \text{m}) = 8{,}08\ \text{nF}$$

Lösung 10.8

1) Wir nehmen zunächst an, dass die Geschwindigkeit des Elektrons in einem Bereich bleibt, in dem wir für die Masse des Elektrons die Ruhemasse m_0 einsetzen dürfen, und setzen an:

$$W_{kin} = \frac{1}{2}\,m\,\upsilon^2$$

Durchläuft ein Elektron, das mit der Geschwindigkeit $\upsilon_A = 0$ und damit $W_A = 0$ startet, die Spannung U_z entgegen dem Bezugssinn, so nimmt es die Energie auf:

$$W_E = W_z = \frac{1}{2}\,m\,\upsilon_z^2 = e\,U_z$$

Damit berechnen wir:

$$\upsilon_z = \sqrt{\frac{2\,e\,U_z}{m_0}} = 33{,}55 \cdot 10^6\ \frac{\text{m}}{\text{s}} \qquad (1)$$

Da die vom Elektron erreichte Geschwindigkeit wesentlich kleiner als die Lichtgeschwindigkeit c_0 im Vakuum ist, kann die gewählte Berechnungsmethode als zulässig angesehen werden.

2) Wir gehen von der Gleichung für den Betrag der Kraft aus, die auf ein Elektron ausgeübt wird, und setzen in diese Gleichung die elektrische Feldstärke $E = U/d$ des homogenen Feldes ein:

$$F_y = |Q|\,E_y = e\,E_y = \frac{e\,U_y}{d}$$

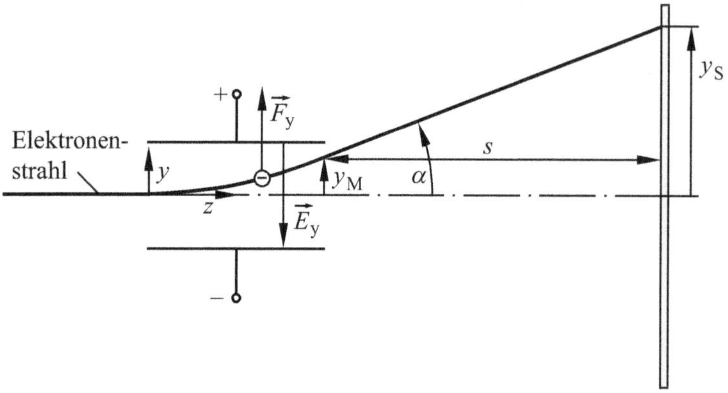

Die Vektoren $\vec{E}_y$ und $\vec{F}_y$ haben entgegengesetzte Richtung, da die Ladung des Elektrons negativ ist. Das Elektron wird nach oben zur positiv geladenen Platte abgelenkt; dabei wirkt auf das Elektron die Beschleunigung:

$$a_y = \frac{F_y}{m_0} = \frac{e\,U_y}{d\,m_0} \qquad (2)$$

Mit den gegebenen Zahlenwerten berechnen wir:

$a_y = 4{,}4 \cdot 10^{15}\ \mathrm{m/s^2}$

3) Da das Elektron eine konstante Beschleunigung a_y erfährt, legt es in y-Richtung die Strecke y in der Zeit $t = z/\upsilon_z$ zurück:

$$y = \frac{1}{2}\,a_y\,t^2 = \frac{1}{2}\,a_y\,\frac{z^2}{\upsilon_z^2} \qquad (3)$$

Im Bereich der Platten überlagert sich der konstanten Geschwindigkeit υ_z eine gleichförmig beschleunigte Bewegung in y-Richtung. Dies bedeutet, dass der Elektronenstrahl im Feld der Ablenkplatten eine Parabel beschreibt.

4) Wir setzen in die Gl. (3) den Wert $z = l = 26$ mm sowie die bereits berechneten Werte für a_y und υ_z ein; damit berechnen wir:

$$y_M = \frac{a_y\,l^2}{2\,\upsilon_z^2} = 1{,}32\ \mathrm{mm} \qquad (4)$$

5) Wir berechnen die Steigung der in der Gl. (3) gegebenen Funktion, indem wir den Differenzialquotienten bilden:

$$\tan\alpha = \frac{\mathrm{d}y}{\mathrm{d}z} = \frac{a_y}{\upsilon_z^2}\,z$$

In diese Gleichung setzen wir $z = l = 26$ mm ein und berechnen die Steigung $\tan\alpha = 0{,}1016$; damit ergibt sich der gesuchte Winkel:

$\alpha = 5{,}8°$

6) Sobald ein Elektron das Feld zwischen den Ablenkplatten verlassen hat, bewegt es sich unter dem Ablenkwinkel α zur Mittelachse geradlinig bis zum Bildschirm. Dort hat es insgesamt die Ablenkung erfahren:

$$y_S = y_M + s \cdot \tan\alpha = 23{,}7\ \mathrm{mm} \qquad (5)$$

7) Die Ablenkempfindlichkeit beträgt:

$$A = \frac{y_S}{U_y} = 157{,}8 \cdot 10^{-6}\ \frac{\mathrm{m}}{\mathrm{V}}$$

Wir setzen in diese Gleichung die Gln. (1, 2, 4 und 5) ein und erhalten:

$$A = \frac{l^2 + 2\,s\,l}{4\,d\,U_z}$$

Diese Gleichung zeigt, dass die Ablenkempfindlichkeit zwar von der Spannung U_z, nicht aber von der Spannung U_y abhängt.

Lösung 10.9

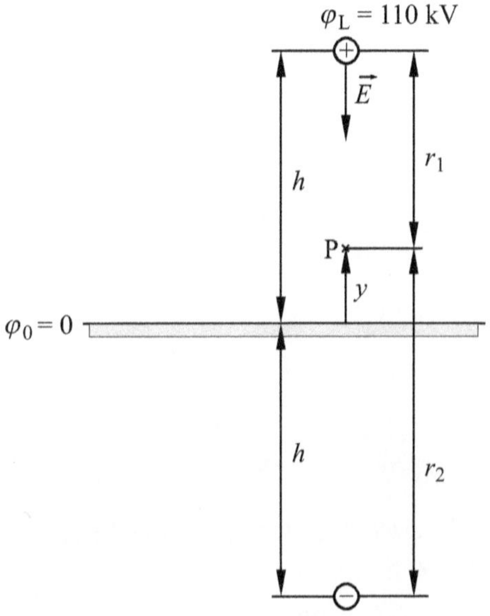

1) Das Leiterseil ist eine Einfachleitung, die wir als Teil einer Doppelleitung ansehen. Die Mittelebene zwischen den beiden Zylindern der Doppelleitung hat das Potenzial $\varphi_0 = 0$. Der Abstand der beiden Zylinder ist $a = 2\,h = 12$ m; er ist viel kleiner als die Länge l der Leitung ($a \ll l$).

Die Feldstärke E eines Punktes im Feld eines mit der Ladung Q geladenen zylindrischen Leiters ist als Gl. (1) bei der Lösung 10.4 angegeben:

$$E = \frac{Q}{\varepsilon_r\,\varepsilon_0 \cdot 2\,\pi\,r\,l} \qquad (1)$$

Wir können diese Gleichung zunächst nicht anwenden, weil wir die Ladung Q und die Länge l nicht kennen. Eine Lösung des Problems ist jedoch mithilfe des Potenzials möglich.

Das Potenzial φ eines Punktes P im Feld einer Doppelleitung lässt sich folgendermaßen berechnen:

$$\varphi = \frac{Q}{2\,\pi\,\varepsilon\,l}\,\ln\frac{r_2}{r_1} \qquad (2)$$

Genau genommen handelt es sich hierbei um eine Näherungsgleichung für $a \gg r_L$; da aber der Abstand $a = 2\,h = 12$ m der beiden Leiter wesentlich größer als der Leiterradius $r_L = 11$ mm ist, können wir die Näherung als sehr gut brauchbar ansehen.

Für einen Punkt P senkrecht unter dem Leiter gilt:

$r_1 = h - y;\ r_2 = h + y$

Dies setzen wir in die Gl. (2) ein:

$$\varphi = \frac{Q}{2\,\pi\,\varepsilon\,l}\,\ln\frac{h+y}{h-y} \qquad (3)$$

Die Konstante

$$\varphi_K = \frac{Q}{2\,\pi\,\varepsilon\,l}$$

können wir mithilfe der Spannung U bestimmen, die zwischen dem Leiterseil ($y = h - d/2$) und dem Erdboden ($y = 0$) liegt. Dazu bilden wir die Differenz zwischen dem Potenzial φ_L am Rand des Leiterseils und dem Potenzial $\varphi_0 = 0$ des Erdbodens:

$$U = \varphi_L - \varphi_0 = \varphi_K \cdot \ln\frac{4\,h-d}{d}$$

Mit den Größen U, h und d berechnen wir:

$$\varphi_K = \frac{U}{\ln\dfrac{4\,h-d}{d}} = 15{,}73 \text{ kV}$$

Für die elektrische Feldstärke E in der Umgebung eines Leiters gilt die Gl. (1). Der positiv geladene Leiter erzeugt demnach die Feldstärke:

$$E_1 = \frac{Q}{2\,\pi\,\varepsilon\,l\,r_1} = \frac{\varphi_K}{r_1}$$

Der gespiegelte Leiter ist negativ geladen; er erzeugt die Feldstärke:

$$E_2 = \frac{Q}{2\,\pi\,\varepsilon\,l\,r_2} = \frac{\varphi_K}{r_2}$$

Beide Feldstärkevektoren sind vom positiv geladenen Leiter zum negativ geladenen gerichtet.

Wir berechnen die Gesamtfeldstärke durch Überlagerung der Vektoren. Da beide Vektoren gleiche Richtung haben, addieren wir die Beträge:

$$E = E_1 + E_2 = \frac{\varphi_K}{r_1} + \frac{\varphi_K}{r_2}$$

Mit $r_1 = h - y$ und $r_2 = h + y$ ergibt sich:

$$E = \varphi_K \frac{2h}{h^2 - y^2} \qquad (4)$$

Der Feldstärkevektor $\vec{E}$ ist lotrecht vom Leiterseil zum Erdboden gerichtet.

2) Wir setzen $h = 6$ m und $y = h - d/2 = 5{,}989$ m in die Gl. (4) ein:

$E_L = 1431$ kV/m

3) Wir setzen $h = 6$ m und $y = 0$ in die Gl. (4) ein:

$E_0 = 5{,}24$ kV/m

4) Wir setzen $h = 6$ m und $y = 1{,}8$ m in die Gl. (4) ein:

$E_1 = 5{,}76$ kV/m

5) Wir setzen $h = 6$ m, $y = h_1 = 1{,}8$ m und φ_K in die Gl. (3) ein:

$$U_1 = \varphi_1 - \varphi_0 = \varphi_1 = \varphi_K \cdot \ln\frac{h + h_1}{h - h_1} = 9{,}74 \text{ kV}$$

6) Eine Äquipotentiallinie für φ = const. ist ein Kreis, dessen Mittelpunkt in der Höhe y_M über der leitfähigen Ebene liegt. Dieser Kreis schneidet die Verbindungslinie der beiden Leiter bzw. ihre Verlängerung bei den Koordinaten y_1 und y_2:

$$y_1 = y_M - r\,; \; y_2 = y_M + r \qquad (5)$$

Die Koordinatenwerte y_1 und y_2 drücken wir durch die Längen r_{11} und r_{21} sowie r_{12} und r_{22} aus:

$$y_1 = h - r_{11} = r_{21} - h$$

$$y_2 = h + r_{12} = r_{22} - h$$

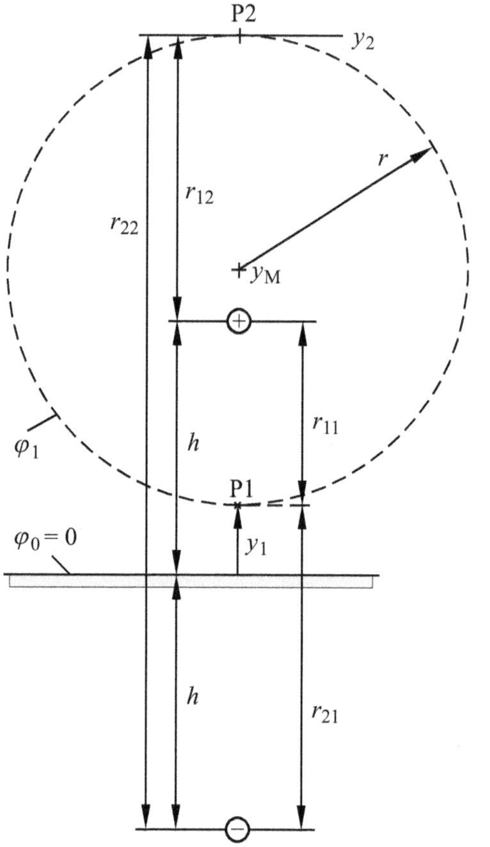

Mit den Gln. (5) berechnen wir für y_1:

$$r_{11} = h - y_1 = h - y_M + r$$
$$r_{21} = h + y_1 = h + y_M - r \qquad (6)$$

Entsprechend berechnen wir für y_2:

$$r_{12} = y_2 - h = y_M + r - h$$
$$r_{22} = y_2 + h = y_M + r + h \qquad (7)$$

Sowohl bei y_1 als auch bei y_2 liegt das Potenzial φ vor. Mit der Konstanten φ_K lautet die Gl. (2):

$$\varphi = \varphi_K \cdot \ln\frac{r_2}{r_1} \qquad (8)$$

Mit der Abkürzung

$$a = \frac{\varphi_1}{\varphi_K} = \frac{9{,}74 \text{ kV}}{15{,}73 \text{ kV}} = 0{,}619$$

formen wir die Gl. (8) um:

$$\frac{r_2}{r_1} = e^a = 1{,}857$$

In diese Gleichung setzen wir sowohl die Gln. (6) als auch die Gln. (7) ein:

$$\frac{r_{21}}{r_{11}} = \frac{h + y_M - r}{h - y_M + r} = 1{,}857$$

$$\frac{r_{22}}{r_{12}} = \frac{y_M + r + h}{y_M + r - h} = 1{,}857$$

Wir multiplizieren aus und erhalten ein lineares Gleichungssystem mit den Lösungen:

$y_M = 10{,}9$ m ; $r = 9{,}1$ m

Zur Kontrolle berechnen wir $y_1 = y_M - r = 1{,}8$ m; dieser Wert stimmt mit der Höhe h_1 überein.

7) Der bisher zugrunde gelegte Feldverlauf entsteht nur dann, wenn sich Nichtleiter im Feldraum befinden. Da jeder Mensch ein guter Leiter ist, bricht das elektrische Feld dort zusammen, wo sich der Mensch im Feldraum befindet, und der Körper des Menschen ist feldfrei.

Ist der Mensch leitend mit der Erde verbunden, so werden die ursprünglich am Erdboden befindlichen Ladungen auf die Oberfläche des Menschen verschoben. Steht der Mensch isoliert, so werden die Ladungen auf der Oberfläche des Menschen getrennt. Die dabei fließenden Ströme sind in beiden Fällen ungefährlich.

Lösung 10.10

1) Die Sternspannung berechnen wir mit der Außenleiterspannung:

$$U_{\perp} = \frac{380\ \text{kV}}{\sqrt{3}} = 219\ \text{kV}$$

2) Die Spannung u_{1N} zwischen dem Außenleiter L1 und Erde ist für $t = 0$ gleich dem Scheitelwert:

$$u_{1N}\Big|_{t=0} = \hat{u}_{1N} = \sqrt{2}\, U_{\perp} = 310\ \text{kV}$$

Die Strangspannungen sind symmetrisch. Für den Zeitpunkt $t = 0$ ergibt sich:

$$u_{2N}\Big|_{t=0} = \sqrt{2}\, U_{\perp} \cos(-120°) = -155{,}1\ \text{kV}$$

$$u_{3N}\Big|_{t=0} = \sqrt{2}\, U_{\perp} \cos(120°) = -155{,}1\ \text{kV}$$

3) Wir sehen jedes der drei Leiterseile als langen, geraden, zylindrischen Leiter an, der unter die leitfähige Ebene gespiegelt wird. Dies ergibt insgesamt 6 geladene Zylinder, von denen jeder im Punkt P einen Feldstärkevektor erzeugt, für dessen Betrag gilt:

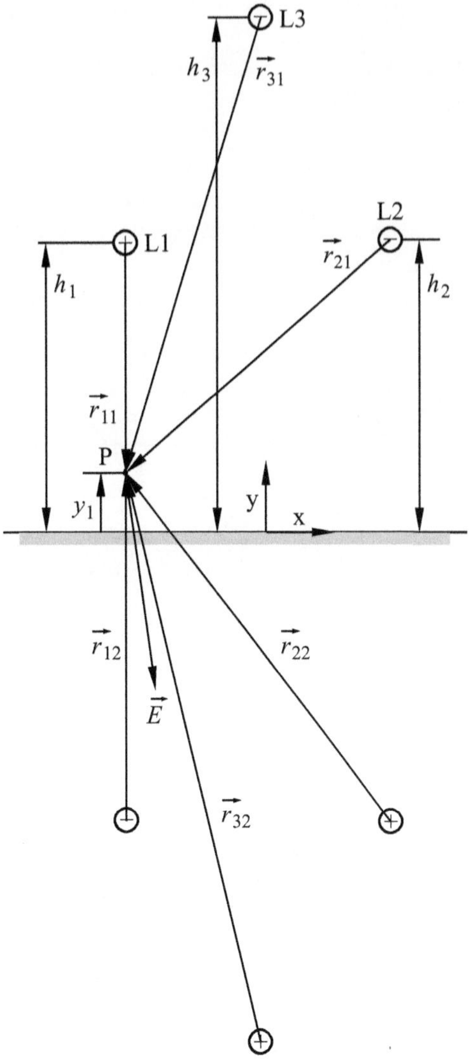

$$E = \frac{Q}{2\,\pi\,\varepsilon\,l\,r} = \frac{\varphi_K}{r}$$

Zunächst berechnen wir wie in der Aufgabe 10.9 die Konstante φ_K:

$$\varphi_K = \frac{Q}{2\,\pi\,\varepsilon\,l} = \frac{u}{\ln\frac{4h-d}{d}}$$

Für $h_1 = h_2 = 8$ m und $h_3 = 8$ m $+ 7{,}5$ m $\cdot \cos 30° =$ 14,5 m erhalten wir für $t = 0$:

$\varphi_{K1} = 42{,}6\,\text{kV}$

$\varphi_{K2} = -21{,}3\ \text{kV}$

$\varphi_{K3} = -19{,}7\ \text{kV}$

Nun berechnen wir für jeden ursprünglich vorhandenen Leiter n den Verbindungsvektor $\vec{r}_{n,1}$ sowie für jeden gespiegelten Leiter den Verbindungsvektor $\vec{r}_{n,2}$ zwischen der Leiterachse und dem Punkt P und tragen seinen Betrag und Winkel in die Tabelle ein.
Entsprechend verfahren wir mit den Feldstärkevektoren. Mit der Gl. (1) berechnen wir den Betrag der Feldstärke. Der Winkel ergibt sich aus dem Winkel des Verbindungsvektors. Ist das Potenzial des Leiters positiv, so ist der Feldstärkevektor vom Leiter zum Punkt P gerichtet und die beiden Winkel sind gleich. Ist das Potenzial des Leiters negativ, so ist der Feldstärkevektor vom Punkt P zum Leiter gerichtet und die beiden Winkel unterscheiden sich um 180°.

Schließlich addieren wir sämtliche Feldstärkevektoren:

$$\vec{E} = \vec{E}_{11} + \vec{E}_{12} + \vec{E}_{21} + \vec{E}_{22} + \vec{E}_{31} + \vec{E}_{32}$$

Dadurch erhalten wir im Punkt P für den Zeitpunkt $t = 0$ einen Vektor mit dem Betrag $E = 5{,}93$ kV/m und dem Winkel $-82{,}3°$.

	Verbindungsvektor		Feldstärkevektor	
	Betrag	Winkel	Betrag	Winkel
L1	$r_{11} = 6{,}2$ m	$-90{,}0°$	$E_{11} = 6{,}87$ kV/m	$-90{,}0°$
	$r_{12} = 9{,}8$ m	$90{,}0°$	$E_{12} = 4{,}35$ kV/m	$-90{,}0°$
L2	$r_{21} = 9{,}73$ m	$-140{,}4°$	$E_{21} = 2{,}19$ kV/m	$39{,}6°$
	$r_{22} = 12{,}34$ m	$127{,}4°$	$E_{22} = 1{,}726$ kV/m	$127{,}4°$
L3	$r_{31} = 13{,}24$ m	$-106{,}5°$	$E_{31} = 1{,}488$ kV/m	$73{,}5°$
	$r_{32} = 16{,}72$ m	$103{,}0°$	$E_{32} = 1{,}178$ kV/m	$103{,}0°$

11 Magnetische Felder

Aufgabe 11.1

Mit dem genormten Kernblech EI 150 ist ein Eisenkern von 40 mm Pakethöhe aufgebaut. Die mittleren Feldlinienlängen sind $l_1 = l_3 \approx 230$ mm und $l_2 \approx 100$ mm.

Die geometrischen Querschnittsflächen betragen im Anker, im Joch sowie in den Außenschenkeln 8 cm² und im Mittelschenkel 16 cm². Der Eisen-Füllfaktor hat den Wert $F_{Fe} = 0{,}9$.

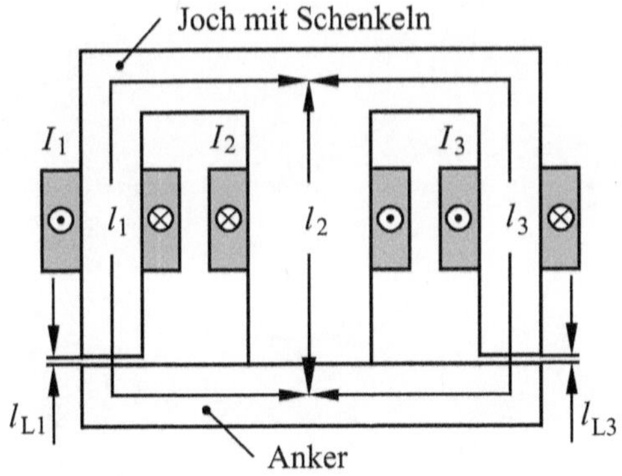

Durch Abfräsen der beiden äußeren Schenkel werden zwischen ihnen und dem Anker zwei Luftspalte erzeugt, wobei $l_{L1} = 0{,}5$ mm gegeben, l_{L3} dagegen noch festzulegen ist.

Sämtliche Schenkel tragen Spulen mit je 1000 Windungen, wobei die Stromstärken auf den äußeren Schenkeln mit $I_1 = 300$ mA und $I_3 = 80$ mA gegeben sind. In beiden Luftspalten soll die magnetische Flussdichte $B_L = 1{,}3$ T betragen.

Die Streuung soll vernachlässigt werden. Für das Blech gilt die Magnetisierungskurve a (Seite 142).

1) Skizzieren Sie ein Feldlinienbild des Kerns.

2) Berechnen Sie die Luftspaltlänge l_{L3}.

3) Welcher Strom I_2 muss in der Spule auf dem Mittelschenkel 2 fließen?

Aufgabe 11.2

Der Eisenkern ist aus Elektroblech (Magnetisierungskurve a, Seite 142) geschichtet, wobei sich der Eisen-Füllfaktor $F = 0{,}92$ ergibt.

Die Streuung und die Luftspaltaufweitung sind zu vernachlässigen. Die Windungszahl der Spule ist $N = 1000$.

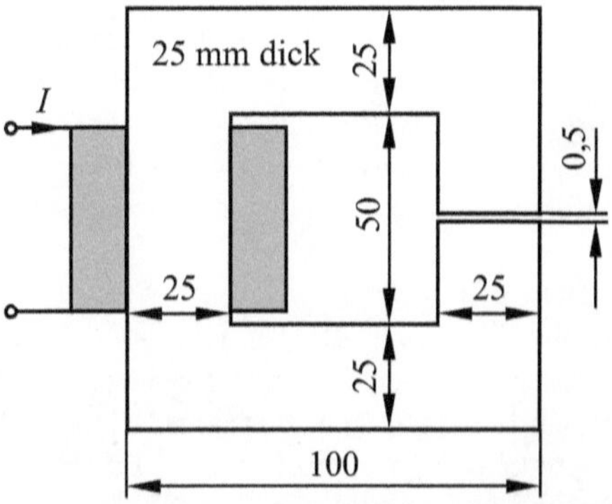

1) Berechnen Sie die mittlere Eisenweglänge und die magnetisch wirksamen Querschnittsflächen des Eisens und des Luftspalts.

2) Berechnen Sie den magnetischen Widerstand und den magnetischen Leitwert des Luftspalts.

3) Ermitteln Sie die Kennlinie $\Phi_{Fe} = f(V_{mFe})$ des Eisenkerns.

4) Bestimmen Sie die Flussdichte im Luftspalt für den Strom $I = 0{,}4$ A mithilfe der Scherungsgeraden.

Aufgabe 11.3

Der magnetische Kreis eines **Relais** hat folgende Abmessungen:

Joch und Anker:	$A_1 = 15$ mm²;	$l_1 = 40$ mm
Spulenkern:	$A_2 = 12$ mm²;	$l_2 = 16$ mm
Luftspalt:	$A_L = 18$ mm²;	$l_{L,ab} = 1$ mm

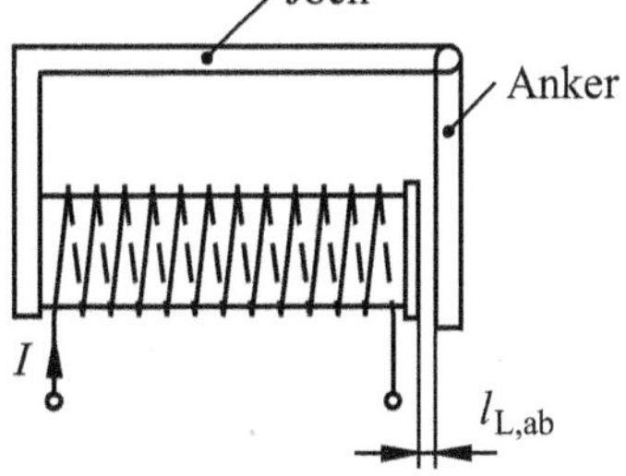

Die Magnetisierungskurve für Joch, Anker und Spulenkern ist die Kurve a im Bild auf Seite 142. Die Spule hat die Windungszahl $N = 5000$. Die Streuung soll unberücksichtigt bleiben.

1) Bei abgefallenem Anker kann der magnetische Widerstand des Eisens gegenüber dem des Luftspalts vernachlässigt werden. Die Kontaktfedern (nicht eingezeichnet) üben die Kraft 100 mN aus. Bei welchem Strom wird der Anker angezogen?

2) Bei angezogenem Anker verbleibt der Restluftspalt $l_{L,an} = 0{,}1$ mm; dabei kann der magnetische Widerstand des Eisens gegenüber dem des Luftspalts nicht vernachlässigt werden. Die Kontaktfedern üben die Kraft 120 mN aus. Bei welchem Strom fällt der Anker ab?

Aufgabe 11.4

Der Anker des rotationssymmetrischen Elektromagneten aus Stahlguss (Magnetisierungskurve a, Seite 142) soll mit der Kraft $F = 230$ N angezogen werden. Zur Führung des Ankers ist der untere, zylindrische Luftspalt mit einem Kunststoffring K ausgekleidet.

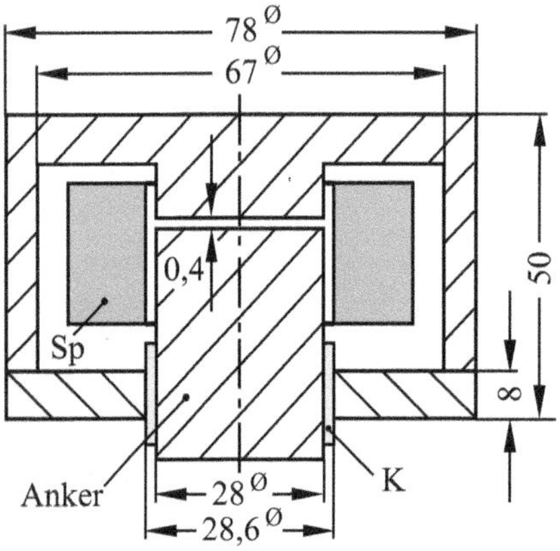

Der Streufluss ist mit 15 %, die Luftspaltaufweitung am oberen Luftspalt mit 5 %, am unteren mit 10 % anzunehmen.

1) Welche Flussdichte und welcher magnetische Fluss herrschen im oberen Luftspalt?

2) Welche Flussdichte und welcher magnetische Fluss herrschen im unteren Luftspalt?

3) Welchen Durchflutungsbedarf haben die Luftspalte?

4) Schätzen Sie den Durchflutungsbedarf des Eisens ab; welchen Wert hat er etwa?

5) Welcher Strom muss in der Spule Sp mit 600 Windungen fließen?

Aufgabe 11.5

Der Ringkern des Übertragers enthält einen Luftspalt der Länge $l_L = 0{,}5$ mm. Der magnetische Widerstand des Ferritkerns mit kreisförmigem Querschnitt (d = 4 mm) soll unberücksichtigt bleiben.

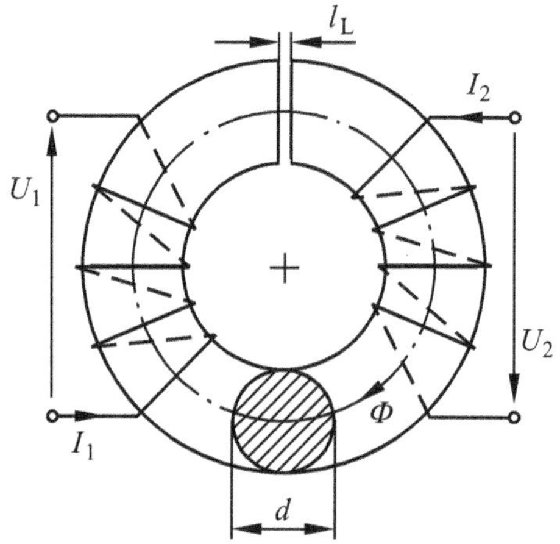

1) Die Induktivitäten der Spulen sollen $L_1 \approx 500\ \mu$H und $L_2 \approx 250\ \mu$H betragen. Wie sind die Windungszahlen zu wählen, und welche Induktivitätswerte ergeben sich?

2) Wegen der Streuung durchsetzen nur 98 % des von einer Spule erzeugten Flusses auch die andere. Welche gegenseitigen Induktivitäten hat die Anordnung?

3) In den Spulen fließen die Ströme $I_1 = 200$ mA bzw. $I_2 = -50$ mA. Wie groß ist der Verkettungsfluss jeder Spule?

4) Wie groß ist der Kopplungsfaktor der beiden Spulen und welche Klemmen sind durch Wicklungspunkte zu markieren?

Aufgabe 11.6

Der magnetische Fluss eines kleinen Gleichstrommotors soll durch zwei Dauermagnetschalen mit dem Innendurchmesser $d_D = 52$ mm erzeugt werden.

Den magnetischen Rückschluss bildet ein zylindrischer Stator aus magnetisch weichem Eisen mit dem inneren Durchmesser $d_S = 58$ mm. Auch der Rotor besteht aus weichmagnetischem Material, sein Durchmesser ist $d_R = 50$ mm.

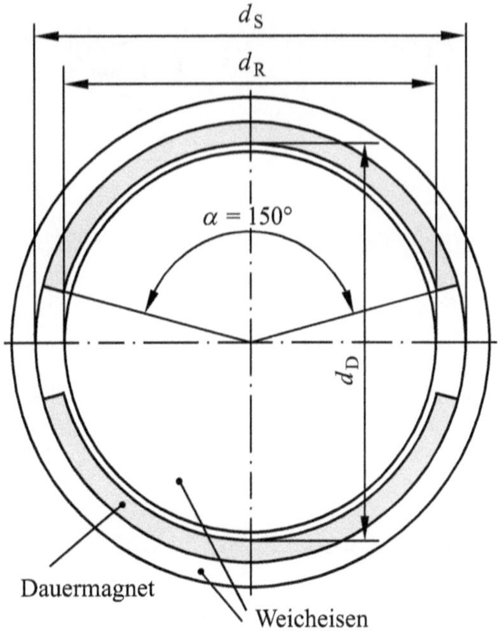

Die Höhe des magnetischen Kreises senkrecht zur Zeichenebene beträgt $h = 60$ mm.

Der Streufluss kann mit 20 % und die Permeabilität des weichmagnetischen Materials mit $\mu \to \infty$ angenommen werden.

Für die Dauermagneten stehen die Werkstoffe AlNiCo und $SmCo_5$ mit unterschiedlichen Entmagnetisierungskennlinien zur Auswahl.

Zur Erzeugung des gewünschten Drehmoments ist die Luftspaltflussdichte $B_L \geq 0{,}5$ T erforderlich.

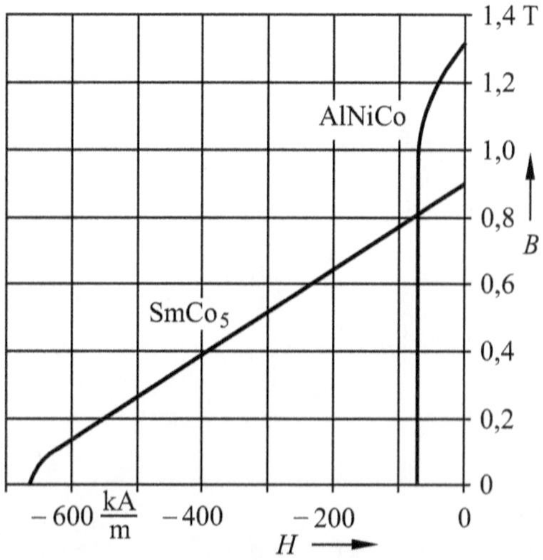

Bestimmen Sie die Luftspaltflussdichten für die beiden gegebenen Magnetwerkstoffe. Mit welchem Werkstoff ist die Forderung erfüllbar?

Aufgabe 11.7

Der Synchrongenerator mit der Bemessungsleistung 20 kW für ein getriebeloses **Windkraftwerk** wird mit 66 Dauermagneten aus $Nd_2Fe_{14}B$ erregt. Jeder Dauermagnet hat die Breite $b = 36$ mm. Am Umfang wechseln sich Nord- und Südpole ab.

Senkrecht zur Zeichenebene haben Stator, Rotor und Dauermagnete die Höhe $h = 200$ mm.

Außerdem sind folgende Abmessungen gegeben: Ständerdurchmesser $d_S = 920$ mm; Luftspaltlänge $l_L = 2$ mm.

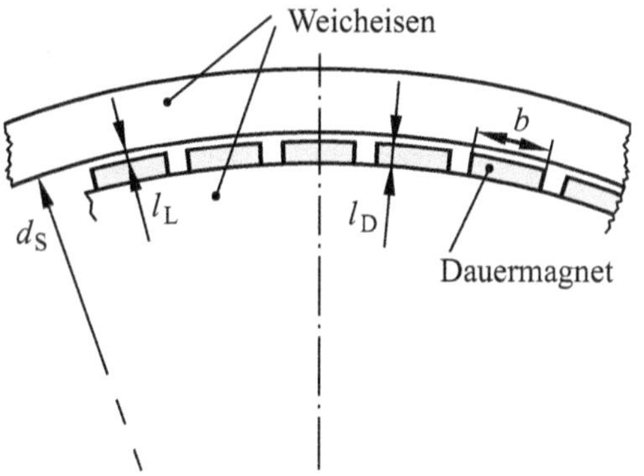

Der Streufaktor wird auf $s = 0{,}7$ geschätzt.
Das Dauermagnetmaterial soll mit der Flussdichte $B_D = 0{,}8$ T betrieben werden.
Der von den Dauermagneten erzeugte magnetische Fluss wird in Weicheisen geführt, dessen magnetische Spannung vernachlässigbar ist. Die Luftspaltaufweitung wird auf 10 % geschätzt.

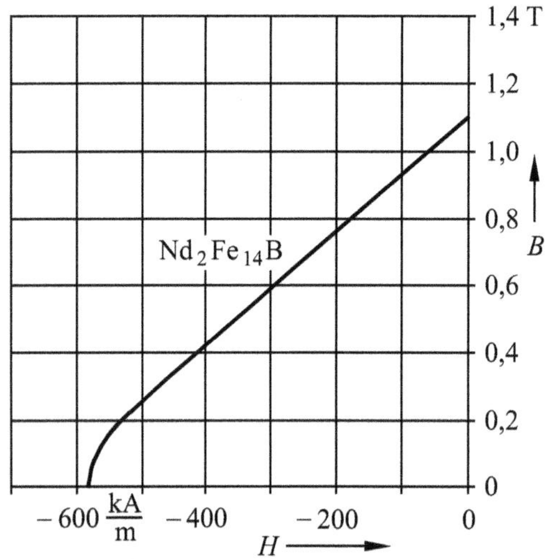

Welche Flussdichte B_L stellt sich im Luftspalt ein? Mit welche Länge l_D ist jeder Dauermagnet auszuführen?

Aufgabe 11.8

Eine ebene Leiterschleife wird mit der konstanten Geschwindigkeit $\upsilon = 0{,}5$ m/s aus einem scharf begrenzten, homogenen Magnetfeld $B = 0{,}8$ T herausgezogen.

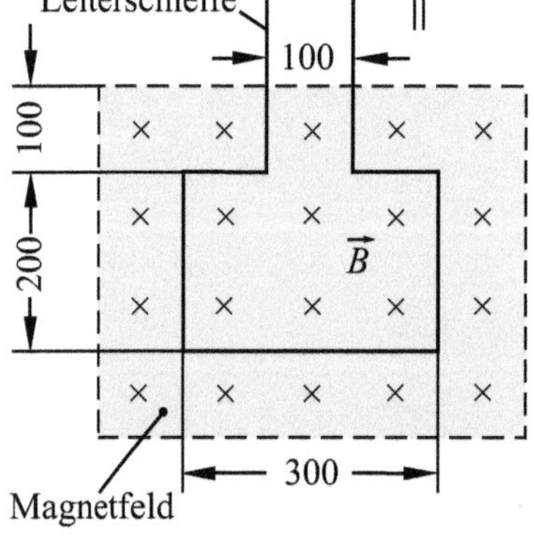

Dabei steht der Flussdichtevektor $\vec{B}$ sowohl senkrecht zur Schleifenfläche als auch senkrecht zum Geschwindigkeitsvektor $\vec{\upsilon}$.

Die Leiterschleife hat zum Zeitpunkt $t = 0$ die abgebildete Stellung.

1) Geben Sie den zeitlichen Verlauf $\Phi(t)$ des magnetischen Flusses in der Leiterschleife an.

2) Berechnen Sie die Klemmenspannung $u(t)$.

3) Zeichnen Sie maßstäblich die Funktionen $\Phi(t)$ und $u(t)$.

Aufgabe 11.9

Eine kreisförmige Leiterschleife mit dem Radius $r = 5$ cm tritt zum Zeitpunkt $t = 0$ mit der konstanten Geschwindigkeit $\upsilon = 25$ m/s in ein homogenes Magnetfeld $B = 0{,}2$ T ein.
Dabei steht der Flussdichtevektor $\vec{B}$ sowohl senkrecht zur Schleifenfläche als auch senkrecht zum Geschwindigkeitsvektor $\vec{\upsilon}$.

Der felderfüllte Raum ist senkrecht zur Zeichenebene durch eine Ebene begrenzt. In Bewegungsrichtung hat das Magnetfeld eine Ausdehnung, die viel größer als der Schleifendurchmesser ist.

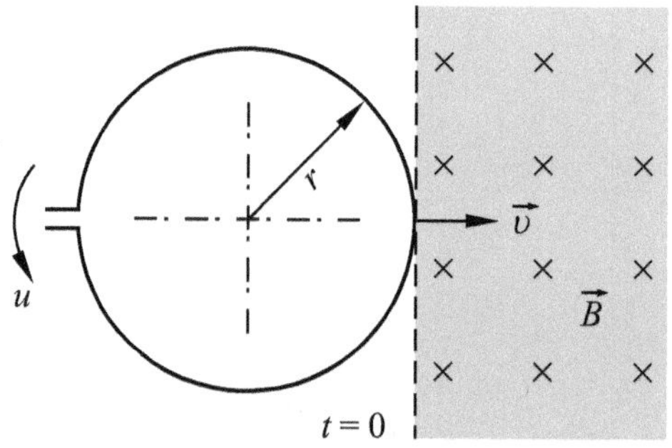

1) Stellen Sie den Zeitverlauf der Spannung $u(t)$ an den Klemmen der Leiterschleife in allgemeiner Form dar. Der Einfluss der Zuleitungen ist zu vernachlässigen.

2) Welchen Maximalwert u_{max} hat diese Spannung und zu welchem Zeitpunkt t_{max} wird er erreicht? Welche Spannung u_1 liegt zum Zeitpunkt $t_1 = 3$ ms an den Klemmen?

3) Stellen Sie den Spannungsverlauf grafisch in der normierten Form $u / u_{max} = f(t/t_{max})$ dar. Zeichnen Sie in die Grafik den Punkt $(u_1; t_1)$ ein.

Aufgabe 11.10

Ein langer, gerader, zylindrischer Leiter und eine quadratische Leiterschleife ($a = 1$ cm) liegen in einer Ebene; in dem Leiter fließt der Gleichstrom $I = 100$ A.

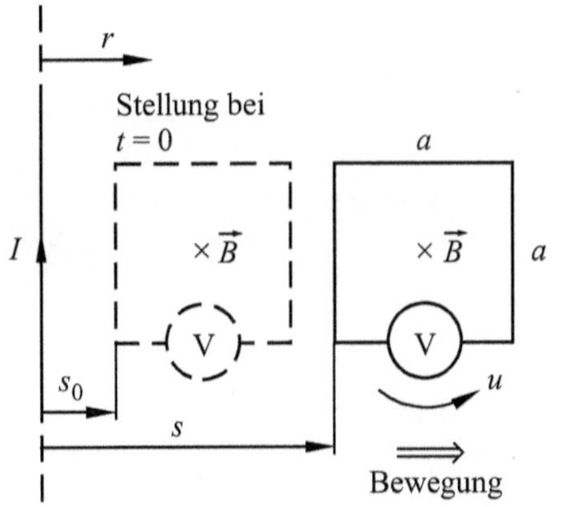

Zum Zeitpunkt $t = 0$ befindet sich die Leiterschleife im Abstand $s_0 = 0{,}5$ cm von der Leiterachse. Von dort aus wird sie mit der konstanten Geschwindigkeit $\upsilon = 2$ m/s in radialer Richtung vom Leiter wegbewegt.

Das Voltmeter hat den Widerstand $R \to \infty$; seine räumliche Ausdehnung soll unberücksichtigt bleiben.

1) Welche Zeitfunktion hat die in der Leiterschleife erzeugte Spannung $u(t)$?

2) Welchen Wert hat die Spannung, wenn die bewegte Schleife sich in der Entfernung $s_1 = 2\,a$ befindet?

Aufgabe 11.11

In einer Leiterschleife wird durch die zeitliche Änderung des sie durchsetzenden magnetischen Wechselflusses $\Phi(t)$ die induktive Spannung $u(t)$ erzeugt.

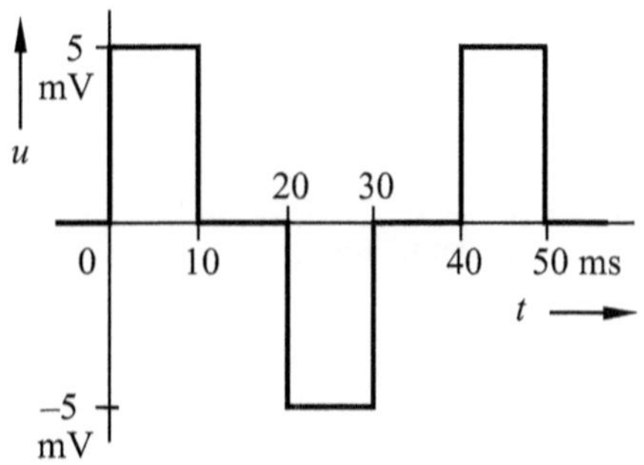

1) Wie lautet in allgemeiner Form die Zeitfunktion des Flusses $\Phi(t)$ in den vier Intervallen der Periodendauer, in welchen die Spannung u jeweils konstant ist?

2) Zeichnen Sie die Zeitfunktion des Flusses $\Phi(t)$ maßstäblich über eine Periodendauer.

Aufgabe 11.12

Eine quadratische, geschlossene Leiterschleife fällt frei zwischen den Polen eines Magneten herab; beim Loslassen hat sie die gezeichnete Stellung.

Schleifendaten:	Seitenlänge	$a = 50$ mm
	Masse	$m = 1{,}5$ g
	Widerstand	$R = 5$ mΩ
Polhöhe:		$h = 70$ mm
Erdbeschleunigung:		$g = 9{,}81$ m/s^2

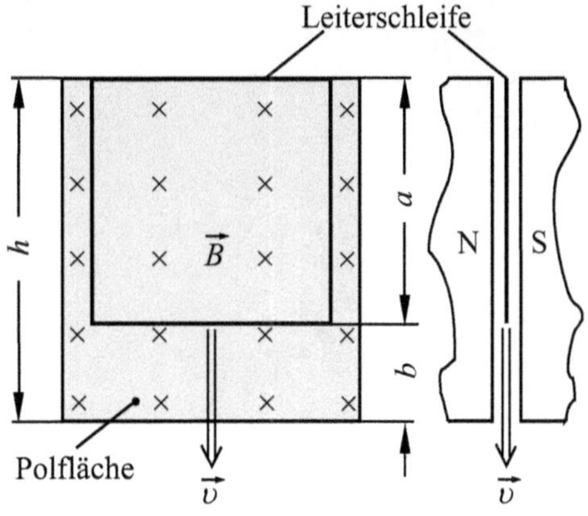

Die Schleifeninduktivität und der Randeffekt des homogenen Feldes sind zu vernachlässigen.

Bei der Beschreibung des Bewegungsablaufs soll der Schleifendraht als beliebig dünn betrachtet werden.

1) Berechnen Sie in allgemeiner Form die Zeitfunktion $\upsilon = f(t)$ für die Geschwindigkeit der Schleife.

2) Während die Schleife aus dem Magnetfeld herausfällt, soll sie auf die Endgeschwindigkeit $\upsilon_E = 0{,}25$ m/s abgebremst werden. Welche Zeitkonstante τ hat der Übergangsvorgang des Bewegungsablaufs? Auf welchen Wert ist die Flussdichte B einzustellen?

3) Welchen maximalen Wert hat die Stromstärke in der Schleife?

4) Es soll angenommen werden, dass der Übergangsvorgang zum Zeitpunkt $t = 4\,\tau$ näherungsweise abgeschlossen ist. Welche Strecke legt die Leiterschleife in dieser Zeitspanne zurück?

5) Nach welcher Zeit hat die Schleife das Magnetfeld ganz verlassen?
Skizzieren Sie die Funktion $\upsilon = f(t)$.

Aufgabe 11.13

Ein **Flachbandkabel** enthält 15 Drähte aus Kupfer mit dem Durchmesser d = 1 mm. Der Abstand zweier Drähte beträgt s = 1 mm.
Die Drähte 1 und 8 sowie 1 und 15 bilden jeweils eine Doppelleitung; der Draht 1 ist die gemeinsame Rückleitung.
Das Flachbandkabel ist in der Ebene gerade ausgestreckt; seine Länge ist wesentlich größer als die Querabmessungen.

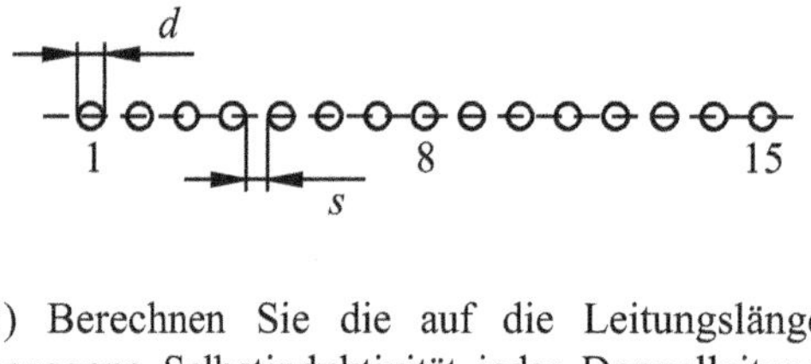

1) Berechnen Sie die auf die Leitungslänge bezogene Selbstinduktivität jeder Doppelleitung für Gleichstrom. In welchem Verhältnis steht dabei die innere zur äußeren Induktivität?

2) Berechnen Sie die auf die Leitungslänge bezogene gegenseitige Induktivität der beiden Leitungen für Gleichstrom.

3) Bei Hochfrequenz ist infolge der Stromverdrängung der Wirkwiderstand $R(\omega)$ des Leiters größer als der Gleichstromwiderstand $R_=$; die innere Induktivität L_i ist kleiner als bei Gleichstrom:

$$\frac{R(\omega)}{R_=} = s + 0{,}3; \quad \left.\frac{\omega L_i}{R_=}\right|_{s>1} = s$$

Die dimensionslose Hilfsgröße s ist:

$$s = \frac{d}{4}\sqrt{\pi\,\gamma\,\mu\,f}$$

In welchem Verhältnis steht bei der Frequenz f = 1 MHz die innere zur äußeren Induktivität? Berechnen Sie die auf die Leitungslänge bezogene Selbstinduktivität der beiden Leitungen.

Aufgabe 11.14

Eine **planare Spule** in einer gedruckten Schaltung besteht aus 5 Windungen, die eine Spirale bilden. An der Klemme 1 ist der Radius r_1 = 5 mm, an der Klemme 2 ist r_2 = 10 mm. Zwischen diesen beiden Werten nimmt der Radius r linear mit dem Drehwinkel zu.

Die Spule wird senkrecht zur Spulenfläche von einem homogenen Magnetfeld durchsetzt, das im Zeitabschnitt $t = 0 \ldots 5$ µs linear von B_0 = 0,1 mT auf B_5 = 0,6 mT anwächst.

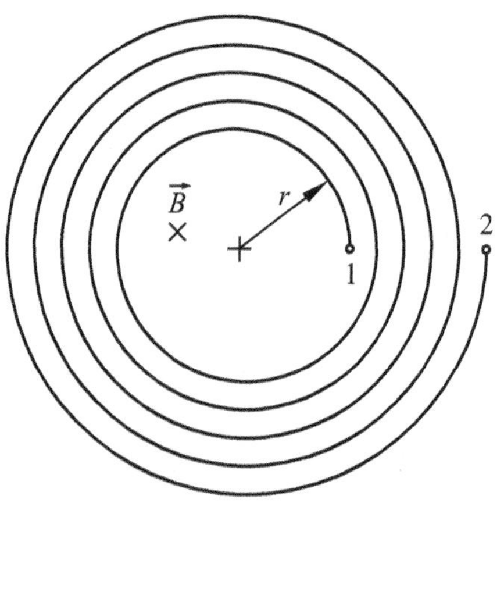

1) Geben Sie den Verkettungsfluss für die Zeitpunkte $t_0 = 0$ und $t_5 = 5\ \mu s$ an.

2) Welche Spannung u_{12} entsteht an den Klemmen der Spule in der Zeit 0 ... 5 µs?

Aufgabe 11.15

Die von Klemme 1 nach Klemme 2 rechtssinnig gewickelte Zylinderspule hat N = 20000 Windungen. Die Spulenachse liegt horizontal in Süd-Nord-Richtung, die mit einem Kompass bestimmt wurde; die Spule wird dabei von der Horizontalkomponente B_H des Erdmagnetfeldes durchsetzt.

Folgende Größen sind gegeben:
$d_i = 20$ mm; $d_a = 80$ mm; $l = 60$ mm.

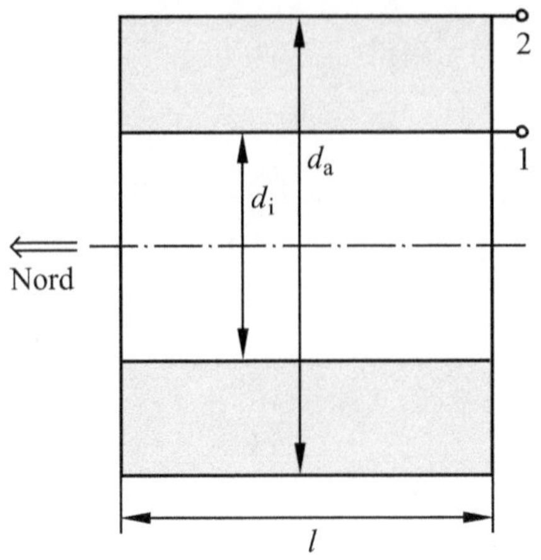

1) Berechnen Sie den magnetischen Verkettungsfluss der Spule als Funktion der Flussdichte B_H; wählen Sie dabei die Mittelachse des Drahtes als Rand der vom Fluss durchsetzten Fläche.

2) Die Spule wird in der Horizontalen um 90° gedreht. Dabei wird an den Klemmen der Spannungsstoß $\int u_{12}\,dt = -0{,}76$ mVs gemessen. Berechnen Sie die Horizontalkomponente B_H des Erdmagnetfeldes.

3) Die Spule wird nun vertikal angeordnet: Die Spulenachse zeigt zur Erdoberfläche, die Klemmen befinden sich oben. Aus dieser Lage wird die Spule vertikal so gedreht, dass sie nicht vom Erdmagnetfeld durchsetzt wird; dabei wird der Spannungsstoß $\int u_{12}\,dt = -1{,}89$ mVs gemessen. Berechnen Sie die Vertikalkomponente B_V des Erdmagnetfeldes.

4) Welchen Betrag und welchen Winkel zur Erdoberfläche hat der Flussdichtevektor des Erdmagnetfeldes am Ort der Messung?

Aufgabe 11.16

Die Leiter einer 380-kV-Drehstromleitung bilden ein gleichseitiges Dreieck mit der Seitenlänge a = 7,5 m, dessen Basis sich in der Höhe h = 8 m über dem Erdboden befindet; nach VDE 210 ist dies der kleinste Abstand zwischen Leiter und Erdboden, der bei 380 kV zulässig ist.

Der Außenleiterstrom hat den Effektivwert I = 1000 A. Der Bezugssinn der Ströme zeigt aus der Zeichenebene zum Betrachter.

Der Durchhang der Leiterseile soll unberücksichtigt bleiben.

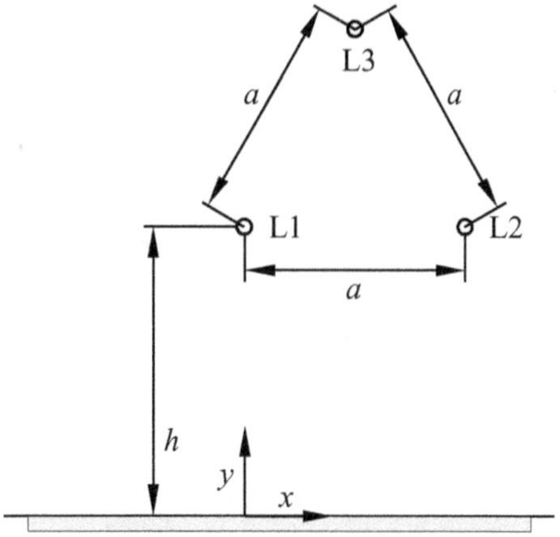

1) Welche Scheinleistung wird übertragen?

2) Zum Zeitpunkt t = 0 soll der Strom im Leiter L1 den positiven Scheitelwert annehmen. Welche Augenblickswerte i_1, i_2 und i_3 haben die Ströme in den Leitern L1; L2; L3 zum Zeitpunkt $t = 0$?

3) Welche magnetische Feldstärke und welche magnetische Flussdichte entstehen zum Zeitpunkt t = 0 im Punkt P, der sich in Kopfhöhe eines Menschen h_1 = 1,8 m über dem Erdboden lotrecht unter dem Leiter L1 befindet?

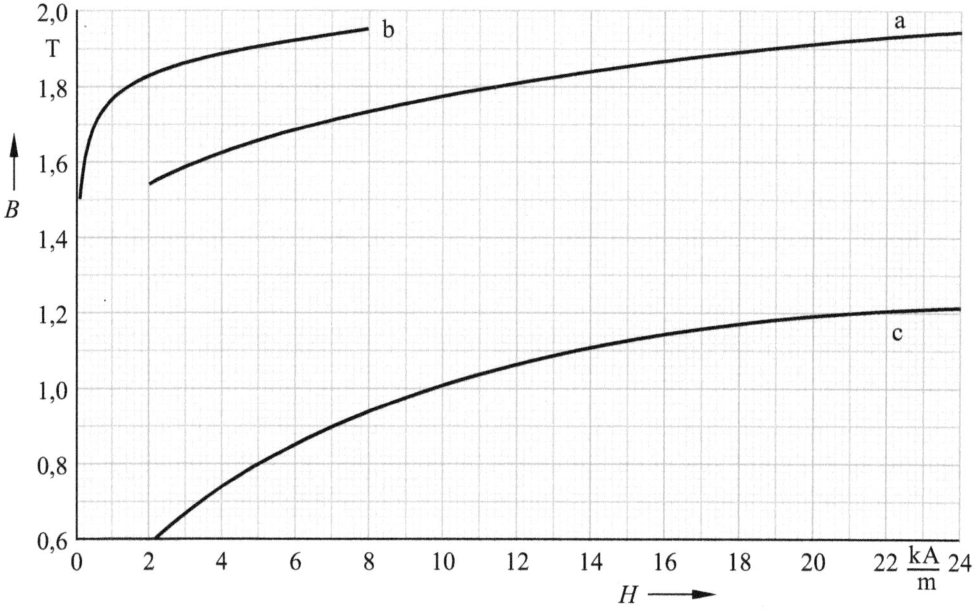

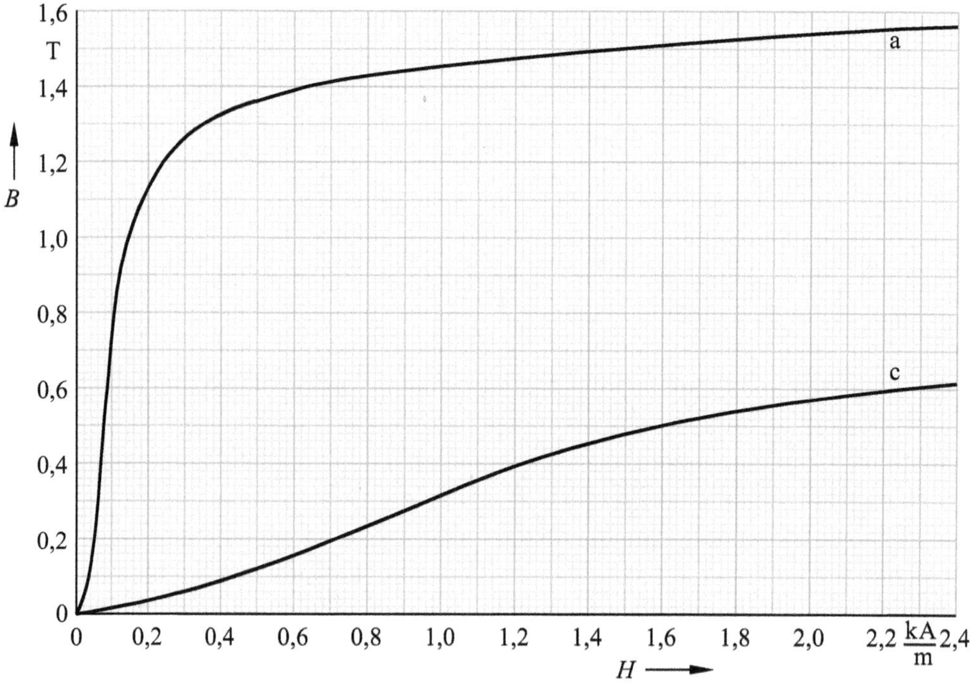

Magnetisierungskurven: a) kaltgewalztes Elektroblech V 400-50 A (isotrop), b) kornorientiertes Elektroblech VM 97-30 N (anisotrop, Magnetisierung in Walzrichtung), c) Grauguss

Lösung 11.1

1) Da in den Luftspalten beider Außenschenkel die gleiche Flussdichte vorliegt, sind wegen der gleichen Flächen auch die Flüsse Φ_1 und Φ_3 gleich. Wir stellen sie durch je zwei Feldlinien des Flussdichtevektors dar. Ihre Richtung erhalten wir aus der gegebenen Durchflutungsrichtung mithilfe der Rechtsschraubenregel.

Die beiden Flüsse der Außenschenkel vereinigen sich im Mittelschenkel zum Fluss Φ_2. Sämtliche Feldlinien sind in sich geschlossen.
Wir wählen in sämtlichen Zweigen den Bezugssinn der Flüsse entsprechend den Feldrichtungen. Damit liegt auch der Bezugssinn jeder magnetischen Spannung fest.

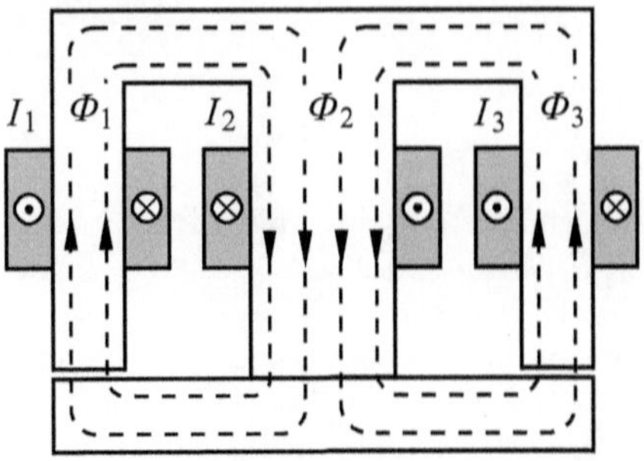

2) Mit den bekannten Strömen und den Win-dungszahlen der Spulen berechnen wir die Durchflutungen $\Theta_1 = 300$ A und $\Theta_3 = 80$ A.

Wir führen die Berechnung der Feldgrößen zweckmäßig in Tabellenform durch.

Zuerst tragen wir die Flächen A und die gegebenen Längen l der Feldabschnitte in die Tabelle ein. Die magnetisch wirksamen Eisenflächen sind jeweils um den Faktor $F_{Fe} = 0{,}9$ kleiner als die Luftspaltflächen. Um diesen Faktor ist auch die Flussdichte im Luftspalt kleiner als im Eisen.

Für die magnetischen Flüsse setzen wir die Knotengleichung an:

$$\Phi_1 - \Phi_2 + \Phi_3 = 0$$

Mit dieser Gleichung berechnen wir den magnetischen Fluss Φ_2 im Mittelschenkel:

$$\Phi_2 = 20{,}8 \cdot 10^{-4}\ \text{Vs}$$

Die zugehörige Flussdichte tragen wir in die Tabelle ein.
Mit den Flussdichtewerten ermitteln wir die Feldstärkewerte: Im Luftspalt ist $H_L = B_L / \mu_0$; für Eisen lesen wir die Feldstärke an der Kurve a im Bild auf Seite 142 ab. Dann berechnen wir für jeden Feldabschnitt mit Ausnahme des Luftspalts 3 die magnetische Spannung $V_m = H \cdot l$.

Nun berechnen wir die magnetische Spannung V_{mL3} und setzen an:

$$V_{mL1} + V_{m1} - V_{mL3} - V_{m3} = \Theta_1 - \Theta_3$$

Wir lösen diese Gleichung nach V_{mL3} auf, setzen die Zahlenwerte aus der Tabelle ein und berechnen $V_{mL3} = 297$ A.

Abschnitt	Φ in 10^{-4} Vs	A in 10^{-4} m^2	B in T	H in kA/m	l in mm	V_m in A
Luftspalt 1	10,4	8	1,3	1035	0,5	517
Eisen 1	10,4	7,2	1,444	0,87	230	200
Eisen 2	20,8	14,4	1,444	0,87	100	87
Luftspalt 3	10,4	8	1,3	1035	0,287	297
Eisen 3	10,4	7,2	1,444	0,87	230	200

Nun lässt sich die Luftspaltlänge ermitteln:

$$l_{L3} = \frac{V_{mL3}}{H_{L3}} = 0{,}287 \text{ mm}$$

3) Zur Berechnung der noch unbekannten Durchflutung Θ_2 der mittleren Spule setzen wir an:

$$V_{mL1} + V_{m1} + V_{m2} = \Theta_1 + \Theta_2$$

Wir lösen diese Gleichung nach Θ_2 auf, setzen die Werte aus der Tabelle ein und erhalten:

$$\Theta_2 = 505 \text{ A}$$

Hieraus ergibt sich der Spulenstrom:

$$I_2 = \Theta_2 / 1000 = 505 \text{ mA}$$

Lösung 11.2

1) Die mittlere Feldlinie des magnetischen Kreises ist ein Quadrat mit der Seitenlänge 75 mm. Die mittlere Eisenweglänge ist der Umfang dieses Quadrates abzüglich der Luftspaltlänge:

$$l_{Fe} = 299{,}5 \text{ mm} \approx 0{,}3 \text{ m}$$

Die Querschnittsfläche im Luftspalt ist:

$$A_L = (25 \text{ mm})^2 = 6{,}25 \cdot 10^{-4} \text{ m}^2$$

Die Querschnittsfläche des Eisenweges ist um den Eisen-Füllfaktor kleiner als die Querschnittsfläche im Luftspalt:

$$A_{Fe} = F_{Fe} \cdot A_L = 5{,}75 \cdot 10^{-4} \text{ m}^2$$

2) Zunächst setzen wir für den magnetischen Widerstand des Luftspalts an:

$$R_{mL} = \frac{V_{mL}}{\Phi}$$

Mit der magnetische Spannung $V_{mL} = H_L l_L$ des Luftspalts und dem magnetischen Fluss $\Phi = B_L A_L$ sowie $B_L = \mu_0 H_L$ berechnen wir:

$$R_{mL} = \frac{l_L}{\mu_0 A_L} = 637 \frac{\text{kA}}{\text{V s}}$$

Der magnetische Leitwert ist der Kehrwert des magnetischen Widerstandes:

$$\Lambda_L = \frac{1}{R_{mL}} = 1{,}571 \frac{\mu\text{V s}}{\text{A}}$$

3) Bei der Berechnung unverzweigter magnetischer Kreise geht man im Eisenteil von vereinfachenden Annahmen aus:

- Die magnetische Flussdichte ist senkrecht zur betrachteten Querschnittsfläche gerichtet und auf dieser annähernd konstant.
- Die Länge der magnetischen Feldlinien ist annähernd gleich der Länge der mittleren Feldlinie.

Wir erhalten daher die Kennlinie $\Phi_{Fe} = f(V_{mFe})$ des Eisenkerns, indem wir die Achsen der Magnetisierungskurve umbeschriften:

$$\Phi_{Fe} = B_{Fe} \cdot A_{Fe}; \quad V_{mFe} = H_{Fe}\, l_{Fe}$$

Der Eisenteil stellt einen nichtlinearen magnetischen Widerstand dar.

4) Zunächst berechnen wir die Durchflutung:

$$\Theta = N\, I = 400 \text{ A}$$

Nun bestimmen wir die Achsenabschnitte der Scherungsgeraden.

Die Streuung lassen wir dadurch unberücksichtigt, dass wir den Streufaktor $s = 1$ setzen:

$$B^*_{Fe} = \frac{\mu_0}{s} \cdot \frac{A_L}{A_{Fe}\, l_L} \cdot \Theta = 1{,}093 \text{ T}$$

$$H^*_{Fe} = \frac{\Theta}{l_{Fe}} = 1{,}336 \frac{\text{kA}}{\text{m}}$$

Wir zeichnen durch die Punkte (1,336 kA/m; 0) und (0; 1,093 T) die Scherungsgerade, welche die Magnetisierungskurve des Eisens im Arbeitspunkt schneidet. Schließlich lesen wir im Schnittpunkt der Scherungsgeraden mit der Magnetisierungskennlinie die Flussdichte des Arbeitspunktes ab:

$$B_{Fe} = B_A \approx 0{,}98 \text{ T}$$

Mit dem zugehörigen Fluss $\Phi_L = \Phi_{Fe} = B_A A_{Fe}$ berechnen wir die Flussdichte im Luftspalt:

$$B_L = \frac{\Phi_L}{A_L} = 0{,}90\ \text{T}$$

Lösung 11.3

1) Der Anker wird angezogen, wenn die Kraft F, die das Magnetfeld auf den Anker ausübt, größer als die Federkraft F_F ist:

$$F = \frac{A_L B_L^2}{2\mu_0} > F_F$$

Damit berechnen wir die für das Anziehen des Ankers erforderliche Flussdichte im Luftspalt:

$$B_L > \sqrt{\frac{2\mu_0 F_F}{A_L}} = 118{,}2\ \text{mT} \qquad (1)$$

Da der magnetische Widerstand des Eisens vernachlässigt werden kann, ist die erforderliche Durchflutung gleich der magnetischen Spannung am Luftspalt:

$$\Theta = H_L\, l_{L,ab} = \frac{B_L}{\mu_0}\, l_{L,ab}$$

Wir setzen in diese Gleichung die Gl. (1) ein und erhalten:

$$\Theta > 94\ \text{A}$$

Der Anker wird angezogen, wenn für den Strom in der Spule gilt:

$$I > \frac{\Theta}{N} = 18{,}81\ \text{mA}$$

2) Der Anker fällt ab, wenn die Kraft F, die das Magnetfeld auf den Anker ausübt, kleiner als die Federkraft F_F ist:

$$F < F_F$$

Mit dieser Bedingung berechnen wir die für das Abfallen des Ankers erforderliche Flussdichte im Luftspalt:

$$B_L < \sqrt{\frac{2\mu_0 F_F}{A_L}} = 129{,}4\ \text{mT}$$

Der Anker fällt ab, wenn der Fluss $\Phi = B_L A_L$ den Wert 2,33 µVs unterschreitet. Wir stellen für den Fluss Φ = 2,33 µVs die zugehörigen Werte der Flussdichte, der magnetischen Feldstärke und der magnetischen Spannung in einer Tabelle zusammen.

	B in mT	H in A/m	V_m in A
L	129,4	$1{,}03 \cdot 10^3$	10,3
1	155,3	45	1,8
2	194,2	50	0,8

Die Summe der magnetischen Spannungen ergibt die Durchflutung:

$$\Theta = 12{,}9\ \text{A}$$

Der Anker fällt ab, wenn für den Strom in der Spule gilt:

$$I < \frac{\Theta}{N} = 2{,}58\ \text{mA}$$

Lösung 11.4

1) Für die auf die obere, kreisförmige Luftspaltfläche A_{L1} wirkende Kraft gilt:

$$F = \frac{A_{L1} B_{L1}^2}{2\mu_0}$$

Der obere Luftspalt hat bei 5% Luftspaltaufweitung die Fläche:

$$A_{L1} = \frac{\pi d^2}{4} \cdot 1{,}05 = 647 \cdot 10^{-6}\ \text{m}^2$$

Wir lösen die Gleichung für die Kraft nach B_{L1} auf und berechnen:

$$B_{L1} = 0{,}946\ \text{T}$$

Der magnetische Fluss im oberen Luftspalt hat den Wert:

$$\Phi_{L1} = B_{L1} \cdot A_{L1} = 6{,}11 \cdot 10^{-4}\ \mathrm{Vs}$$

2) Bei 15 % Streufluss hat der magnetische Fluss im unteren Luftspalt den Wert:

$$\Phi_{L2} = 0{,}85 \cdot \Phi_{L1} = 5{,}2 \cdot 10^{-4}\ \mathrm{Vs}$$

Der untere Luftspalt hat die Fläche eines Zylindermantels, wobei wir den mittleren Durchmesser $d_m = 28{,}3$ mm, die Höhe $h = 8$ mm und die Luftspaltaufweitung 10 % ansetzen:

$$A_{L2} = \pi \cdot d_m \cdot h \cdot 1{,}1 = 782 \cdot 10^{-6}\ \mathrm{m}^2$$

Damit berechnen wir die Flussdichte im unteren Luftspalt:

$$B_{L2} = \frac{\Phi_{L2}}{A_{L2}} = 0{,}664\ \mathrm{T}$$

3) Der Zusammenhang zwischen der magnetischen Flussdichte und der magnetischen Feldstärke in Luft lautet:

$$B = \mu_0 H$$

Für die beiden Luftspalte berechnen wir:

$$H_{L1} = \frac{B_{L1}}{\mu_0} = 752\ \frac{\mathrm{kA}}{\mathrm{m}}$$

$$H_{L2} = \frac{B_{L2}}{\mu_0} = 529\ \frac{\mathrm{kA}}{\mathrm{m}}$$

Der Durchflutungsbedarf ist die jeweils am Luftspalt abfallende magnetische Spannung:

$$V_{mL} = H_L\, l_L$$

Für die beiden Luftspalte berechnen wir mit $l_{L1} = 0{,}4$ mm und $l_{L2} = 0{,}3$ mm:

$$V_{mL1} = H_{L1}\, l_{L1} = 301\ \mathrm{A}$$

$$V_{mL2} = H_{L2}\, l_{L2} = 159\ \mathrm{A}$$

4) Im Eisen liegt nirgendwo eine höhere Flussdichte vor als im Anker, denn es steht auf dem gesamten Eisenweg eine größere Fläche zur Verfügung.

Für eine grobe Schätzung des Durchflutungsbedarfs nehmen wir $B_{Fe} \approx 1$ T an und lesen aus der Magnetisierungskurve a für Stahlguss (S. 142) hierfür die Feldstärke $H_{Fe} \approx 0{,}15$ kA/m ab.

Schätzen wir ferner nach der Zeichnung den Eisenweg auf $l_{Fe} \approx 150$ mm, so erhalten wir den ungefähren Durchflutungsbedarf des Eisens:

$$V_{m\,Fe} = H_{Fe}\, l_{Fe} \approx 23\ \mathrm{A}$$

Diese magnetische Spannung ist erheblich kleiner als die für die Luftspalte berechneten Werte; eine genauere Nachrechnung ist nicht erforderlich.

5) Die Summe der magnetischen Spannungen ist gleich der Durchflutung. In unserem Fall erhalten wir:

$$V_{mL1} + V_{mL2} + V_{mFe} = \Theta = N\, I$$

Wir lösen nach I auf und berechnen:

$$I \approx \frac{301\ \mathrm{A} + 159\ \mathrm{A} + 23\ \mathrm{A}}{600} = 0{,}804\ \mathrm{A}$$

Lösung 11.5

1) Der magnetische Widerstand des Ringkerns wird praktisch nur durch den Luftspalt bestimmt; wir setzen an:

$$R_m = \frac{V_m}{\Phi}$$

Mit $V_m = H_L\, l_L$ und $\Phi = B_L\, A_L$ berechnen wir:

$$R_m = \frac{H_L\, l_L}{B_L\, A_L} = 31{,}7 \cdot 10^6\ \mathrm{H}^{-1}$$

Der magnetische Leitwert ist der Kehrwert des magnetischen Widerstandes:

$$\Lambda = \frac{1}{R_m} = 31{,}6\ \mathrm{nH}$$

Damit berechnen wir die Windungszahlen der beiden Spulen:

$$N_1 = \sqrt{\frac{L_1}{\Lambda}} = 125{,}8; \quad N_2 = \sqrt{\frac{L_2}{\Lambda}} = 89{,}0$$

Wir wählen die Windungszahlen $N_1 = 126$ sowie $N_2 = 89$ und erhalten damit die Induktivitätswerte:

$$L_1 = 0{,}501 \text{ mH}; \ L_2 = 0{,}250 \text{ mH}$$

2) Die gegenseitige Induktivität zweier Spulen ist ein Maß für die Stärke des verketteten Flusses aufgrund eines Gleichstromes in der jeweils anderen Spule.

Da in jeder Spule ein Strom $I > 0$ einen magnetischen Fluss im Uhrzeigersinn erzeugt, liegt gleichsinnige Kopplung vor und die gegenseitigen Induktivitäten sind positiv.

Ist nur die Spule 1 vom Strom I_1 durchflossen und die Spule 2 stromlos ($\Psi_{m12} = \Psi_{m22} = 0$), so ergibt sich für die Spule 1 der Verkettungsfluss:

$$\Psi_{m1} = N_1 \, \Phi = L_1 \, I_1 \qquad (1)$$

Wegen der Streuung ist der Verkettungsfluss in der Spule 2:

$$\Psi_{m21} = N_2 \cdot 0{,}98 \, \Phi$$

Wir setzen in diese Gleichung den Fluss Φ aus der Gl. (1) ein und erhalten die gegenseitige Induktivität:

$$L_{21} = \frac{\Psi_{m21}}{I_1} = 0{,}98 \, L_1 \frac{N_2}{N_1} = 0{,}347 \text{ mH}$$

Die gegenseitigen Induktivitäten L_{12} und L_{21} haben gleiche Werte.

3) Die Verkettungsflüsse der beiden Spulen können wie folgt berechnet werden:

$$\Psi_{m1} = \Psi_{m11} + \Psi_{m12} = L_1 \, I_1 + L_{12} \, I_2 = 82{,}9 \ \mu\text{V s}$$

$$\Psi_{m2} = \Psi_{m21} + \Psi_{m22} = L_{21} \, I_1 + L_2 \, I_2 = 56{,}9 \ \mu\text{V s}$$

4) Die in der Aufgabenstellung vorgegebenen Bezugspfeile ergeben eine gleichsinnige Kopplung der Spulen, was auch am positiven Vorzeichen der gegenseitigen Induktivität erkennbar ist.

Die Wicklungspunkte müssen beide an den Klemmen angebracht werden, von denen die Bezugspfeile der Ströme wegzeigen, oder beide an den Klemmen, auf welche die Bezugspfeile hinzeigen.

Zum Schluss berechnen wir den Kopplungsfaktor:

$$k_{12} = \frac{L_{12}}{\sqrt{L_1 \, L_2}} = 0{,}98$$

Lösung 11.6

Bei der Bestimmung des Arbeitspunktes eines magnetischen Kreises mit Dauermagnet kann der Einfluss des magnetisch weichen Eisens vernachlässigt werden.

Wir bestimmen zunächst die Werte der Feldabschnitte im Dauermagneten und in Luft. Mit den gegebenen Durchmessern berechnen wir die mittleren Querschnittsflächen:

$$A_D = \frac{\pi \left(d_S + d_D\right)}{2} \cdot \frac{\alpha}{360°} \cdot h = 4{,}32 \cdot 10^{-3} \text{ m}^2$$

$$A_L = \frac{\pi \left(d_D + d_R\right)}{2} \cdot \frac{\alpha}{360°} \cdot h = 4{,}01 \cdot 10^{-3} \text{ m}^2$$

Aus den Differenzen der Durchmesser erhalten wir die Gesamt-Feldlängen im Dauermagnetwerkstoff und in Luft:

$$l_D = d_S - d_D = 6 \text{ mm}$$

$$l_L = d_D - d_R = 2 \text{ mm}$$

Mit diesen Werten und dem Streufaktor $s = 0{,}8$ berechnen wir die Steigung der Luftspaltgeraden:

$$\frac{B_D}{H_D} = -\frac{\mu_0}{s} \cdot \frac{A_L \, l_D}{A_D \, l_L} = -4{,}37 \cdot 10^{-6} \frac{\text{V s}}{\text{A m}}$$

Wir bestimmen für die Luftspaltgerade durch den Nullpunkt einen weiteren Punkt P (H_D; B_D) mit den Koordinaten (–200 kA/m ; 0,874 T).

Die Schnittpunkte der Luftspaltgeraden mit den Entmagnetisierungskennlinien der Magnetwerkstoffe sind die beiden Arbeitspunkte A_1 bzw. A_2.

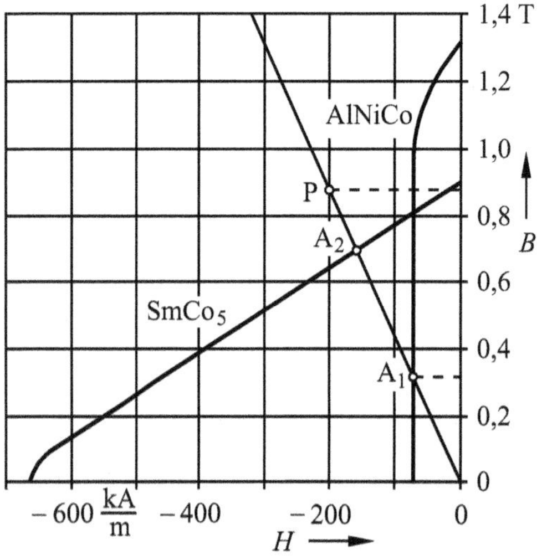

Der Werkstoff AlNiCo scheidet aus, da sein Arbeitpunkt A_1 trotz der höheren Remanenzflussdichte nicht die geforderte Luftspaltflussdichte $B_L \geq 0{,}5$ T ergibt.

Für den Werkstoff $SmCo_5$ lesen wir beim Arbeitspunkt A_2 ab:

$$B_{DA,2} \approx 0{,}7 \text{ T}$$

Mit $\Phi_\Lambda = s\, \Phi_{Fe}$ und $B_{Fe}\, A_{Fe} = B_D\, A_D$ berechnen wir für den Werkstoff $SmCo_5$ die Flussdichte im Luftspalt:

$$B_L = s\, B_{D,A2} \cdot \frac{A_D}{A_L} = 0{,}6 \text{ T}$$

Der Werkstoff $SmCo_5$ erfüllt also die in der Aufgabe gestellte Forderung, dass die Luftspaltflussdichte einen Wert $B_L \geq 0{,}5$ T aufweist.

Lösung 11.7

Aus der Entmagnetisierungskurve lesen wir für $B_D = 0{,}8$ T ab:

$$H_D \approx -180 \text{ kA/m}$$

Die Querschnittsfläche eines Dauermagneten ist:

$$A_D = b\, h = 7{,}2 \cdot 10^{-3} \text{ m}^2$$

Mit der Luftspaltaufweitung berechnen wir die Luftspaltfläche über jedem Magnetpol:

$$A_L = 1{,}1\, A_D = 7{,}92 \cdot 10^{-3} \text{ m}^2$$

Wir setzen diese Werte in die Gleichung $B_L A_L = s\, B_D A_D$ ein und berechnen mit $s = 0{,}7$:

$$B_L = \frac{s\, B_D A_D}{A_L} = 0{,}509 \text{ T}$$

Mit der Gleichung $H_D\, l_D + H_L\, l_L = 0$ berechnen wir die Länge l_D jedes Dauermagneten:

$$l_D = -\frac{B_L\, l_L}{\mu_0\, H_D} = 4{,}5 \text{ mm}$$

Lösung 11.8

1) Wir legen zweckmäßig den Flächenvektor $\vec{A}$ in Richtung des Flussdichtevektors $\vec{B}$, sodass die Gleichung $\Phi = B\, A$ gilt.

Mit der vom Magnetfeld zum Zeitpunkt $t = 0$ durchsetzten Schleifenfläche $A_0 = 0{,}07 \text{ m}^2$ berechnen wir den Fluss für diesen Zeitpunkt:

$$\Phi_0 = 56 \cdot 10^{-3} \text{ Vs}$$

Der schmale Teil der Schleife liegt bis zur Zeit

$$t = \frac{0{,}1 \text{ m}}{0{,}5 \text{ m/s}} = 0{,}2 \text{ s}$$

noch im Feld. Der magnetische Fluss ändert sich bis zu diesem Zeitpunkt linear nach der Funktion:

$$\Phi = \Phi_0 + m_1\, t; \quad 0 \leq t \leq t_1 \qquad (1)$$

Die Steigung dieser Funktion hat den Wert:

$$m_1 = \frac{\Delta\Phi}{\Delta t} = \frac{-0{,}8\ \text{T} \cdot 0{,}01\ \text{m}^2}{0{,}2\ \text{s}} = -40 \cdot 10^{-3}\,\frac{\text{V s}}{\text{s}}$$

Im Zeitpunkt t_1 hat die Funktion $\Phi(t)$ einen Knick. Wir berechnen den magnetischen Fluss Φ_1 für diesen Zeitpunkt mit der Gl. (1):

$$\Phi_1 = 48 \cdot 10^{-3}\ \text{Vs}$$

Nach dem Zeitpunkt t_1 nimmt der Fluss linear ab, bis die Schleife zum Zeitpunkt t_2 das Feld verlässt:

$$t_2 = t_1 + \frac{0{,}2\ \text{m}}{0{,}5\ \text{m/s}} = 0{,}6\ \text{s}$$

Die Funktion $\Phi(t)$ für dieses Intervall $t_1 \leq t \leq t_2$ lautet:

$$\Phi = \Phi_1 + m_2(t - t_1); \quad t_1 \leq t \leq t_2 \qquad (2)$$

Die Steigung dieser Funktion hat den Wert:

$$m_2 = \frac{\Delta\Phi}{\Delta t} = \frac{-0{,}8\ \text{T} \cdot 0{,}06\ \text{m}^2}{0{,}4\ \text{s}} = -120 \cdot 10^{-3}\,\frac{\text{V s}}{\text{s}}$$

2) Der Bezugspfeil für u an den Klemmen der Leiterschleife ist so gewählt, dass für das Intervall $0 \leq t \leq t_1$ gilt:

$$u_1 = \frac{\mathrm{d}\Phi}{\mathrm{d}t} = m_1 = -40\ \text{mV}$$

Entsprechend erhalten wir für $t_1 \leq t \leq t_2$:

$$u_2 = m_2 = -120\ \text{mV}$$

Dieser Richtungssinn der Spannung entgegen dem Bezugssinn ergibt sich auch bei einer Überprüfung mit dem LENZschen Gesetz.

3) Mit den berechneten Werten zeichnen wir die Funktionen $\Phi(t)$ und $u(t)$.

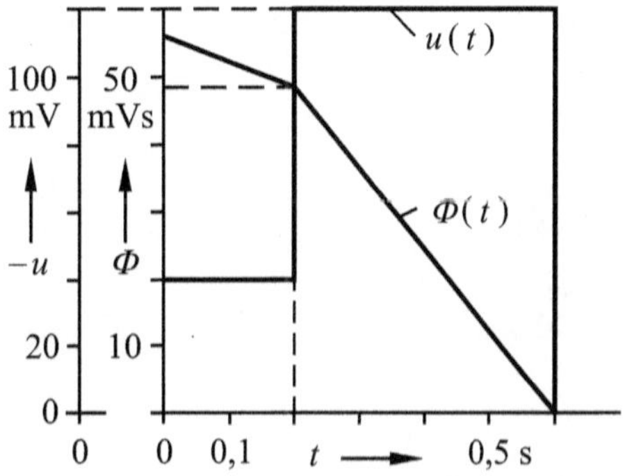

Lösung 11.9

1) Wir legen zweckmäßig den Flächenvektor $\vec{A}$ in Richtung des Flussdichtevektors $\vec{B}$; dies bewirkt, dass folgende Gleichung gilt:

$$\mathrm{d}\Phi = \vec{B} \cdot \mathrm{d}\vec{A} = B \cdot \mathrm{d}A$$

Die an den Klemmen der Leiterschleife entstehende Spannung ist:

$$u = \frac{\mathrm{d}\Phi}{\mathrm{d}t} \qquad (1)$$

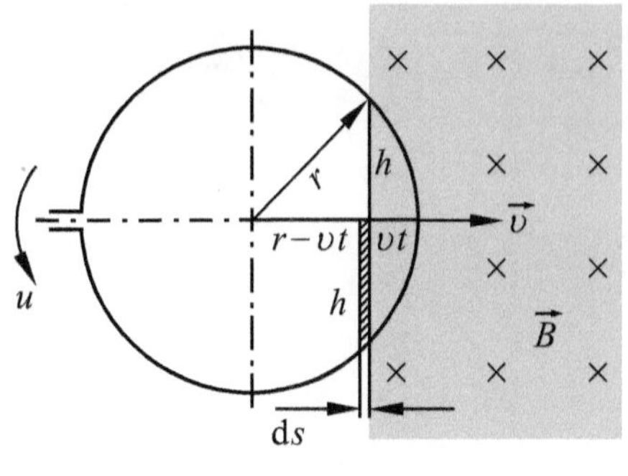

In der Aufgabenstellung ist die vom Magnetfeld durchsetzte Fläche A zeitabhängig; die Flussdichte B ist dagegen zeitlich konstant und ihr Betrag kann vor den Differenzialquotienten in Gl. (1) gezogen werden:

$$u = B\frac{\mathrm{d}A}{\mathrm{d}t} \qquad (2)$$

Zur Zeit t ist die Schleife um das Stück $\upsilon\, t$ in den Feldraum eingetreten. In der Zeit $\mathrm{d}t$ rückt sie um den Weg ds vor; dabei ändert sich die Fläche um den infinitesimal schmalen Streifen:

$$\mathrm{d}A = 2\,h \cdot \mathrm{d}s$$

Wir setzen diesen Ausdruck in die Gl. (2) ein:

$$u = B \cdot 2\,h \frac{\mathrm{d}s}{\mathrm{d}t}$$

Mit der Geschwindigkeit $\upsilon = \mathrm{d}s/\mathrm{d}t$ der Schleife erhalten wir:

$$u = 2\,h \cdot B \cdot \upsilon \qquad (3)$$

Zur Berechnung der Höhe setzen wir an:

$$h^2 + (r - \upsilon\,t)^2 = r^2$$

Damit ergibt sich die Höhe h als Funktion der Zeit:

$$h(t) = r \cdot \sqrt{1 - \left(1 - \frac{\upsilon\,t}{r}\right)^2} \qquad (4)$$

Diese Gleichung gilt für die Zeitspanne, in welcher die Schleife in das Feld eintritt. Wir setzen diese Gleichung in die Gl. (3) ein und finden so den gesuchten Ausdruck für den zeitlichen Verlauf der Schleifenspannung:

$$u(t) = 2\,B\,\upsilon\,r \cdot \sqrt{1 - \left(1 - \frac{\upsilon\,t}{r}\right)^2} \qquad (5)$$

Für $t \geq 2\,r\,/\,\upsilon = 4$ ms ist die Leiterschleife ganz in den felderfüllten Raum eingetreten; der Schleifenfluss ändert sich nicht mehr und es ist $u = 0$.

2) Wir erkennen in Gl. (5), dass der Maximalwert der Spannung dann erreicht wird, wenn die Wurzel den Wert 1 annimmt. Dies ist der Fall für:

$$t_{max} = r/\upsilon = 0{,}05\ \mathrm{m}/25\ \mathrm{m\,s^{-1}} = 2\ \mathrm{ms} \qquad (6)$$

Der Maximalwert u_{max} der Spannung an den Klemmen der Leiterschleife ist:

$$u_{max} = 2\,B\,\upsilon\,r = 0{,}5\ \mathrm{V} \qquad (7)$$

Wir setzen $t_1 = 3$ ms in die Gl. (5) ein und berechnen den Spannungswert $u_1 = 0{,}375$ V.

3) Aus den Gln. (5 … 7) lässt sich die normierte Form bilden:

$$\frac{u}{u_{max}} = \sqrt{1 - \left(1 - \frac{t}{t_{max}}\right)^2}$$

Durch Umformung erhalten wir:

$$\left(\frac{u}{u_{max}}\right)^2 + \left(1 - \frac{t}{t_{max}}\right)^2 = 1$$

Dies ist die Gleichung eines Kreises, dessen Mittelpunkt auf der (t/t_{max})-Achse beim Wert 1 liegt; negative Funktionswerte sind nicht definiert.

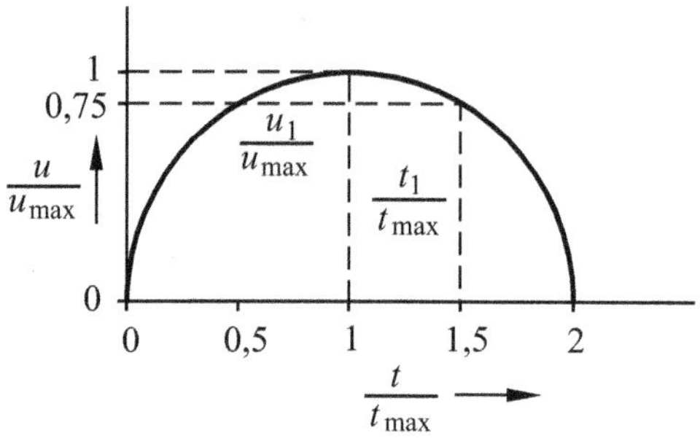

Die normierten Werte für u_1 und t_1 sind:

$$\frac{u_1}{u_{max}} = 0{,}75\,; \qquad \frac{t_1}{t_{max}} = 1{,}5$$

Lösung 11.10

1) In der Leiterschleife, die wir als Wicklung mit der Windungszahl $N = 1$ ansehen, wird die induktive Spannung erzeugt:

$$u = \frac{\mathrm{d}\Phi}{\mathrm{d}t}$$

Wir legen zweckmäßig den Flächenvektor $\vec{A}$ der Leiterschleife in die Richtung des Flussdichtevektors $\vec{B}$, wodurch sich die Berechnung des Flusses vereinfacht:

$$\Phi = \int_A \vec{B} \cdot \mathrm{d}\vec{A} = \int_A B \cdot \mathrm{d}A \qquad (2)$$

Die Flussdichte in der Umgebung eines langen, geraden, zylindrischen Stromleiters hat in Luft den Betrag:

$$B = \frac{\mu_0 I}{2\,\pi\, r}$$

Da die Flussdichte vom Radius abhängt, integrieren wir über infinitesimal schmale Flächenstreifen $\mathrm{d}A = a \cdot \mathrm{d}r$, um den Fluss nach Gl. (2) zu berechnen. Beim Abstand $r = s$ erhalten wir durch Integration den Fluss, der die Schleife durchsetzt:

$$\Phi = \frac{\mu_0 I a}{2\,\pi} \int_s^{s+a} \frac{1}{r} \cdot \mathrm{d}r$$

Nach der Lösung des Integrals und nach dem Einsetzen der Grenzen erhalten wir:

$$\Phi = \frac{\mu_0 I a}{2\,\pi} \cdot \ln\left(1 + \frac{a}{s}\right) \qquad (3)$$

Der Abstand s der Leiterschleife von der Achse des stromführenden Leiters ist linear von der Zeit t abhängig:

$$s = f(t) = s_0 + v\,t \qquad (4)$$

Dies setzen wir in die Gl. (3) ein:

$$\Phi = \frac{\mu_0 I a}{2\,\pi} \cdot \ln\left(1 + \frac{a}{s_0 + v\,t}\right)$$

Wir bilden den Differenzialquotienten nach Gl. (1) und erhalten:

$$u = -\frac{\mu_0 I}{2\,\pi}\left[\frac{a^2 v}{(s_0 + v\,t + a)(s_0 + v\,t)}\right] \qquad (5)$$

Das negative Vorzeichen deckt sich mit einer Überlegung nach dem LENZschen Gesetz, das offensichtlich erfüllt ist.

2) Wir ersetzen in der Gl. (5) entsprechend der Gl. (4) die Ausdrücke $s_0 + v\,t$ durch $s_1 = 2\,a$ und erhalten:

$$u = -\frac{\mu_0 I v}{12\,\pi} = -6{,}67\ \mu\mathrm{V}$$

Lösung 11.11

1) In der Leiterschleife, die wir als Wicklung mit der Windungszahl $N = 1$ ansehen, wird die induktive Spannung erzeugt:

$$u = \frac{\mathrm{d}\Phi}{\mathrm{d}t}$$

Wir lösen diese Gleichung nach $\mathrm{d}\Phi$ auf und bestimmen den magnetischen Fluss Φ durch Integration:

$$\Phi(t) = \int u\, \mathrm{d}t \qquad (1)$$

Die Periode $T = 40$ ms der Spannung besteht aus vier 4 Intervallen von $\Delta t = 10$ ms Dauer, in denen die Spannung jeweils konstant ist. Wir nummerieren diese Intervalle mit $k = 1 \ldots 4$; das erste Intervall ($k = 1$) beginnt bei $t = 0$.

Für jedes der k Intervalle ergibt die Gl. (1) als Funktion $\Phi_k = f(t)$ die Gleichung einer Geraden mit dem Achsenabschnitt $\Phi_{\mathrm{A}k}$ und der Steigung u_k, die um

$$t_{\mathrm{A}k} = (k - 1)\,\Delta t$$

gegenüber dem Nullpunkt verschoben ist:

$$\Phi_k(t) = \Phi_{\mathrm{A}k} + u_k\,(t - t_{\mathrm{A}k})$$

Da die Spannungsfunktion $u(t)$ an den Intervallgrenzen keine Sprünge $\to\infty$ aufweist, ist der Fluss $\Phi(t)$ an den Intervallgrenzen stetig und es gilt:

$$\Phi_{\mathrm{A}(k+1)} = \Phi_{\mathrm{A}k} + u_k\,\Delta t$$

Mit den Spannungen

$u_1 = 5$ mV; $\quad u_2 = 0$

$u_3 = -5$ mV; $\quad u_4 = 0$

berechnen wir die Anfangswerte des Flusses an den Intervallgrenzen und setzen an:

$$\Phi_{A2} = \Phi_{A1} + u_1\,\Delta t = \Phi_{A1} + 50\ \mu\text{V s} \qquad (2)$$

$$\Phi_{A3} = \Phi_{A2} = \Phi_{A1} + 50\ \mu\text{V s} \qquad (3)$$

$$\Phi_{A4} = \Phi_{A3} - 50\ \mu\text{V s} = \Phi_{A1} \qquad (4)$$

$$\Phi_{A5} = \Phi_{A4} = \Phi_{A1} \qquad (5)$$

Der unbekannte Flusswert Φ_{A1} ergibt sich aus dem Hinweis in der Aufgabenstellung, dass der Fluss ein Wechselfluss ist; sein arithmetischer Mittelwert ist gleich null:

$$\overline{\Phi} = \frac{1}{T}\int_0^T \Phi(t)\,\mathrm{d}t = 0$$

Da der magnetische Fluss Φ in jedem Intervall linear ist, setzen wir an:

$$\overline{\Phi} = \frac{1}{T}\sum_{k=1}^{4}\frac{\Phi_{Ak} + \Phi_{A(k+1)}}{2}\cdot\frac{T}{4} = 0$$

In diese Gleichung setzen wir die Gln. (2 ... 5) ein:

$$4\,\Phi_{A1} + 100\ \mu\text{V s} = 0$$

Daraus ergibt sich:

$$\Phi_{A1} = -25\ \mu\text{Vs}$$

2) Wir setzen Φ_{A1} in die Gln. (2 ... 5) ein und berechnen die übrigen Flusswerte Φ_{Ak}. Hiermit können wir der Verlauf des Flusses $\Phi(t)$ zeichnen.

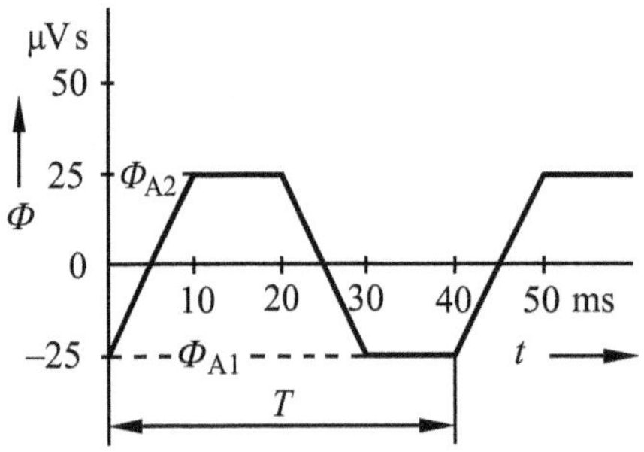

Lösung 11.12

1) So lange die Schleife sich ganz im Feld befindet, ist der sie durchsetzende magnetische Fluss Φ konstant. Es wird keine Spannung induziert und die Schleife fällt unter dem Einfluss der Schwerkraft F_S die Strecke $b = h - a$ frei herab, wobei die Geschwindigkeit υ linear anwächst.

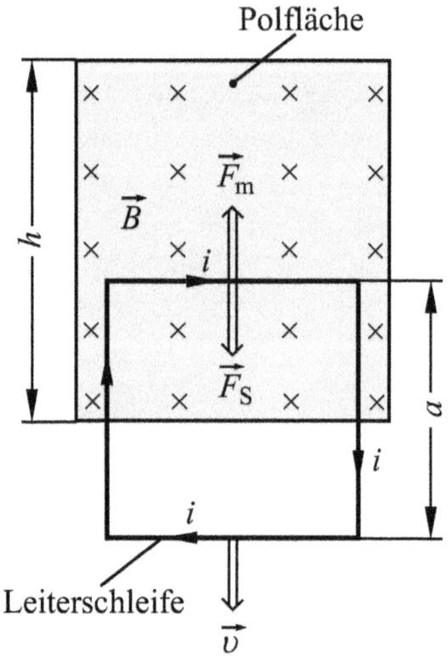

Nach den Fallgesetzen erreicht der untere Leiter der Schleife den Rand des Magnetfeldes nach der Zeit:

$$t_A = \sqrt{\frac{2\,b}{g}} = 63{,}855\ \text{ms} \qquad (1)$$

Die Geschwindigkeit ist in diesem Augenblick:

$$\upsilon_A = g\,t_A = 0{,}626\,\frac{\text{m}}{\text{s}} \qquad (2)$$

Sobald der untere Leiter der Schleife das Feld verlässt, entsteht in ihr die induktive Spannung:

$$u(t) = B\,a\,\upsilon(t) \qquad (3)$$

Die Spannung u erzeugt in der Schleife den Strom $i = u\,/\,R$, dessen Richtungssinn aus dem LENZschen Gesetz folgt.

Am oberen Leiter entsteht durch die Überlagerung der Magnetfelder eine nach oben gerichtete Kraft F_m, die den Fall der Schleife abbremst:

$$F_m(t) = a\,B\,i(t) \qquad (4)$$

Die Differenz aus der Schwerkraft $F_S = m \cdot g$ und dieser bremsenden Kraft steht zur Beschleunigung dv/dt der Leiterschleife zur Verfügung:

$$m g - F_m = m \cdot \frac{dv}{dt}$$

Wir setzen in diese Gleichung die Gln. (3 und 4) sowie $i = u/R$ ein. Die von der Geschwindigkeit abhängigen Terme bringen wir auf die linke Seite der Gleichung:

$$m\,\frac{dv}{dt} + \frac{(B\,a)^2}{R}\,v = m\,g$$

Diese Differenzialgleichung dividieren wir durch $(B\,a)^2/R$ und erhalten so eine lineare Differenzialgleichung 1. Ordnung, in der die Variable v ohne Koeffizienten steht:

$$\frac{R\,m}{(B\,a)^2} \cdot \frac{dv}{dt} + v = \frac{R\,m}{(B\,a)^2} \cdot g \qquad (5)$$

Der Ausdruck vor dem Differenzialquotienten ist die Zeitkonstante τ des Übergangsvorganges:

$$\tau = \frac{R\,m}{(B\,a)^2} \qquad (6)$$

Damit erhält die Gl. (5) die Form:

$$\tau\,\frac{dv}{dt} + v = \tau\,g \qquad (7)$$

Als Lösung dieser Differenzialgleichung setzen wir an:

$$v(t) = v_E - K \cdot e^{-\frac{t}{\tau}}$$

Die Abbremsung beginnt, wenn der untere Leiter der Schleife die Grenze des Magnetfeldes erreicht hat; dies ist der Zeitpunkt $t = 0$ für den Übergangsvorgang. Die Schleife hat dabei die nach t_A im freien Fall erreichte Anfangsgeschwindigkeit v_A, und wir berechnen mit dieser Randbedingung die Konstante:

$$K = v_E - v_A$$

Damit erhalten wir die Lösung der Gl. (7):

$$v(t) = v_E + (v_A - v_E) \cdot e^{-\frac{t}{\tau}}$$

Die näherungsweise nach $4\,\tau$ erreichte stationäre Endgeschwindigkeit v_E finden wir auf der rechten Seite der Gl. (7):

$$v_E = \tau\,g \qquad (8)$$

Die Schleife wird im Magnetfeld so lange abgebremst, bis sie die Endgeschwindigkeit v_E erreicht hat.

2) Mit der Gl. (8) berechnen wir die Zeitkonstante:

$$\tau = \frac{v_E}{g} = 25{,}5 \text{ ms}$$

Hiermit erhalten wir aus der Gl. (6) die zur Abbremsung auf die geforderte Endgeschwindigkeit v_E notwendige Flussdichte:

$$B = \sqrt{\frac{R\,m}{\tau\,a^2}} = 343 \text{ mT}$$

Nach der Zeit $t_E \approx 4\,\tau = 101{,}9$ ms ist die stationäre Endgeschwindigkeit v_E annähernd erreicht. Sie wird beibehalten, bis der obere Leiter der Schleife den Rand des Feldes erreicht. Danach bewegt sich die Schleife im freien Fall.

3) Da die Schleifeninduktivität unberücksichtigt bleiben soll, fließt der maximale Strom i_{max} dann, wenn die induktive Spannung $u(t)$ ihren Maximalwert u_{max} annimmt. Nach den Gln. (1 und 2) ist dies zum Zeitpunkt $t_A = 63{,}9$ ms bei der maximalen Geschwindigkeit $v_A = 0{,}626$ m/s der Fall. Zu diesem Zeitpunkt ist gemäß Gl. (3) $u_{max} = 10{,}75$ mV und der maximale Strom hat den Wert $i_{max} = u_{max}/R = 2{,}15$ A.

4) Nach der Zeit $t \approx 4\,\tau$ ist näherungsweise die Endgeschwindigkeit υ_E erreicht. Um den zugehörigen Weg s_E zu bestimmen, bilden wir das bestimmte Integral:

$$s_E = \int_0^{4\tau} \upsilon\,\mathrm{d}t = \int_0^{4\tau} \left[\upsilon_E + (\upsilon_A - \upsilon_E)\cdot \mathrm{e}^{-\frac{t}{\tau}}\right]\mathrm{d}t$$

Wir erhalten das Ergebnis:

$$s_E = 4\,\tau\,\upsilon_E - \tau\,(\upsilon_A - \upsilon_E)\cdot\left[\mathrm{e}^{-\frac{t}{\tau}}\right]_0^{4\tau} = 34{,}9\ \mathrm{mm}$$

Die Leiterschleife ist auf die geforderte Endgeschwindigkeit υ_E abgebremst, wenn ihr unterer Leiter um $s_E = 34{,}9$ mm aus dem Magnetfeld herausragt.

5) Nach dem Übergangsvorgang legt der obere Leiter der Schleife noch den restlichen Weg $s_r = a - s_E = 15{,}1$ mm im Magnetfeld zurück. Dazu braucht die Schleife bei der Geschwindigkeit $\upsilon_E = 0{,}25$ m/s die Zeit:

$$t_r = \frac{s_r}{\upsilon_E} = 60{,}4\ \mathrm{ms}$$

Wenn auch der obere Leiter der Schleife das Magnetfeld verlässt, geht sie in den freien Fall über. Bis dahin ist nach dem Loslassen der Schleife die Zeit vergangen:

$$t_{ges} = t_A + 4\,\tau + t_r = 226\ \mathrm{ms}$$

Mit den berechneten Werten tragen wir die Geschwindigkeit über der Zeit auf.

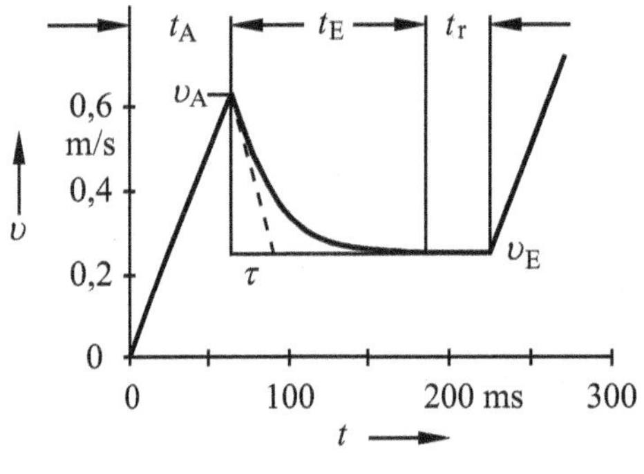

Lösung 11.13

1) Für die auf die Länge l bezogene äußere Induktivität einer Doppelleitung gilt:

$$L'_a = \frac{L_a}{l} = \frac{\mu_0}{\pi}\ln\frac{a - r_L}{r_L}$$

Die aus den Leitern 1 und 8 gebildete Doppelleitung wird im Folgenden als Leitung 1, die aus den Leitern 1 und 15 gebildete als Leitung 2 bezeichnet. Wir berechnen mit den Achsenabständen $a_1 = 14$ mm und $a_2 = 28$ mm sowie mit dem Leiterradius $r_L = 0{,}5$ mm:

$$L'_{a1} = 1{,}318\ \frac{\mu\mathrm{H}}{\mathrm{m}}$$

$$L'_{a2} = 1{,}603\ \frac{\mu\mathrm{H}}{\mathrm{m}}$$

Die auf die Länge l bezogene innere Induktivität ist für sämtliche Doppelleitungen gleich:

$$L'_{i1} = L'_{i2} = \frac{L_i}{l} = \frac{\mu_0}{4\pi} = 0{,}1\ \frac{\mu\mathrm{H}}{\mathrm{m}}$$

Wir berechnen nun für beide Leitungen das jeweilige Verhältnis der inneren zur äußeren Induktivität:

$$\frac{L'_{i1}}{L'_{a1}} = 7{,}59\ \%$$

$$\frac{L'_{i2}}{L'_{a2}} = 6{,}24\ \%$$

Die Selbstinduktivität einer Doppelleitung ist die Summe aus der inneren und der äußeren Induktivität; dies gilt auch für die längenbezogenen Größen:

$$L'_1 = L'_{a1} + L'_{i1} = 1{,}418\ \frac{\mu\mathrm{H}}{\mathrm{m}}$$

$$L'_2 = L'_{a2} + L'_{i2} = 1{,}703\ \frac{\mu\mathrm{H}}{\mathrm{m}}$$

Die auf die Länge bezogene Induktivität wird auch als **Induktivitätsbelag** bezeichnet.

2) Wir nehmen an, dass die Leitung 2 vom Gleichstrom I_2 durchflossen wird, und setzen für den auf die Länge bezogenen Verkettungsfluss an:

$$\Psi'_{m22} = L'_2 I_2 = 1{,}703\ \frac{\mu H}{m} \cdot I_2$$

Das magnetische Feld, das durch die Ebene des Flachbandkabels hindurchtritt, ist symmetrisch zum Draht 8 in der Mitte des Kabels. Dies bedeutet, dass durch die Doppelleitung aus den Leitern 1 und 8 die Hälfte des Verkettungsflusses hindurchtritt:

$$\Psi'_{m12} = 0{,}5\ \Psi'_{m22}$$

Damit berechnen wir den Betrag der gegenseitigen Induktivität:

$$\left|L'_{12}\right| = \left|\frac{\Psi'_{m12}}{I_2}\right| = 0{,}5\, L'_2 = 0{,}851\ \frac{\mu H}{m}$$

Da für die Ströme kein Bezugssinn gegeben und damit die Art der Kopplung unbekannt ist, lässt sich das Vorzeichen der gegenseitigen Induktivität nicht angeben.

3) Zunächst berechnen wir die dimensionslose Hilfsgröße s:

$$s = \frac{d}{4}\sqrt{\pi\, \gamma\, \mu_0 f} = 3{,}72$$

Mit dem auf die Länge bezogenen Gleichstromwiderstand

$$R'_{=} = \frac{R_{=}}{l} = \frac{1}{\gamma A} = 22{,}7 \cdot 10^{-3}\ \frac{\Omega}{m}$$

berechnen wir die auf die Länge bezogene innere Induktivität mit der Gleichung, die in der Aufgabenstellung die innere Induktivität mit dem Gleichstromwiderstand verknüpft:

$$L'_{i1} = L'_{i2} = \frac{L_i}{l} = \frac{s\, R_{=}}{l\, \omega} = 13{,}45\ \frac{nH}{m}$$

Die äußere Induktivität ist nicht von der Frequenz abhängig. Damit ergibt sich der Induktivitätsbelag:

$$L'_1 = 1{,}332\ \frac{\mu H}{m}$$

$$L'_2 = 1{,}616\ \frac{\mu H}{m}$$

Bei den beiden Leitungen steht die innere Induktivität zur äußeren im Verhältnis:

$$\frac{L'_{i1}}{L'_{a1}} = 1{,}02\ \%$$

$$\frac{L'_{i2}}{L'_{a2}} = 0{,}839\ \%$$

Lösung 11.14

1) Die Leiterbahn der Spule ist eine Spirale, deren Radius r mit dem Winkel φ linear zunimmt:

$$r = r_1 + k\,\varphi \qquad (1)$$

Für $\varphi = 10\,\pi$ (dies entspricht 5 Umdrehungen) nimmt der Radius den Wert $r = r_2$ an. Diesen Zusammenhang setzen wir in die Gl. (1) ein:

$$r_2 = r_1 + k \cdot 10\,\pi$$

Hiermit berechnen wir die Konstante k:

$$k = \frac{r_2 - r_1}{10\,\pi}$$

Damit lautet die Gleichung der Spirale:

$$r = r_1 + \frac{r_2 - r_1}{10\,\pi}\,\varphi \qquad (2)$$

Wir wollen nun den Verkettungsfluss der Spirale berechnen. Dazu gehen wir von einem infinitesimal kleinen Flächenelement dA beim Radius r aus; dieses Flächenelement ist ein Dreieck mit der Grundlinie $r\,\mathrm{d}\varphi$ und der Höhe r:

$$\mathrm{d}A = \frac{1}{2}\, r^2\, \mathrm{d}\varphi \qquad (3)$$

Zum Zeitpunkt $t_0 = 0$ wird das Flächenelement von der Flussdichte B_0 durchsetzt; dabei ist der Verkettungsfluss des Flächenelementes:

$$\mathrm{d}\Psi_{\mathrm{m},0} = B_0\,\mathrm{d}A$$

Hierbei ist angenommen, dass der Flächenvektor $\mathrm{d}\vec{A}$ die gleiche Richtung wie der Flussdichtevektor $\vec{B}_0$ hat.

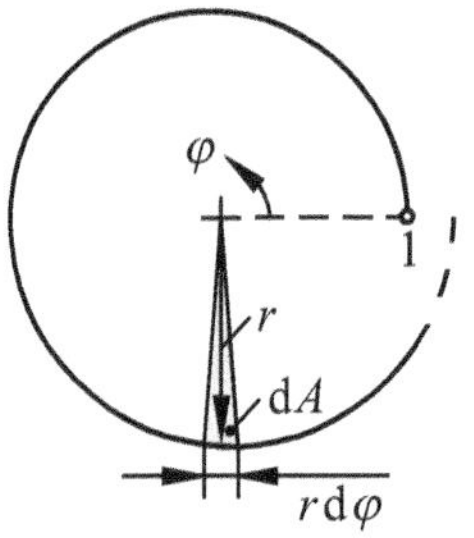

Den gesamten Verkettungsfluss der Spirale erhalten wir durch Integration über 5 Umdrehungen. Mit den Gln. (2 und 3) setzen wir an:

$$\Psi_{\mathrm{m},0} = B_0 \int_0^{10\pi} \mathrm{d}A = \frac{B_0}{2} \int_0^{10\pi} \left(r_1 + \frac{r_2 - r_1}{10\,\pi}\,\varphi\right)^2 \mathrm{d}\varphi$$

Wir lösen das Integral, setzen die Grenzen ein und erhalten:

$$\Psi_{\mathrm{m},0} = B_0\,\frac{5\pi}{3}\left(r_1^2 + r_1 r_2 + r_2^2\right) = 91{,}6\ \mathrm{nVs}$$

Für den Zeitpunkt $t = 5\ \mu\mathrm{s}$ ergibt sich:

$$\Psi_{\mathrm{m},5} = B_5\,\frac{5\pi}{3}\left(r_1^2 + r_1 r_2 + r_2^2\right) = 550\ \mathrm{nVs}$$

2) In der Zeitspanne $\Delta t = 5\ \mu\mathrm{s}$ ändert sich der Verkettungsfluss linear um den Betrag:

$$\Delta\Psi_{\mathrm{m}} = \Psi_{\mathrm{m},5} - \Psi_{\mathrm{m},0} = 458\ \mathrm{nVs}$$

Nimmt man den Spulenanfang beim Punkt 2 und das Spulenende beim Punkt 1 an, so liegt eine rechtssinnig gewickelte Spule vor, deren Flächenvektor $\vec{A}$ wie oben angenommen in die Zeichenebene hinein gerichtet ist.

In dieser Spule wird die Spannung induziert:

$$u_{21} = \frac{\Delta\Psi_{\mathrm{m}}}{\Delta t} = 91{,}6\ \mathrm{mV}$$

Die gesuchte Spannung ist:

$$u_{12} = -u_{21} = -91{,}6\ \mathrm{mV}$$

Lösung 11.15

1) Wird die gesamte Spule von der Flussdichte B gleichmäßig durchsetzt, so ist zwar die Flussdichte B für jede Windung gleich, nicht aber der Fluss $\Phi = B \cdot A$, denn die Flächen der Windungen sind unterschiedlich groß: Eine Windung mit dem Innendurchmesser d_{i} hat eine kleinere Fläche als eine Windung mit dem Außendurchmesser d_{a}.

Der Verkettungsfluss ist die Summe der Flüsse der einzelnen Windungen.
Die Zuordnung der Durchmesser zu den einzelnen Windungen ist jedoch nicht bekannt. Wir denken uns deshalb die gesamte Wicklungsfläche

$$A_{\mathrm{W}} = l\,(d_{\mathrm{a}} - d_{\mathrm{i}})/2$$

in N Quadrate zerlegt, von denen jedes die Seitenlänge des Drahtdurchmessers d_{D} hat. Mit dem Ansatz

$$d_{\mathrm{D}}^2 = \frac{A_{\mathrm{W}}}{N} = l\,\frac{d_{\mathrm{a}} - d_{\mathrm{i}}}{2N} = 9 \cdot 10^{-8}\ \mathrm{m}^2$$

berechnen wir den Drahtdurchmesser $d_{\mathrm{D}} = 0{,}3\ \mathrm{mm}$ und stellen fest, dass die Wicklung insgesamt aus $(d_{\mathrm{a}} - d_{\mathrm{i}})/(2\,d_{\mathrm{D}}) = 100$ Lagen besteht, von denen jede N_{L} Windungen enthält:

$$N_{\mathrm{L}} = \frac{l}{d_{\mathrm{D}}} = 200$$

Die Windungen jeder Lage sind mit dem gleichen Fluss verkettet. So wird z. B. jede Windung der innersten Lage vom Fluss Φ_1 durchsetzt:

$$\Phi_1 = \frac{\pi}{4}\,(d_{\mathrm{i}} + d_{\mathrm{D}})^2\,B_{\mathrm{H}}$$

Für den Verkettungsfluss Ψ_k einer beliebigen Lage k setzen wir an ($1 \le k \le 100$):

$$\Psi_k = N_L \frac{\pi}{4} [d_i + (2k-1)\, d_D]^2 B_H$$

Den Verkettungsfluss Ψ_m der Spule berechnen wir als Summe der Verkettungsflüsse sämtlicher Lagen:

$$\Psi_m = \sum_{k=1}^{100} \Psi_k = 44 \text{ m}^2 \cdot B_H \qquad (1)$$

2) Die Spule wird vor der Drehung vom Verkettungsfluss Ψ_{m1} durchsetzt; nach der Drehung wird sie in West-Ost-Richtung vom Verkettungsfluss $\Psi_{m2} = 0$ durchsetzt. Der Spannungsstoß ist gleich der Differenz der Verkettungsflüsse:

$$\Psi_{m2} - \Psi_{m1} = -0{,}76 \text{ mV s}$$

Mit $\Psi_{m2} = 0$ ergibt sich:

$$\Psi_{m1} = 0{,}76 \text{ mV s}$$

Dies setzen wir in die Gl. (1) ein und berechnen die Flussdichte:

$$B_H = 17{,}28\ \mu\text{T}$$

Das positive Vorzeichen weist darauf hin, dass der Vektor der Flussdichte vor der Drehung der Spule mit dem Flächenvektor der Spule übereinstimmte; die Horizontalkomponente des Erdmagnetfelds ist also von Süd nach Nord gerichtet.

3) Wir berechnen entsprechend:

$$B_V = 43\ \mu\text{T}$$

Die Vertikalkomponente des Erdmagnetfelds ist zur Erdoberfläche gerichtet.

4) Mit der Horizontal- und der Vertikalkomponente berechnen wir den Betrag des Flussdichtevektors des Erdmagnetfelds:

$$B = \sqrt{B_H^2 + B_V^2} = 46{,}3\ \mu\text{T}$$

Der Winkel des Flussdichtevektors zur Erdoberfläche ist:

$$\alpha = \arctan \frac{B_V}{B_H} - 180° = -111{,}9°$$

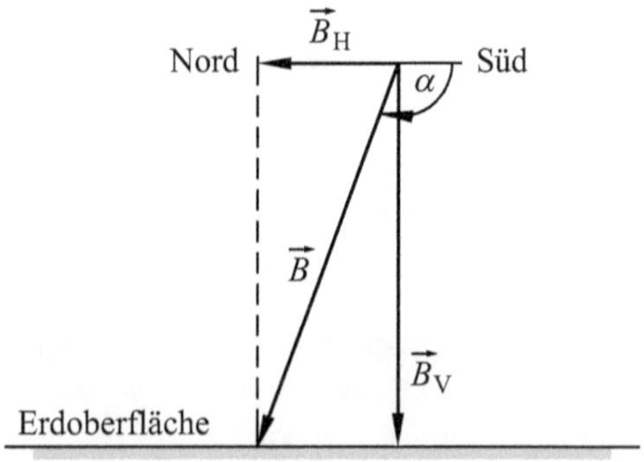

Lösung 11.16

1) Die Scheinleistung S ist der Betrag der komplexen Leistung, die wir mit den Außenleitergrößen berechnen:

$$S = \sqrt{3}\, U I = 658 \text{ MVA}$$

2) Die Außenleiterströme sind symmetrisch. Der Außenleiterstrom i_1 nimmt für $t=0$ den Scheitelwert an:

$$i_1\big|_{t=0} = \hat{i} = \sqrt{2}\, I = 1414 \text{ A}$$

Mit den komplexen Außenleiterströmen

$$\underline{I}_2 = 1000 \text{ A} \angle{-120°}$$

$$\underline{I}_3 = 1000 \text{ A} \angle{120°}$$

berechnen wir deren Augenblickswerte zum Zeitpunkt $t = 0$:

$$i_2\big|_{t=0} = \hat{i} \cos(-120°) = -707 \text{ A}$$

$$i_3\big|_{t=0} = \hat{i} \cos(120°) = -707 \text{ A}$$

3) Wir sehen jedes Leiterseil als langen, geraden, zylindrischen Leiter an und berechnen zunächst die magnetische Feldstärke, die jeder einzelne Leiter

im Punkt P hervorruft. Anschließend überlagern wir die Feldstärkevektoren zur Gesamtfeldstärke.

Der Punkt P hat vom Leiter L1 den Abstand:

$$r_1 = h - h_1 = 6{,}2\text{ m}$$

Der Betrag der magnetischen Feldstärke in diesem Punkt ist:

$$H_1 = \frac{|i_1|}{2\,\pi\, r_1} = \frac{1414\text{ A}}{2\,\pi \cdot 6{,}2\text{ m}} = 36{,}3\,\frac{\text{A}}{\text{m}}$$

Der Strom i_1 ist positiv; dies bedeutet, dass sein Richtungssinn mit dem Bezugssinn übereinstimmt.
Die zugehörige magnetische Feldlinie umschließt den Richtungssinn der Stromstärke im Rechtsschraubensinn.

Der Feldstärkevektor $\vec{H}_1$ hat im Punkt P die Richtung der x-Achse:

$$\text{arc}\left(\vec{H}_1\right) = 0$$

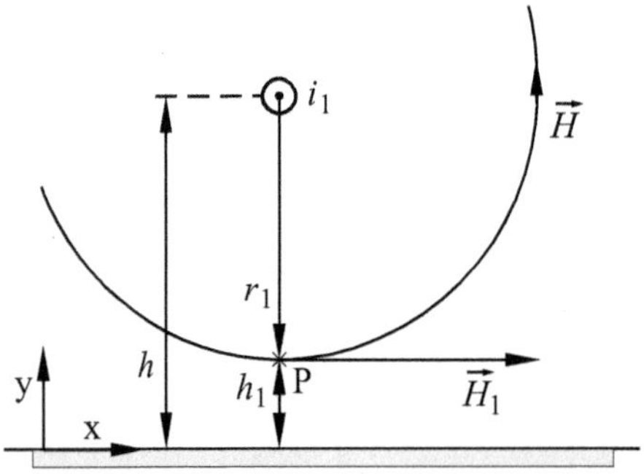

Bei den übrigen Leitern gehen wir entsprechend vor und ermitteln zunächst für den Leiter L2 den Radius r_2 der Feldlinie durch den Punkt P:

$$r_2 = \sqrt{7{,}5^2 + (8 - 1{,}8)^2}\text{ m} = 9{,}73\text{ m}$$

Die vom Leiter L2 herrührende Feldstärke hat den Betrag:

$$H_2 = \frac{|i_2|}{2\,\pi\, r_2} = \frac{707\text{ A}}{2\,\pi \cdot 9{,}73\text{ m}} = 11{,}57\,\frac{\text{A}}{\text{m}}$$

Die Verbindungslinie zwischen dem Leiter L2 und dem Punkt P hat den Winkel:

$$\alpha_2 = \arctan\frac{-6{,}2}{-7{,}5} = -140{,}4°$$

Der Strom i_2 ist negativ, sein Richtungssinn ist somit dem Bezugssinn entgegengesetzt.
Die zugehörige magnetische Feldlinie umschließt den Leiter L2 im Uhrzeigersinn. Dementsprechend gilt für den Winkel des zugehörigen Feldstärkevektors:

$$\text{arc}\left(\vec{H}_2\right) = \alpha_2 - 90° = 129{,}6°$$

Für die Berechnung des Feldstärkevektors $\vec{H}_3$ benötigen wir die Höhe h_D des gleichseitigen Dreiecks mit der Kantenlänge 7,5 m:

$$h_\text{D} = 7{,}5\text{ m} \cdot \cos 30° = 6{,}5\text{ m}$$

Damit berechnen wir die Länge r_3 der Verbindungslinie zwischen der Leiterachse und dem Punkt P:

$$r_3 = \sqrt{3{,}75^2 + (6{,}2 + 6{,}5)^2}\text{ m} = 13{,}24\text{ m}$$

Der Feldstärkevektor $\vec{H}_3$ hat den Betrag:

$$H_3 = \frac{|i_3|}{2\,\pi\, r_3} = \frac{707\text{ A}}{2\,\pi \cdot 13{,}24\text{ m}} = 8{,}5\,\frac{\text{A}}{\text{m}}$$

Die Verbindungslinie zwischen dem Leiter L3 und dem Punkt P hat den Winkel:

$$\alpha_3 = \arctan\frac{-12{,}5}{-3{,}75} = -106{,}5°$$

Der Strom i_3 ist negativ und es gelten dieselben Überlegungen wie beim Strom i_2. Der Winkel des Feldstärkevektors ist:

$$\text{arc}\left(\vec{H}_3\right) = \alpha_3 - 90° = 163{,}5°$$

Schließlich berechnen wir die Summe der Feldstärkevektoren:

$$\vec{H} = \vec{H}_1 + \vec{H}_2 + \vec{H}_3$$

Dieser Vektor hat den Betrag und den Winkel:

$$H = 23{,}7\ \frac{\text{A}}{\text{m}}$$

$$\text{arc}\left(\vec{H}\right) \doteq 28{,}6°$$

Die magnetische Flussdichte im Punkt P hat den Betrag:

$$B = \mu_0\, H = 29{,}7\ \mu\text{T}$$

Bei diesem Wert der Flussdichte handelt es sich offensichtlich um den Maximalwert innerhalb einer Periode T der Netzwechselspannung, da die Entfernung zum Leiter L1 minimal ist.

Der Flussdichtewert 29,7 µT ist wesentlich kleiner als der Grenzwert 100 µT, den die WHO *(world health organization)* bei 50 Hz für die Allgemeinbevölkerung bei Dauerbelastung vorschlägt. Eine medizinische Begründung für diesen Grenzwert liegt jedoch nicht vor. Es gibt ernstzunehmende Kritiker, die wesentlich kleinere Grenzwerte fordern.

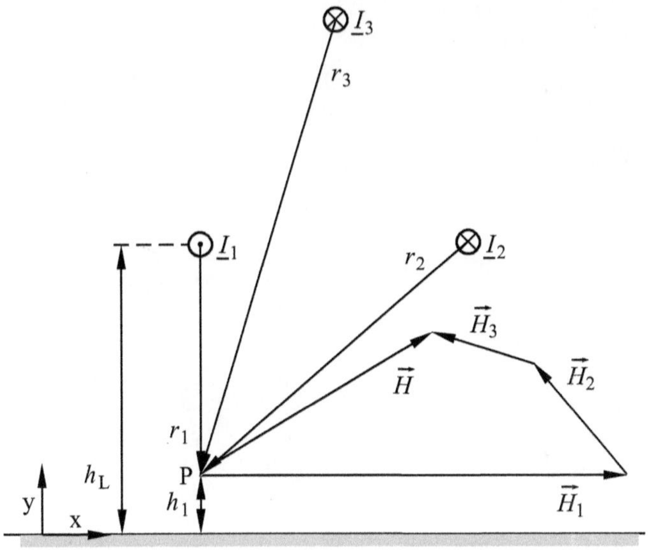

Sachwortverzeichnis